展 览 建 筑
EXHIBITION

最新室内细部设计实例集 I
Interior Detail

展 览 建 筑
EXHIBITION

[韩] 建筑世界株式会社 编

吴 明 译

中国建筑工业出版社

陈列室

展览厅

PR 中心

contents

Showroom

Exhibition

PR Center

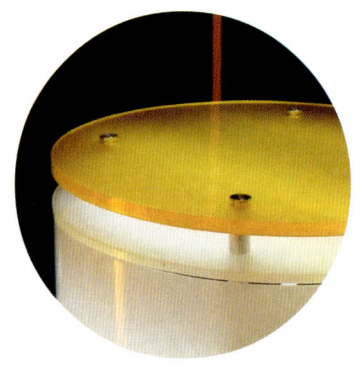

KTF 综合数据中心

韩国城区供热公司总部信息中心

曼谷 LG 公司数字中心

SK 电信公司——2003 年展区

釜山索尼公司侧厅

首尔公共信息亭——全州陶瓷展

耐克萨斯展廊

最新室内细部设计实例集 I

陈列室
Showroom

KTF Consolidated Data Center

KTF 综合数据中心

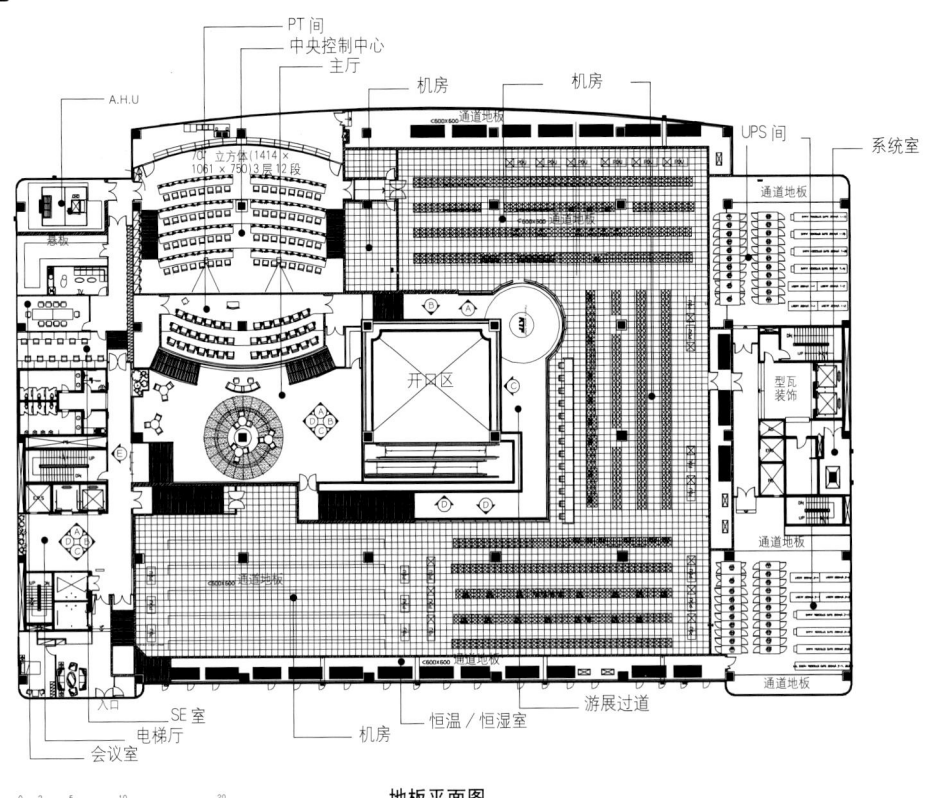

地板平面图

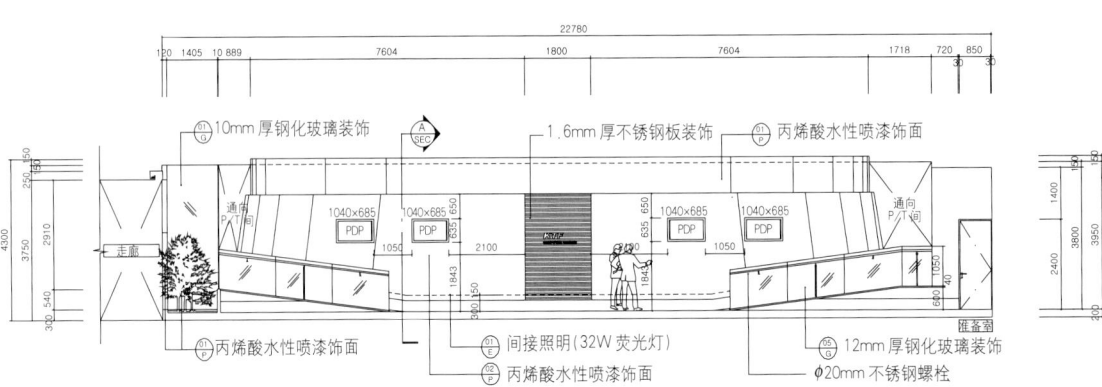

正面图 A 一主厅

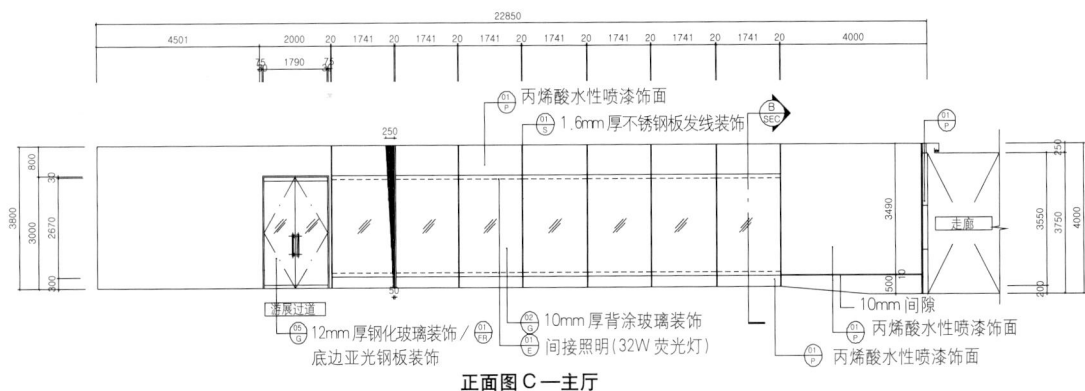

正面图 C 一主厅

项目经理：Fujitsu・Kim，Seok hyeon／kim，Sang yong／Lee，Kyeong hun　｜　室内设计者／建设单位：SAMS株式会社　｜　建设监督：特劳姆设计有限公司　｜　建筑面积：3893.4m²　｜　室内装饰：地板／在过道地板上用方块地毯，墙壁／油漆，背涂玻璃，不锈钢板发线，顶棚／乙烯基漆

Project Management：Fujitsu・Kim，Seok hyeon／Kim，Sang yong／Lee，Kyeong hun｜Interior Design・Construction：SAMS Co.，Ltd.・Yun，Jeong heui／Kim，Hyeon seok／Gwak，Dong hun／Lee，Su min／Kim，Mook／Kim，Jin heui／Ju，In suk／Lee，Byeong deok／Kim，Kyeong myeon｜Construction Supervision：Design TRAUM Co.，Ltd.・Jeong，Jae ik｜Built Area：3,893.4m²｜Finish：Floor／Flotex on Access Floor Wall／Paint，Back Painted Glass，Hairline Ceiling／V.P

■ 主厅—墙壁

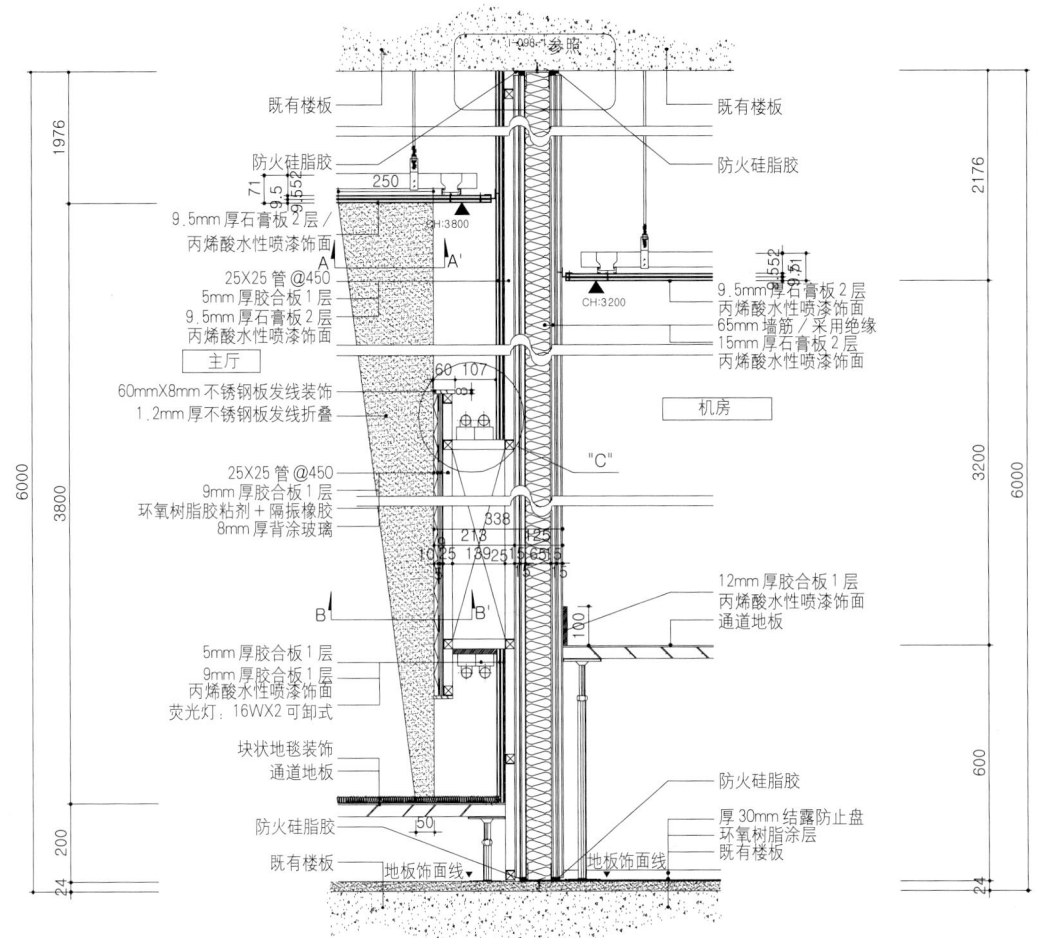

剖面图

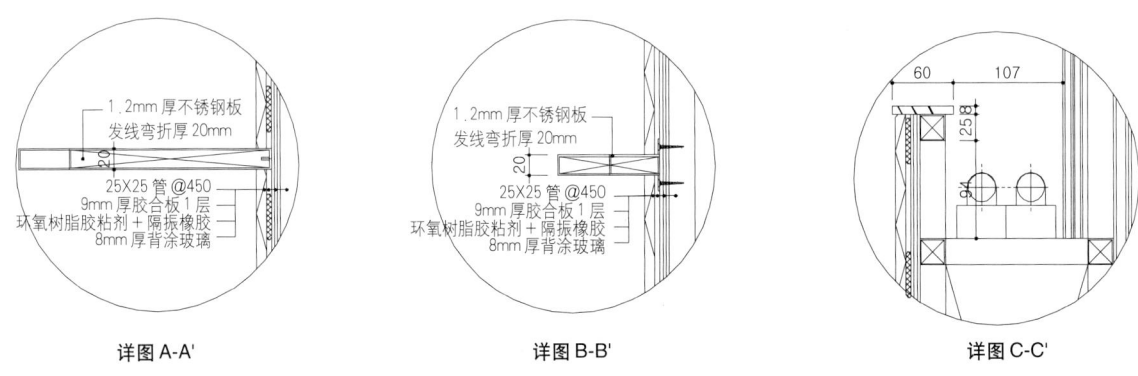

详图 A-A'　　　　　　　详图 B-B'　　　　　　　详图 C-C'

　　综合数据中心是系统设备的技术密集空间,它不同于其他的室内装饰空间。只有在其功能方面完成了才能考虑其人性的一面。给予该空间室内装饰的任务就是空间的分割,以此来完成系统的顺利运行和公司形象的创造,这样即可以取信于KFT公司的顾客。安装上两重、三重的安全保障网络可以禁止未获允许的任何人进入。因此,通行线将顾客和工作人员隔离开来。让我们按照参观者的移动顺序来看一看布局图。一旦进入电梯大厅,你会遇到一个主厅,在这里有一根好像用一些金属圆盘罗列起来的大柱子。成条带状的光辐射从中代表着繁荣的景象。有一面内置等离子体显示屏的弧形墙导向一个展室,从那里你可以窥看到指令控制中心,即数据中心的灵魂部位。这是一个有着各种不同视觉材料的PR房间。当观看到视觉材料射到梦幻玻璃之后,就可以透过这面慢慢清晰的玻璃看到指令控制中心。

　　接下来便是一个游展过道。这是一个台阶,从这里跨越了这面玻璃之后就可以获得KTF公司技术的认证。这个匚形游展过道可以从主厅通向电梯大厅。

■ 走廊墙壁

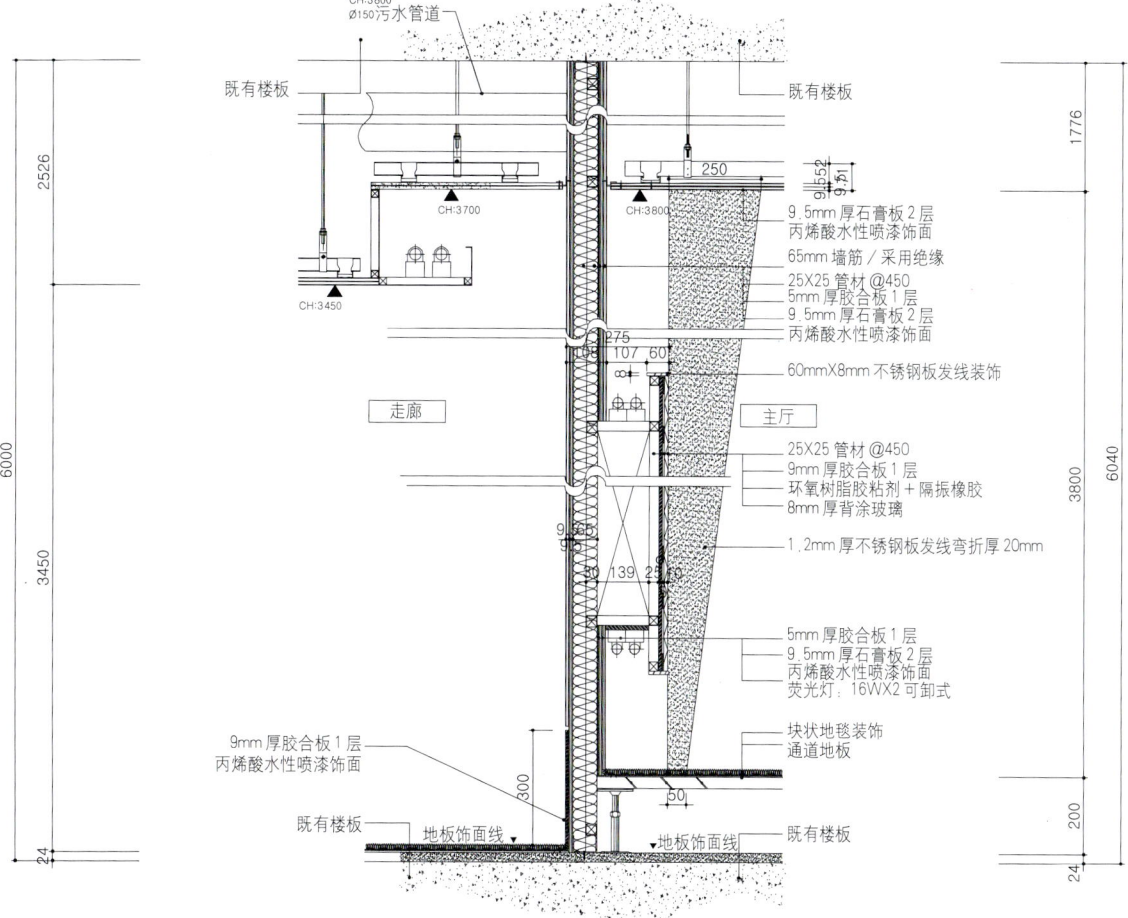

CH:3800
Ø150污水管道

既有楼板

既有楼板

250

9.5mm厚石膏板2层
丙烯酸水性喷漆饰面
65mm墙筋/采用绝缘
25X25管材@450
5mm厚胶合板1层
9.5mm厚石膏板2层
丙烯酸水性喷漆饰面

CH:3700

CH:3800

CH:3450

60mmX8mm不锈钢板发线装饰

走廊

主厅

25X25管材@450
9mm厚胶合板1层
环氧树脂胶粘剂+隔振橡胶
8mm厚背涂玻璃

1.2mm厚不锈钢板发线弯折厚20mm

5mm厚胶合板1层
9.5mm厚石膏板2层
丙烯酸水性喷漆饰面
荧光灯:16WX2 可卸式

9mm厚胶合板1层
丙烯酸水性喷漆饰面

块状地毯装饰
通道地板

既有楼板
地板饰面线

地板饰面线
既有楼板

剖面图

Consolidated Data Center is a technology intensive space for system, i.e. devices, different from other interior spaces. Interior of human aspect is considered only after its functional side have been fulfilled. The task given to the interior of the space was spatial division for smooth system operation and creation of the company image for customer's reliance upon KTF. Twofold, threefold security network was installed inhibiting admission of anyone who has no permission. Thus, the traffic line separation of the customers and personnel. Let us take a look at the layout in the order of a visitor's movements. Once in the elevator hall, you encounter a main hall, in which a column seemingly made of piled up metallic masses. Streaks of light radiates from it represent prosperity. A PDP built-in round wall leads upward to a presentation room, where you can peer in Command Control Center, the head of a data center. It is a PR Room featuring various visual materials. After watching visuals shoot off a miracle glass, the Command Control Center is seen through the slowly clearing glass.

The Next is a tour course. It's a step where certification of technology of KTF is achieved beyond the glass. The '匚' shaped tour course leads through the main hall to the elevator hall.

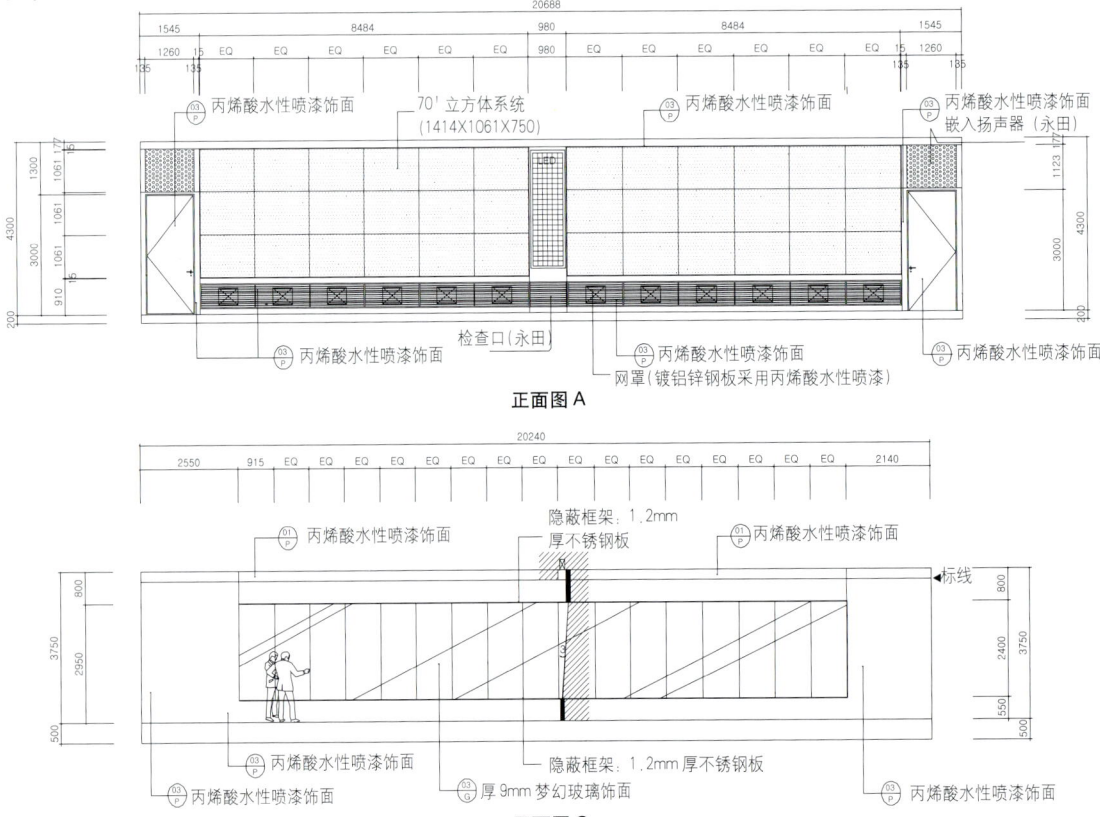

■ 中央控制中心

正面图A

20688

1545 | 8484 | 980 | 8484 | 1545

1260 15 | EQ | EQ | EQ | EQ | 980 | 980 | EQ | EQ | EQ | EQ | 15 1260

丙烯酸水性喷漆饰面

70'立方体系统 (1414X1061X750)

丙烯酸水性喷漆饰面

丙烯酸水性喷漆饰面 嵌入扬声器（永田）

4300　3000

1300 1061 177 | 1061 | 1061 | 910

1123 177 | 3000 | 4300

200

检查口（永田）

丙烯酸水性喷漆饰面

网罩（镀铝锌钢板采用丙烯酸水性喷漆）

丙烯酸水性喷漆饰面

丙烯酸水性喷漆饰面

正面图C

20240

2550 | 915 | EQ | EQ | EQ | EQ | EQ | EQ | EQ | EQ | EQ | EQ | EQ | EQ | 2140

丙烯酸水性喷漆饰面

隐蔽框架：1.2mm 厚不锈钢板

丙烯酸水性喷漆饰面

标线

800 3750 2950 | 800 2400 3750 550

500 | 500

丙烯酸水性喷漆饰面

隐蔽框架：1.2mm 厚不锈钢板

厚9mm 梦幻玻璃饰面

丙烯酸水性喷漆饰面

丙烯酸水性喷漆饰面

■ PT 室

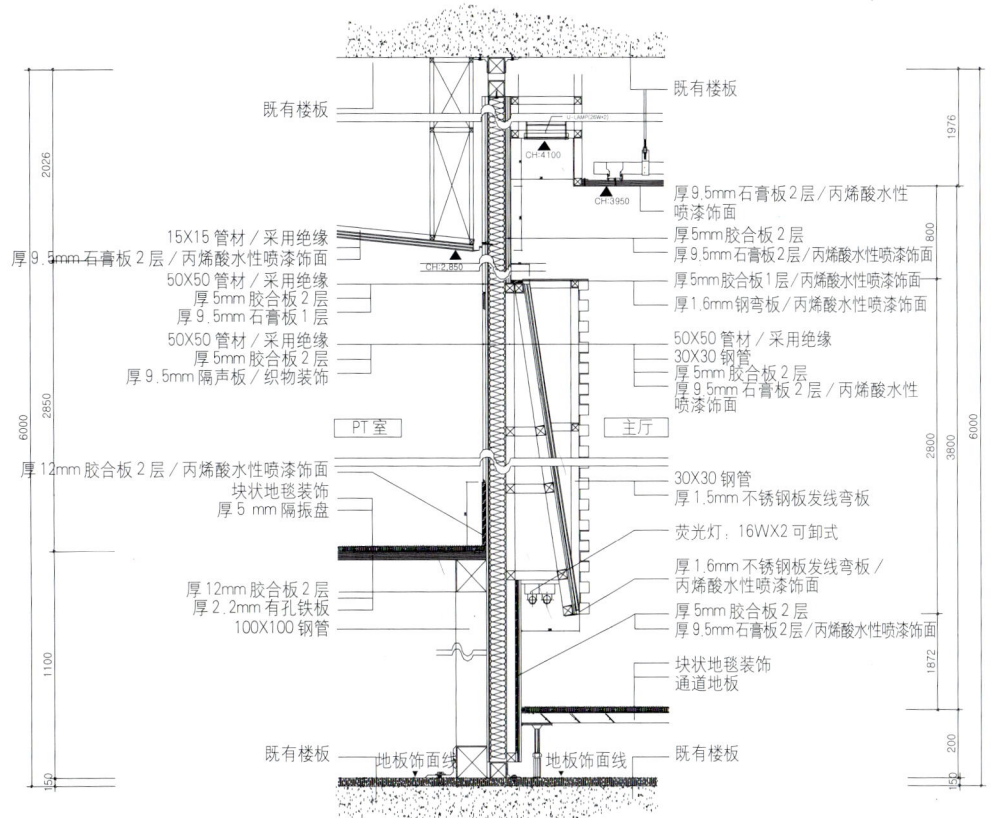

既有楼板
既有楼板

15X15 管材 / 采用绝缘
厚 9.5mm 石膏板 2 层 / 丙烯酸水性喷漆饰面
50X50 管材 / 采用绝缘
厚 5mm 胶合板 2 层
厚 9.5mm 石膏板 1 层
50X50 管材 / 采用绝缘
厚 5mm 胶合板 2 层
厚 9.5mm 隔声板 / 织物装饰

CH:4100
CH:3950
CH:2,850

厚 9.5mm 石膏板 2 层 / 丙烯酸水性喷漆饰面
厚 5mm 胶合板 2 层
厚 9.5mm 石膏板 2 层 / 丙烯酸水性喷漆饰面
厚 5mm 胶合板 1 层 / 丙烯酸水性喷漆饰面
厚 1.6mm 钢弯板 / 丙烯酸水性喷漆饰面
50X50 管材 / 采用绝缘
30X30 钢管
厚 5mm 胶合板 2 层
厚 9.5mm 石膏板 2 层 / 丙烯酸水性喷漆饰面

PT 室
主厅

厚 12mm 胶合板 2 层 / 丙烯酸水性喷漆饰面
块状地毯装饰
厚 5 mm 隔振盘

厚 12mm 胶合板 2 层
厚 2.2mm 有孔铁板
100X100 钢管

30X30 钢管
厚 1.5mm 不锈钢板发线弯板
荧光灯：16WX2 可卸式
厚 1.6mm 不锈钢板发线弯板 / 丙烯酸水性喷漆饰面
厚 5mm 胶合板 2 层
厚 9.5mm 石膏板 2 层 / 丙烯酸水性喷漆饰面
块状地毯装饰
通道地板

既有楼板
地板饰面线
地板饰面线
既有楼板

剖面图 A

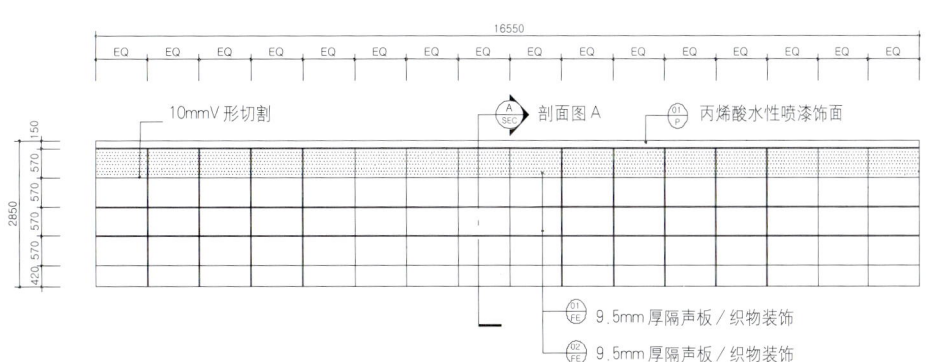

16550
EQ EQ EQ EQ EQ EQ EQ EQ EQ EQ EQ EQ EQ EQ EQ

10mmV 形切割
剖面图 A
丙烯酸水性喷漆饰面

9.5mm 厚隔声板 / 织物装饰
9.5mm 厚隔声板 / 织物装饰

正面图 D

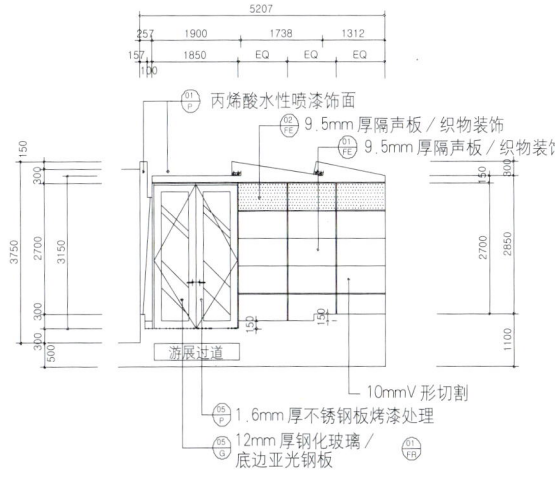

5207
257 1900 1738 1312
157 1850 EQ EQ EQ
100

丙烯酸水性喷漆饰面
9.5mm 厚隔声板 / 织物装饰
9.5mm 厚隔声板 / 织物装饰

游展过道

10mmV 形切割
1.6mm 厚不锈钢板烤漆处理
12mm 厚钢化玻璃 / 底边亚光钢板

正面图 B

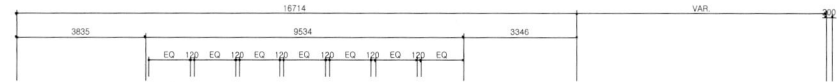

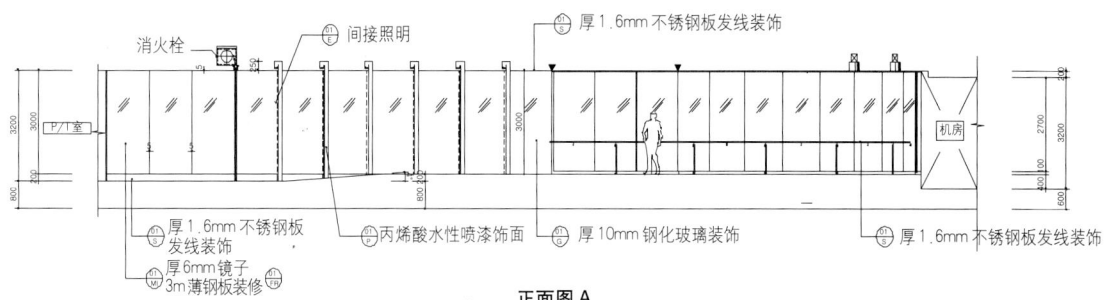

正面图 A

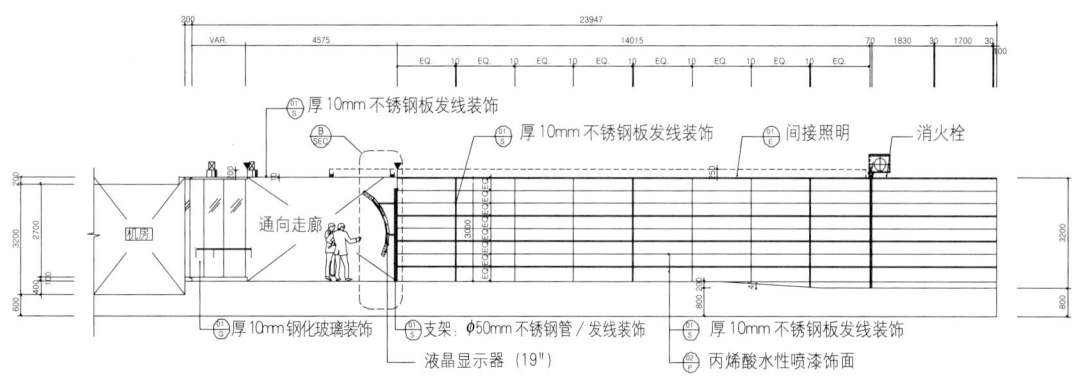

正面图 B

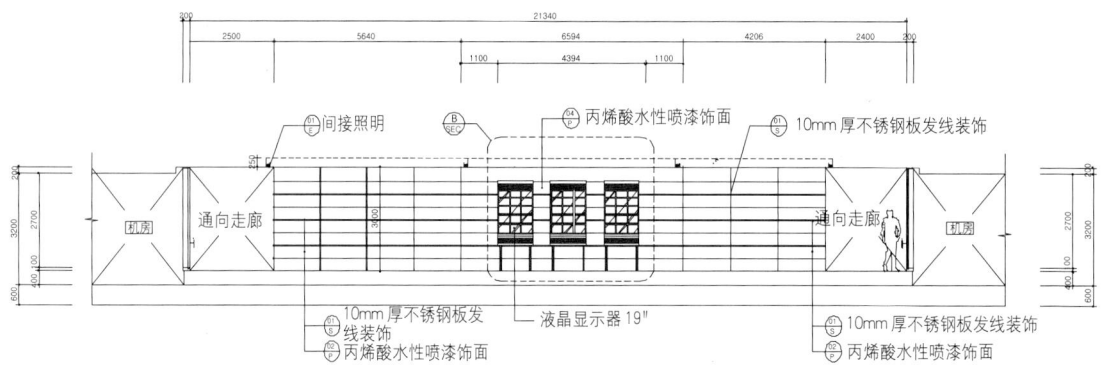

正面图 C

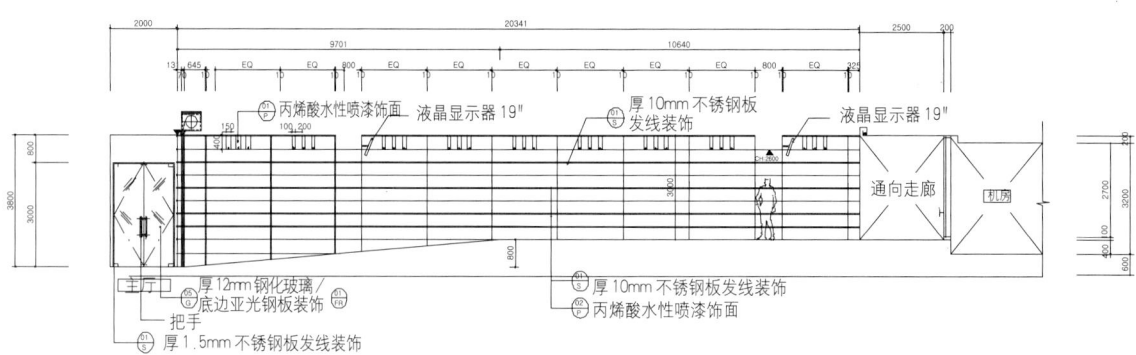

正面图 D

厚9.5mm石膏板2层/丙烯酸水性喷漆饰面

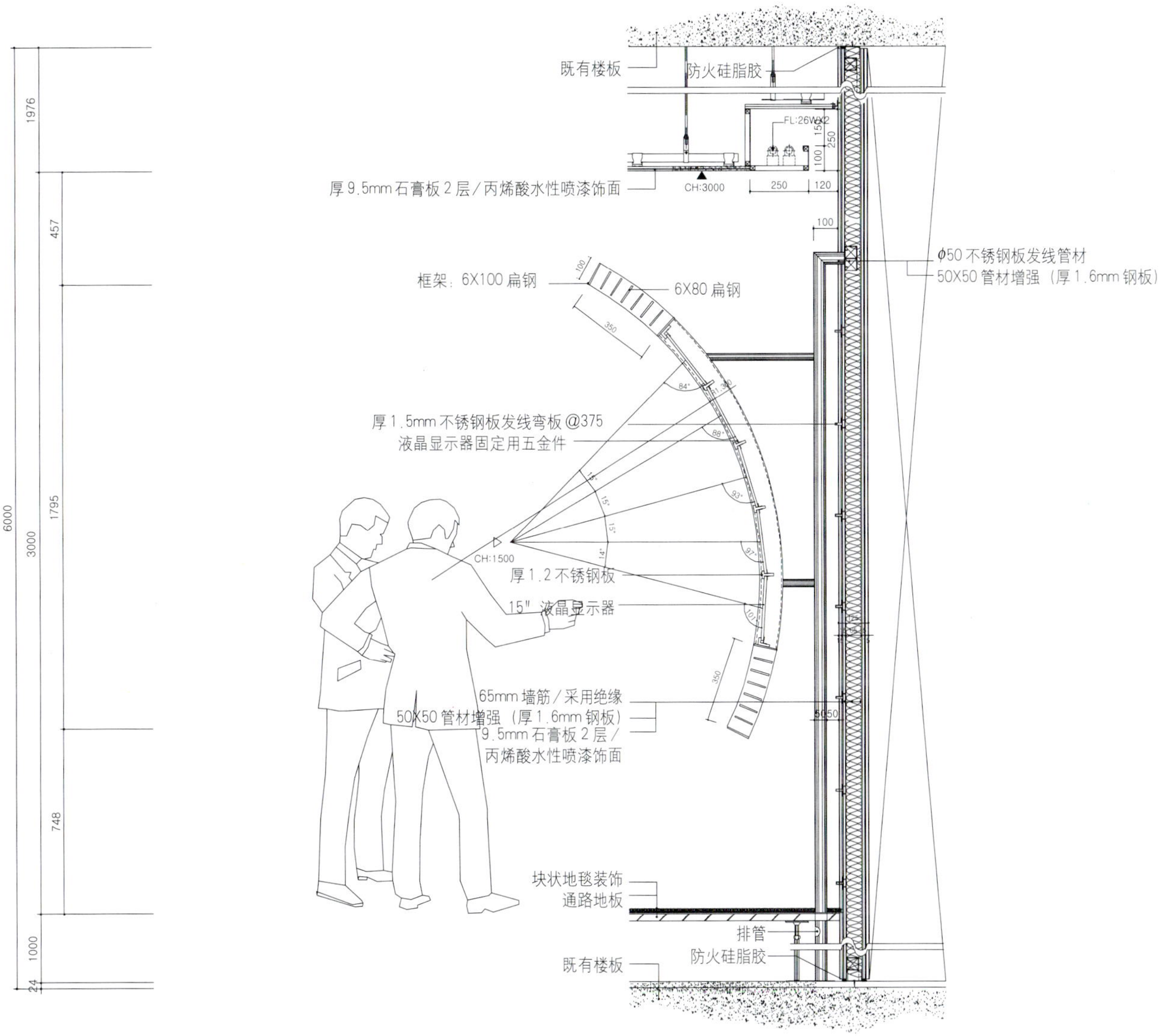

既有楼板
防火硅脂胶

FL:26W×2

CH:3000

250 120

100

框架：6X100 扁钢
6X80 扁钢

φ50 不锈钢板发线管材
50X50 管材增强（厚1.6mm钢板）

厚1.5mm不锈钢板发线弯板@375
液晶显示器固定用五金件

84°

88°

15°

15°

CH:1500
厚1.2不锈钢板

15″液晶显示器

65mm 墙筋/采用绝缘
50X50 管材增强（厚1.6mm钢板）
9.5mm 石膏板2层/
丙烯酸水性喷漆饰面

50 50

块状地毯装饰
通路地板

排管
防火硅脂胶

既有楼板

1976

457

1795

3000

6000

748

1000

24

剖面图 B

■ 游展过道—墙壁

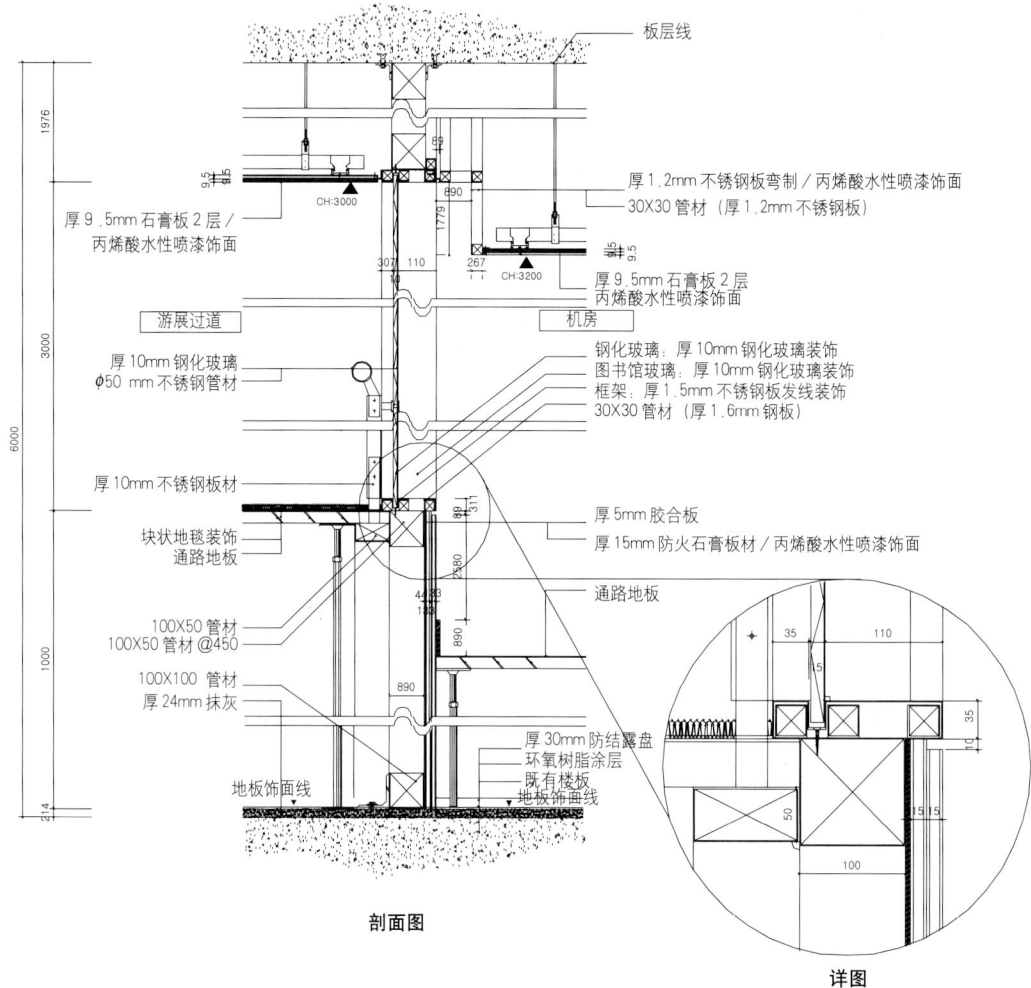

板层线

厚1.2mm不锈钢板弯制／丙烯酸水性喷漆饰面
30X30管材（厚1.2mm不锈钢板）

厚9.5mm石膏板2层／
丙烯酸水性喷漆饰面

CH:3000

CH:3200

厚9.5mm石膏板2层／
丙烯酸水性喷漆饰面

游展过道

机房

厚10mm钢化玻璃
φ50 mm不锈钢管材

钢化玻璃：厚10mm钢化玻璃装饰
图书馆玻璃：厚10mm钢化玻璃装饰
框架：厚1.5mm不锈钢板发线装饰
30X30管材（厚1.6mm钢板）

厚10mm不锈钢板材

块状地毯装饰
通路地板

厚5mm胶合板
厚15mm防火石膏板材／丙烯酸水性喷漆饰面

通路地板

100X50管材
100X50管材 @450

100X100管材
厚24mm抹灰

厚30mm防结露盘
环氧树脂涂层
既有楼板
地板饰面线

地板饰面线

剖面图

详图

■ 电梯大厅

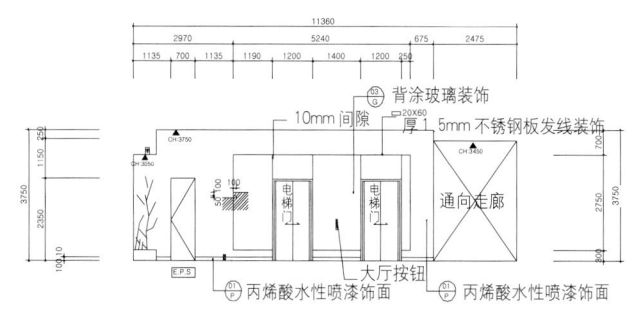

11360

2970 5240 675 2475

1135 700 1135 1190 1200 1400 1200 250

背涂玻璃装饰

10mm 间隙

20X60

厚1.5mm不锈钢板发线装饰

CH:3750

CH:3050

CH:3450

电梯门

电梯门

通向走廊

3750

2350

E.P.S

大厅按钮

丙烯酸水性喷漆饰面

丙烯酸水性喷漆饰面

正面图 A

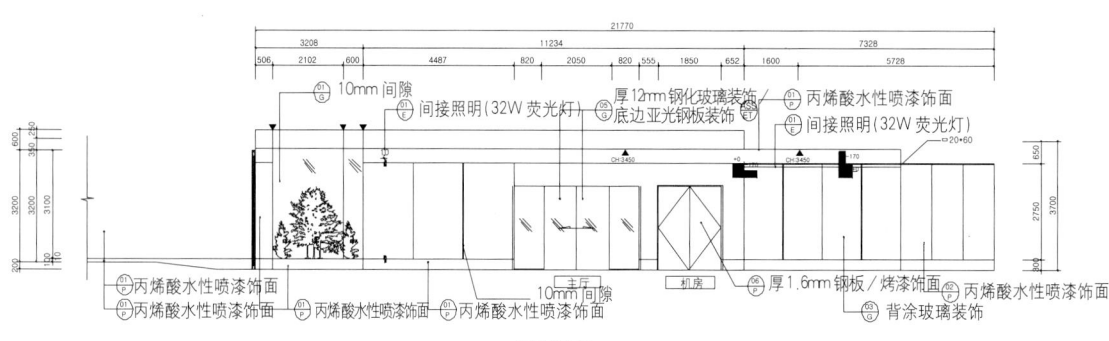

21770

3208 11234 7328

506 2102 600 4487 820 2050 820 555 1850 652 1600 5728

10mm 间隙

间接照明（32W 荧光灯）

厚12mm钢化玻璃装饰
底边亚光钢板装饰

丙烯酸水性喷漆饰面

间接照明（32W 荧光灯）

20X60

CH:3450

CH:3450

3200 3200 3100

主厅

机房

650

2750 3700

丙烯酸水性喷漆饰面
丙烯酸水性喷漆饰面

丙烯酸水性喷漆饰面

丙烯酸水性喷漆饰面

10mm 间隙

厚1.6mm钢板／烤漆饰面

丙烯酸水性喷漆饰面

背涂玻璃装饰

正面图 B

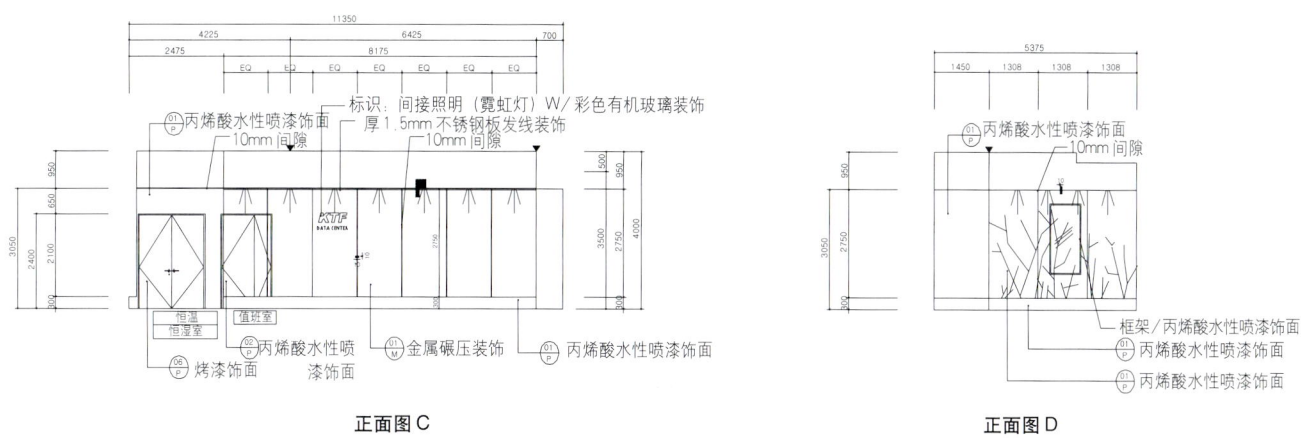

正面图 C

正面图 D

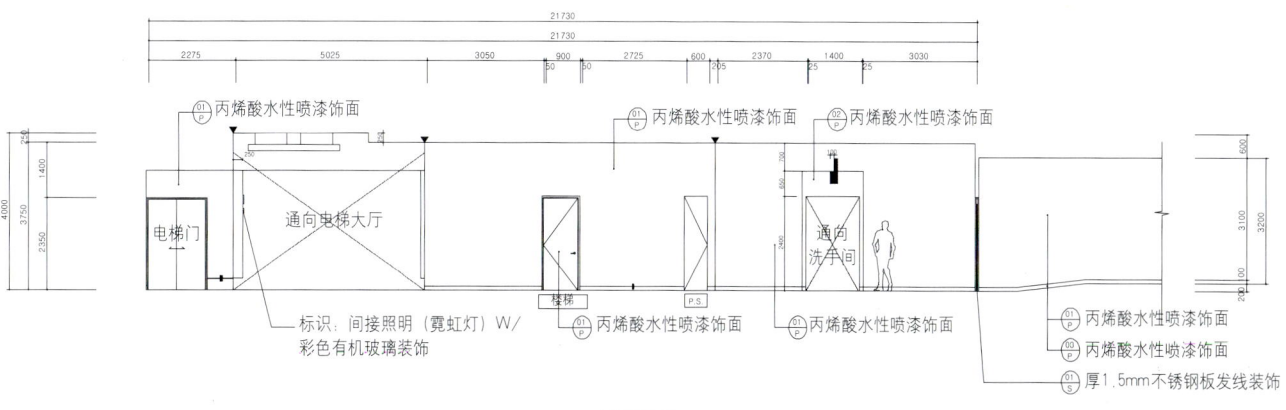

正面图 E

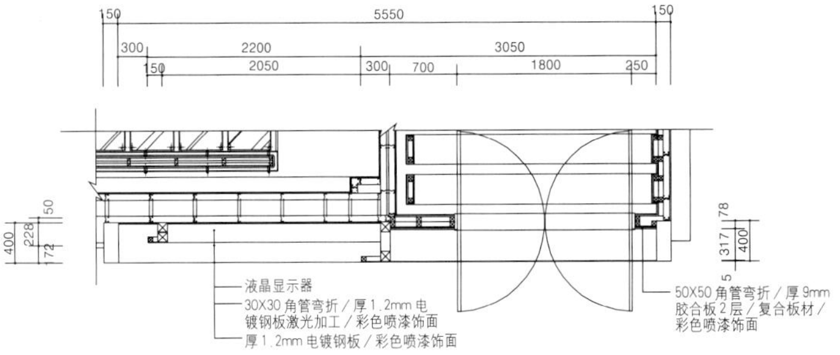

Korea District Heating Corp. Head Office PR Center

韩国城区供热公司总部信息中心

顶视图—正门墙壁

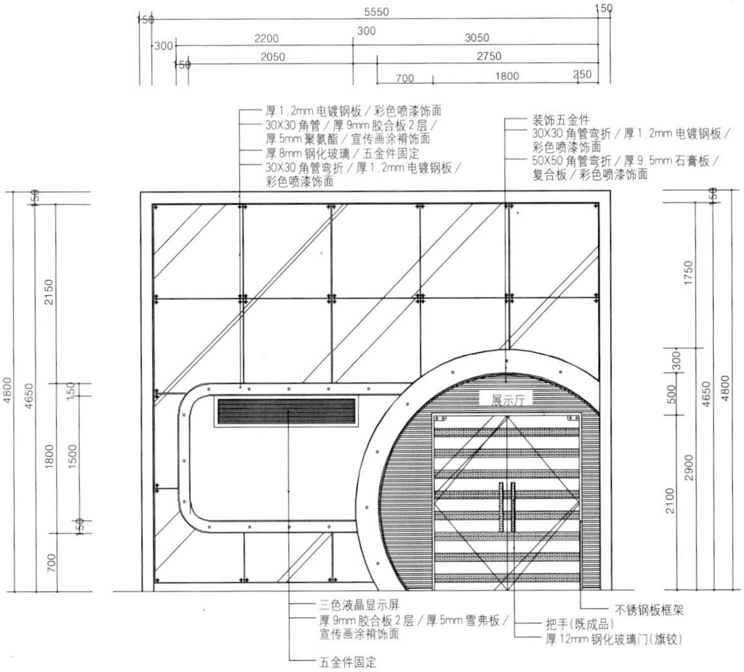

液晶显示器
30X30 角管弯折／厚1.2mm 电镀钢板激光加工／彩色喷漆饰面
厚1.2mm 电镀钢板／彩色喷漆饰面

50X50 角管弯折／厚9mm 胶合板2层／复合板材／彩色喷漆饰面

30X30 角管弯折／厚1.2mm 电镀钢板／彩色喷漆饰面

装饰五金

厚1.2mm 电镀钢板／彩色喷漆饰面
30X30 角管／厚9mm 胶合板2层／厚5mm 聚氨酯／宣传画涂料饰面
厚8mm 钢化玻璃／五金件固定
30X30 角管弯折／厚1.2mm 电镀钢板／彩色喷漆饰面

装饰五金件
30X30 角管弯折／厚1.2mm 电镀钢板／彩色喷漆饰面
50X50 角管弯折／厚9.5mm 石膏板／复合板／彩色喷漆饰面

展示厅

三色液晶显示屏
厚9mm 胶合板2层／厚5mm 雪弗板／宣传画涂料饰面
五金件固定

不锈钢板框架
把手（既成品）
厚12mm 钢化玻璃门（旗铰）

50X50 角管／厚9.5mm 石膏板／复合板／彩色喷漆饰面

厚12mm 钢化玻璃门（旗铰）

正面图—正门墙壁

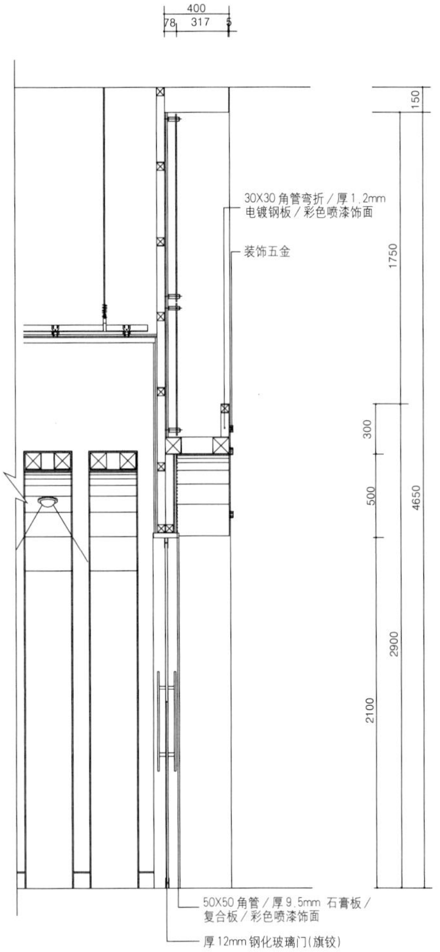

剖面图—正门墙壁

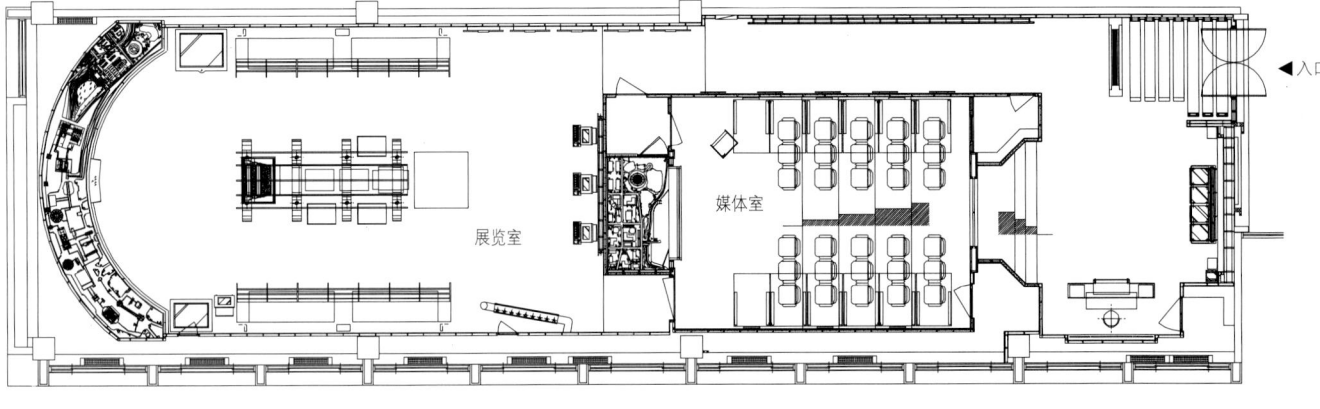

展览室

媒体室

▲入口

地板平面图

位置：京畿道城南市盆唐区盆唐洞186号 1层 ｜ 设计单位：佳旺展览与主题公园株式会社 ｜ 建设单位：佳旺展览与主题公园株式会社 ｜ 展
览方案：佳旺展览与主题公园株式会社 ｜ 建筑面积：297m² ｜ 室内装饰：地板／Ｐ型砖、图案装饰 墙壁和顶棚／彩色喷漆饰面

Design : Gawon Exhibition & Themepark Co., Ltd. · Bae, Yong seok / Choi, Hyeon hui / Jeong, Mi jo ｜ **Construction** : Gawon Exhibition & Themepark Co., Ltd. · Kim, Jin yeong ｜
Exhibition Plan : Gawon Exhibition & Themepark Co., Ltd. · Park, Chang sik / Mun, Ji a ｜ **Built Area** : 297m² ｜ **Finish** : Floor / P-Tile, Pattern Finish Wall · Ceiling / App. Color
Lacquer, Painting

■ 空间艺术

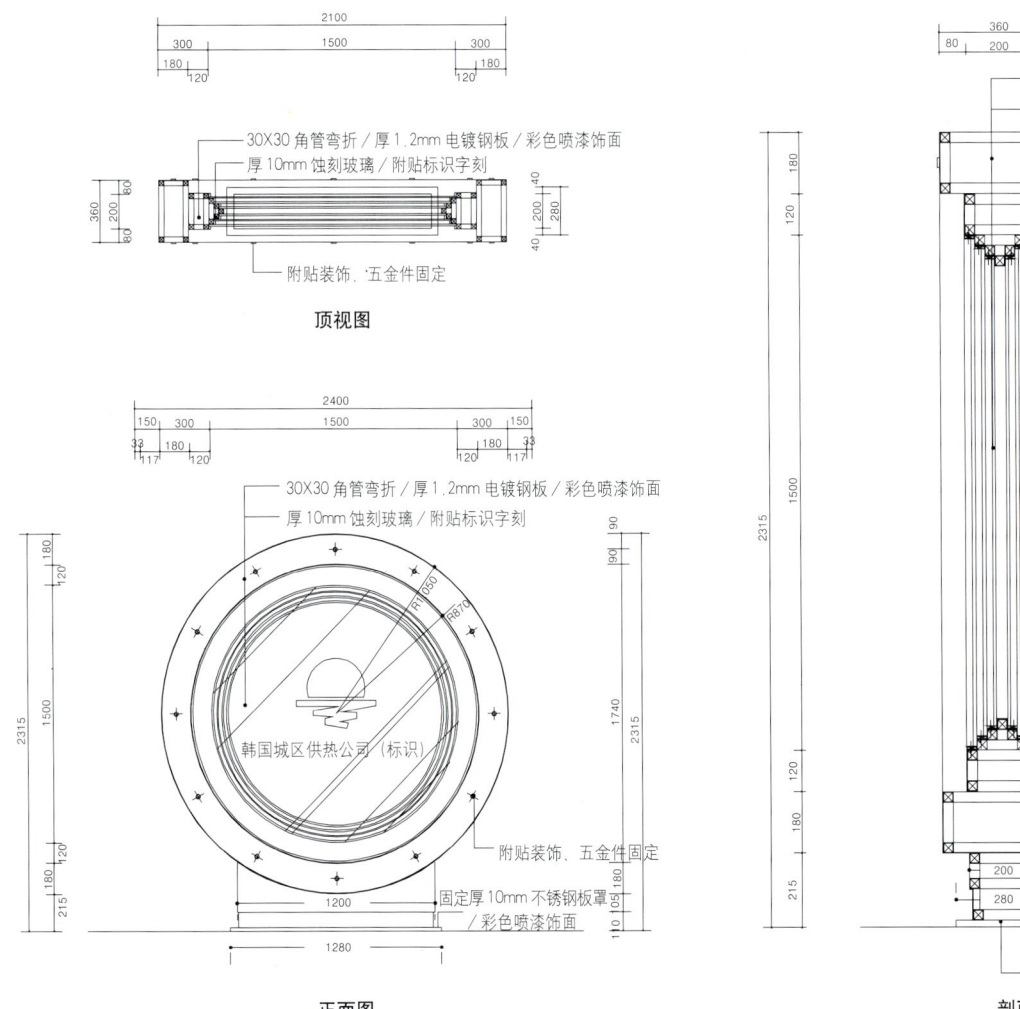

30X30角管弯折／厚1.2mm电镀钢板／彩色喷漆饰面
厚10mm蚀刻玻璃／附贴标识字刻

附贴装饰、五金件固定

顶视图

30X30角管弯折／厚1.2mm电镀钢板／彩色喷漆饰面
厚10mm蚀刻玻璃／附贴标识字刻

韩国城区供热公司（标识）

附贴装饰、五金件固定

固定厚10mm不锈钢板罩／彩色喷漆饰面

正面图

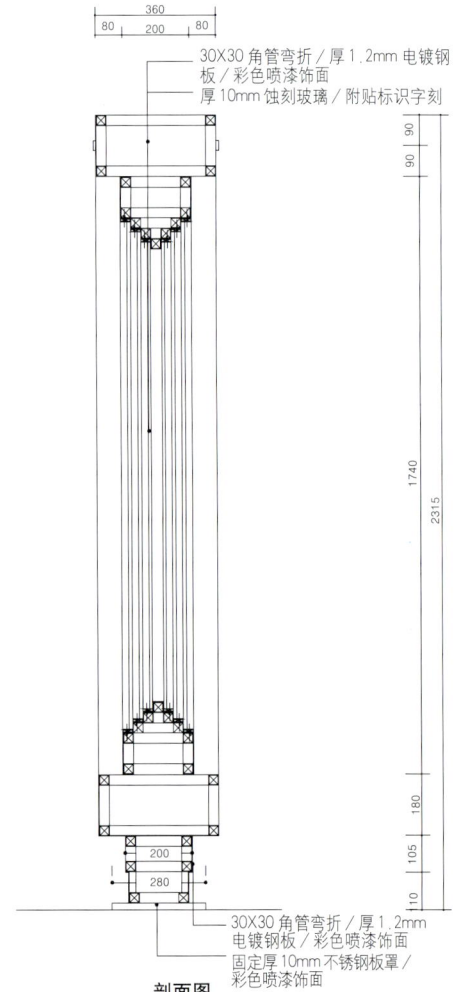

30X30角管弯折／厚1.2mm电镀钢板／彩色喷漆饰面
厚10mm蚀刻玻璃／附贴标识字刻

30X30角管弯折／厚1.2mm电镀钢板／彩色喷漆饰面
固定厚10mm不锈钢板罩／彩色喷漆饰面

剖面图

■ 休息椅

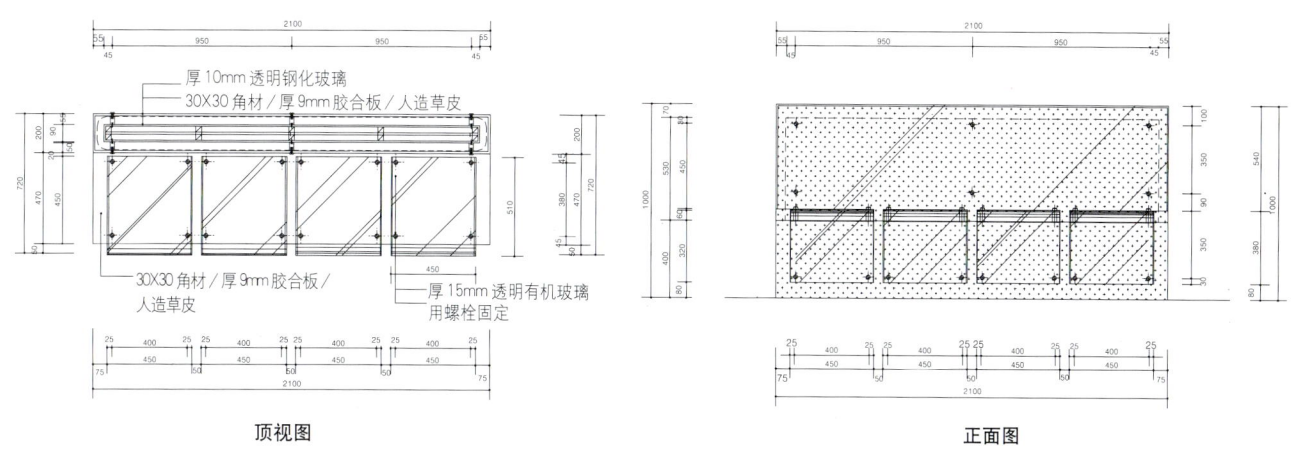

厚10mm透明钢化玻璃
30X30角材／厚9mm胶合板／人造草皮

30X30角材／厚9mm胶合板／
人造草皮

厚15mm透明有机玻璃
用螺栓固定

顶视图

正面图

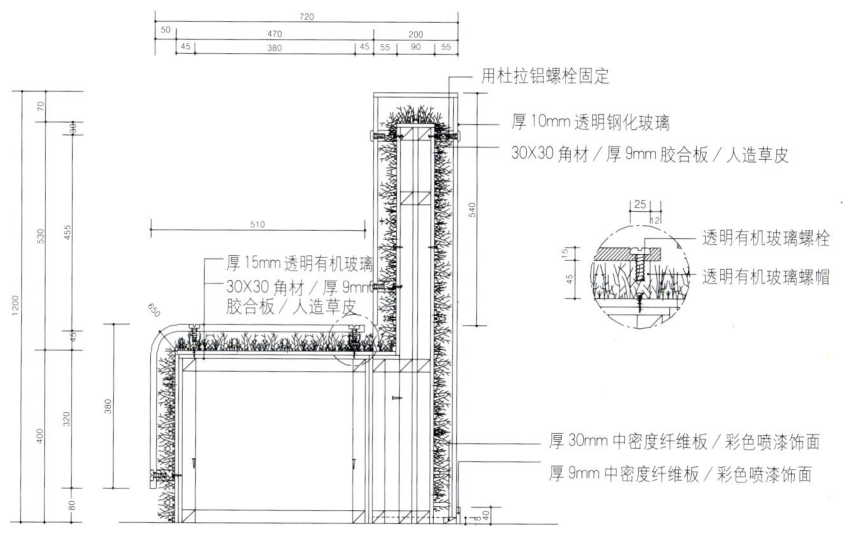

用杜拉铝螺栓固定
厚10mm透明钢化玻璃
30X30角材／厚9mm胶合板／人造草皮

厚15mm透明有机玻璃
30X30角材／厚9mm
胶合板／人造草皮

透明有机玻璃螺栓
透明有机玻璃螺帽

厚30mm中密度纤维板／彩色喷漆饰面
厚9mm中密度纤维板／彩色喷漆饰面

剖面图

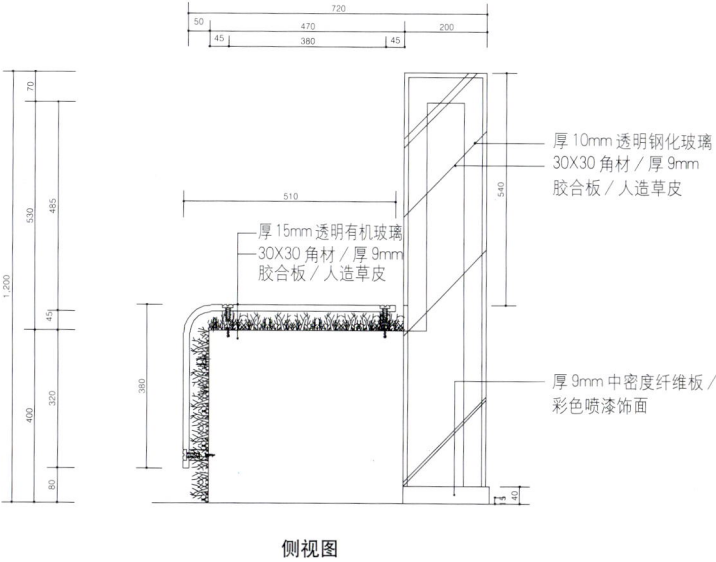

厚10mm透明钢化玻璃
30X30角材／厚9mm
胶合板／人造草皮

厚15mm透明有机玻璃
30X30角材／厚9mm
胶合板／人造草皮

厚9mm中密度纤维板／
彩色喷漆饰面

侧视图

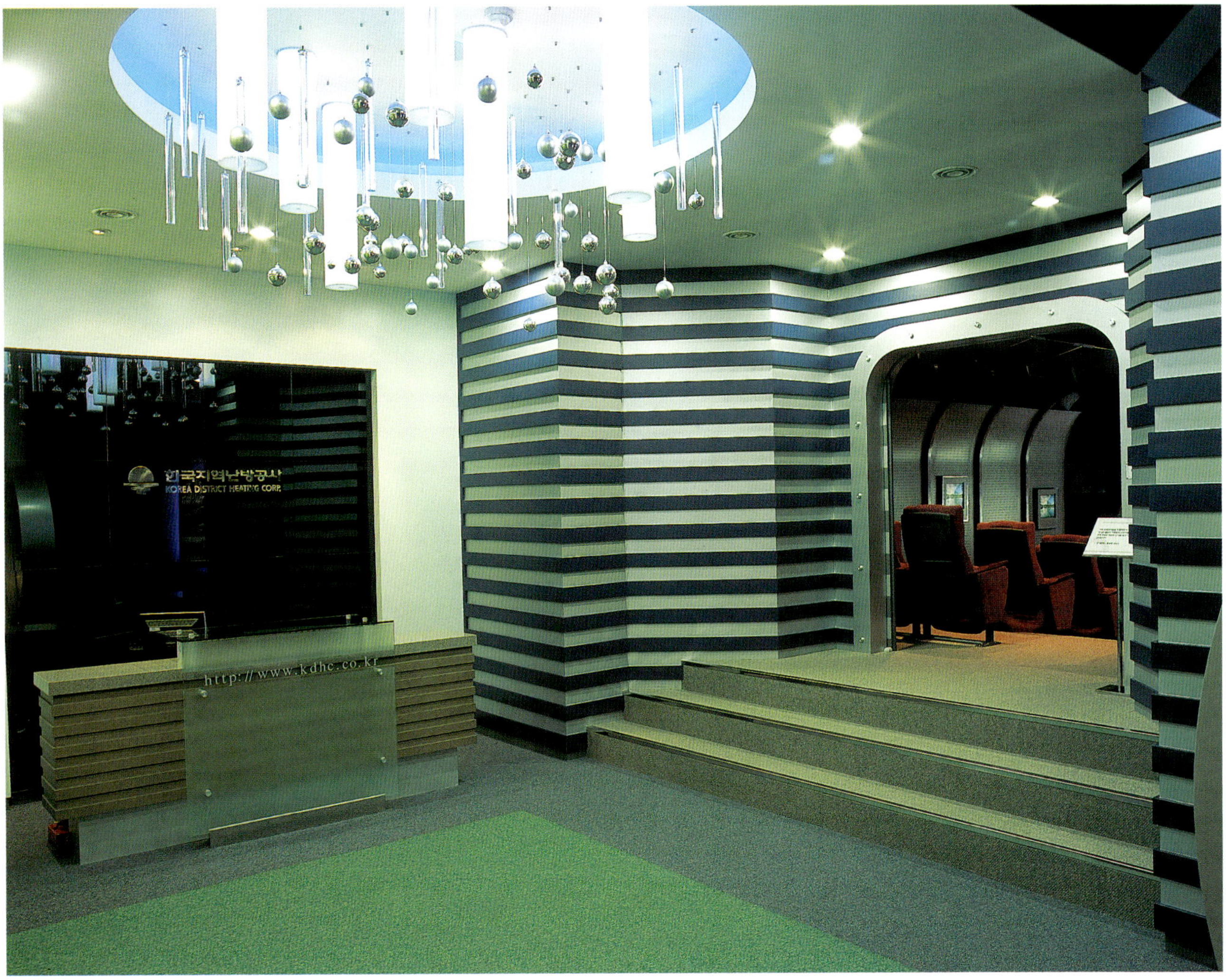

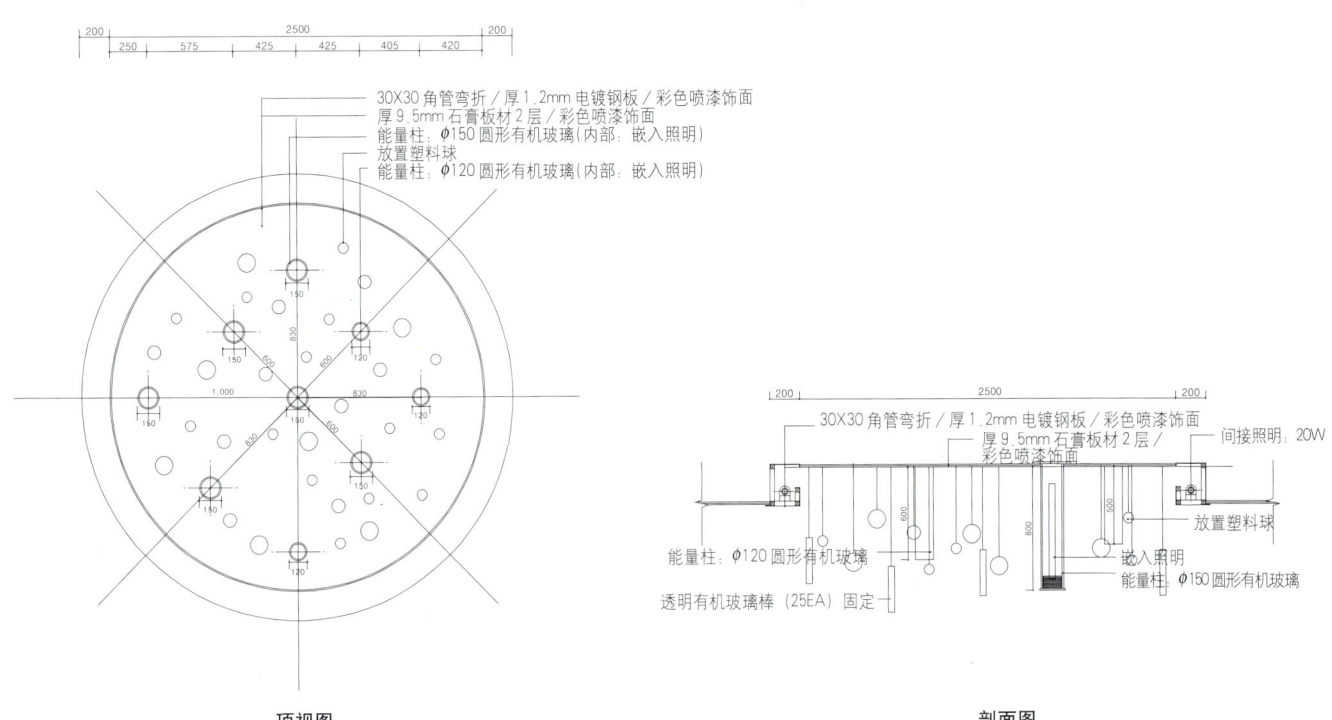

http://www.kdhc.co.kr

■ 大厅顶棚

200
2500
200
250
575
425
425
405
420
30X30 角管弯折 / 厚 1.2mm 电镀钢板 / 彩色喷漆饰面
厚 9.5mm 石膏板材 2 层 / 彩色喷漆饰面
能量柱：φ150 圆形有机玻璃（内部：嵌入照明）
放置塑料球
能量柱：φ120 圆形有机玻璃（内部：嵌入照明）
150
120
830
600
1,000
830

顶视图

200
2500
200
30X30 角管弯折 / 厚 1.2mm 电镀钢板 / 彩色喷漆饰面
厚 9.5mm 石膏板材 2 层 /
彩色喷漆饰面
间接照明：20W
放置塑料球
能量柱：φ120 圆形有机玻璃
嵌入照明
能量柱：φ150 圆形有机玻璃
透明有机玻璃棒（25EA）固定
600
800
500

剖面图

自然、人类与能源

PR 中心展示了韩国城区供热公司的企业精神：繁荣的人类生活来源于大自然的精神。我们把城区供热的供热管道作为一种机动的设计，将其反射到基础墙壁、展架和大门上。这种空间组合使现有的展室模块分离；在信息空间中，通向中心展室的通行线只被引导通向影视房间。

这个拥有120英寸玻璃视屏作为主屏的影视房间表现了光线与图像极具特色的柔性回应，它适合参观者坐、看、走的全过程。图像空间通过安装像自然长椅和能量柱这样的形象结构可以松弛结实的塑料艺术品的刚性空间，从这里一个人可以感觉到能量的存在。

Nature, human and energy

The PR center shows the enterprise spirit of Korea District Heating Corp.: Prosperous human life based on nature's spirit. We set the heating pipe of district heating as a motive design, reflecting it to the basic walls, exhibition shelves and gates. The spatial composition broke away from the existing exhibit room module; in the information space, the traffic line to the central exhibit room is lead only through the visual room.

The Visual room, which has a 120 inches glassvision as a main screen, presents the characteristic flexible respond of lightings and images as to the process of sitting, viewing and going of visitors. Image space relaxes the rigid space of the solid plastic arts, by installing the symbolic structures like nature benches and energy pillars, from which one can feel energy.

■ 信息咨询台

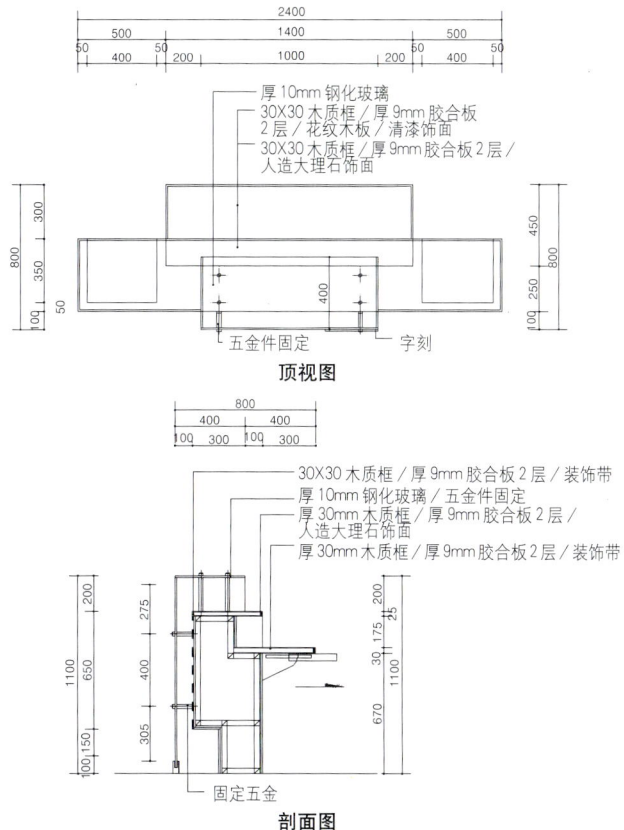

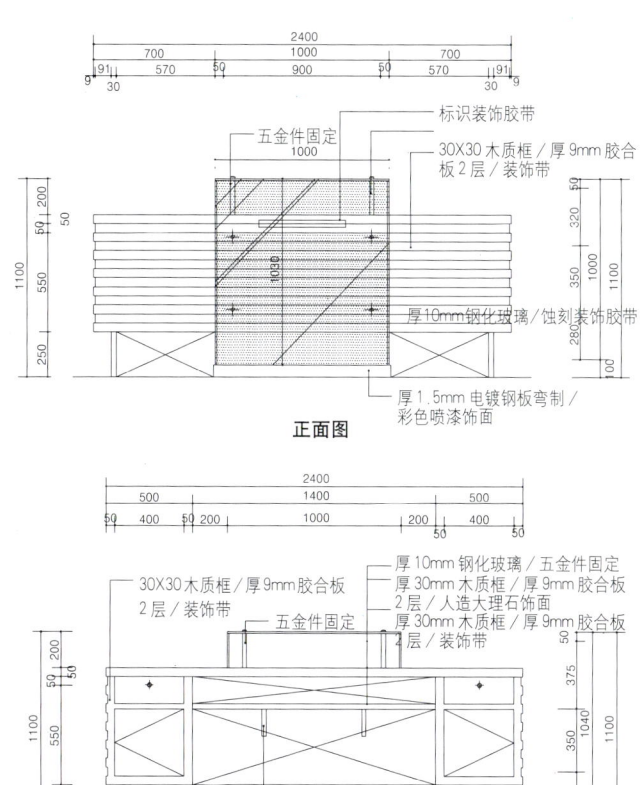

■ 因特网用户端

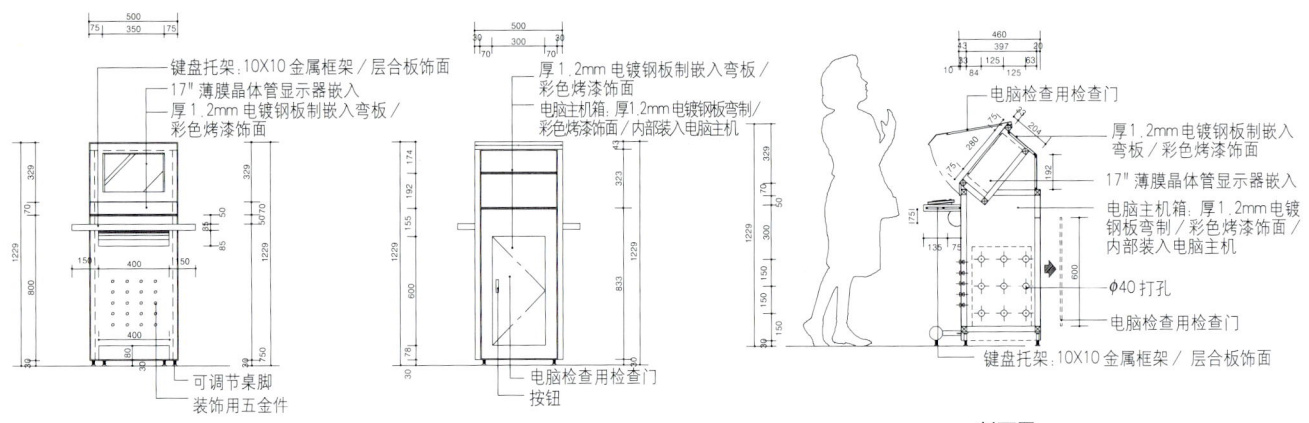

键盘托架:10X10 金属框架 / 层合板饰面
17" 薄膜晶体管显示器嵌入
厚 1.2mm 电镀钢板制嵌入弯板 / 彩色烤漆饰面

厚 1.2mm 电镀钢板制嵌入弯板 / 彩色烤漆饰面
电脑主机箱:厚 1.2mm 电镀钢板弯制 / 彩色烤漆饰面 / 内部装入电脑主机

电脑检查用检查门
厚 1.2mm 电镀钢板制嵌入弯板 / 彩色烤漆饰面
17" 薄膜晶体管显示器嵌入
电脑主机箱:厚 1.2mm 电镀钢板弯制 / 彩色烤漆饰面 / 内部装入电脑主机
φ40 打孔
电脑检查用检查门
键盘托架:10X10 金属框架 / 层合板饰面

可调节桌脚
装饰用五金件

电脑检查用检查门
按钮

正面图　　　　　　　　后视图　　　　　　　　　　剖面图

■ 展板 1

8435

顶视图

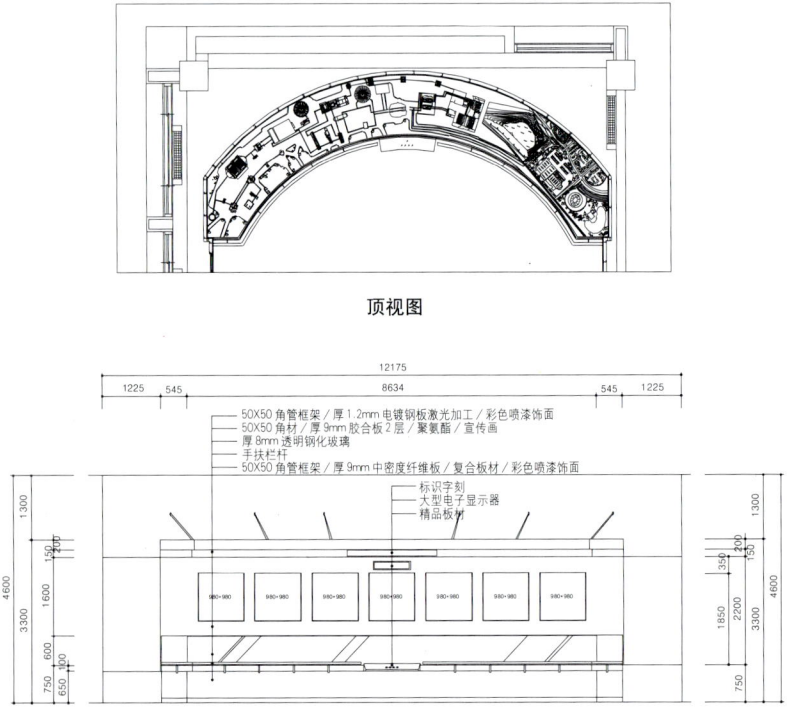

12175
8634
1225　545　　　　　　　　　545　1225

50X50 角管框架 / 厚 1.2mm 电镀钢板激光加工 / 彩色喷漆饰面
50X50 角材 / 厚 9mm 胶合板 2 层 / 聚氨酯 / 宣传画
厚 8mm 透明钢化玻璃
手扶栏杆
50X50 角管框架 / 厚 9mm 中密度纤维板 / 复合板材 / 彩色喷漆饰面
标识字刻
大型电子显示器
精品板材

正面图

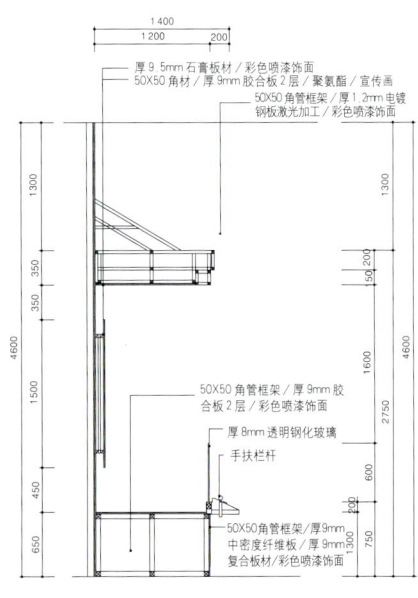

1400
1200　200

厚 9.5mm 石膏板材 / 彩色喷漆饰面
50X50 角材 / 厚 9mm 胶合板 2 层 / 聚氨酯 / 宣传画
50X50 角管框架 / 厚 1.2mm 电镀钢板激光加工 / 彩色喷漆饰面
50X50 角管框架 / 厚 9mm 胶合板 2 层 / 彩色喷漆饰面
厚 8mm 透明钢化玻璃
手扶栏杆
50X50 角管框架 / 厚 9mm 中密度纤维板 / 厚 9mm 复合板材 / 彩色喷漆饰面

剖面图

■ 墙板

螺丝钉拧紧
加工杜拉铝
(硬铝合金)

厚5mm钢化玻璃
宣传画
厚8mm钢化玻璃

15X15角管框架／厚1.2mm电镀钢板弯制／彩色喷漆饰面

30X30角管框架／厚1.2mm电镀钢板弯制／彩色喷漆饰面

宣传画壁板／厚5mm钢化玻璃／宣传画／厚8mm钢化玻璃
30X30角管框架／厚1.2mm电镀钢板弯制／彩色喷漆饰面
厚10mm加工杜拉铝
加工杜拉铝后固定

剖视图

正面图

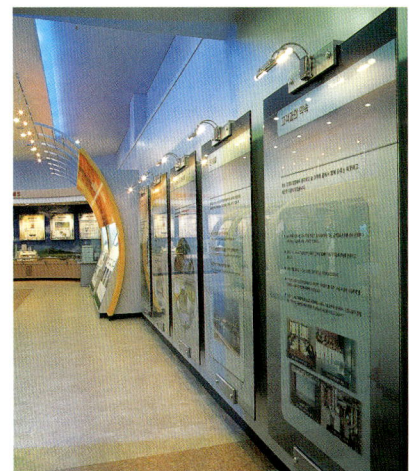

■ 展板2

φ20钢管／彩色喷漆饰面
厚10mm钢板激光加工后固定／喷漆饰面
50X50角管／厚9mm胶合板2层／宣传画饰面

50X50角管／厚9mm胶合板2层／宣传画涂褙饰面

顶视图

φ20钢管／彩色喷漆饰面
厚10mm钢板激光加工后固定／喷漆饰面
50X50角管弯折／厚4.8mm胶合板2层／厚5mm聚氨酯／宣传画涂褙饰面
嵌入照明
50X50角管／厚9mm胶合板2层／宣传画涂褙饰面

正面图

厚10mm钢板激光加工后固定／喷漆饰面
φ20钢管／彩色喷漆饰面
厚1.2mm电镀钢板弯制／彩色喷漆饰面
30X30角管弯折／厚9mm胶合板2层／厚5mm聚氨酯／宣传画涂褙饰面
间接照明 20W荧光灯

宣传画壁板／厚5mm钢化玻璃／宣传画／厚8mm钢化玻璃
50X50角管弯折／厚1.2mm电镀钢板／彩色喷漆饰面
50X50角管弯折／厚4.8mm胶合板2层／厚5mm聚氨酯／宣传画涂褙饰面

剖面图

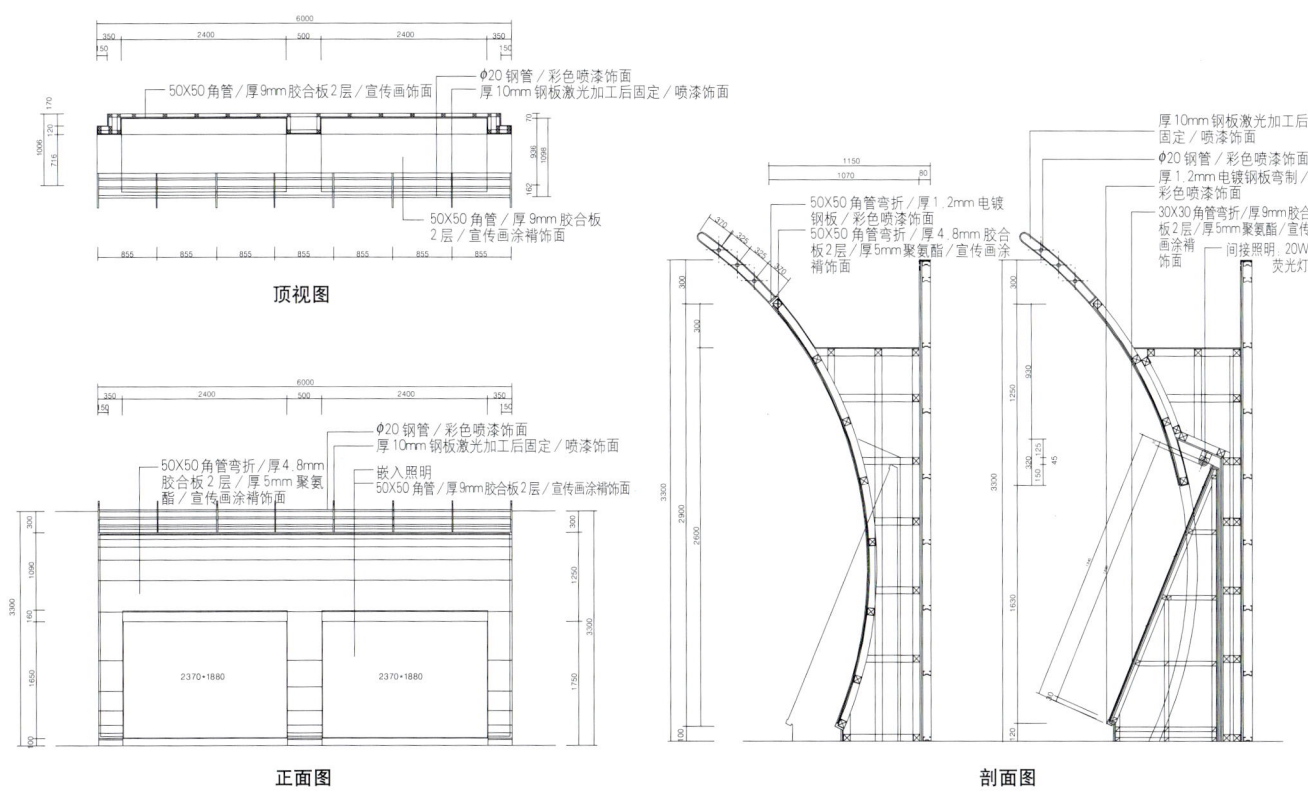

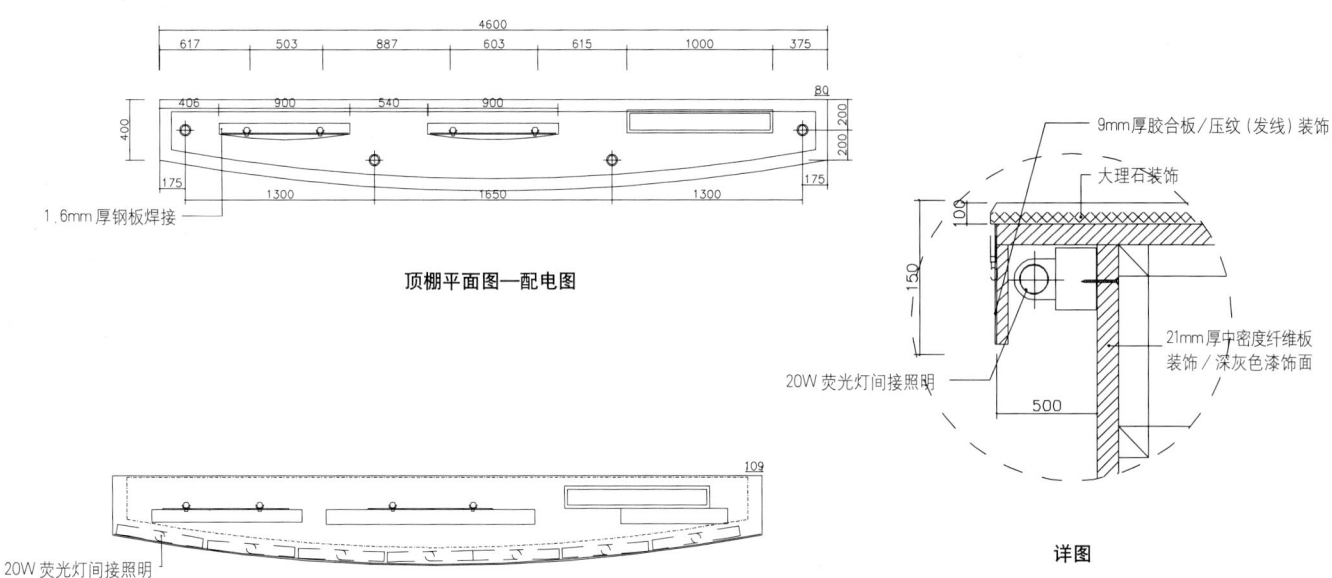

顶棚平面图—配电图

底板平面图—配电图

详图

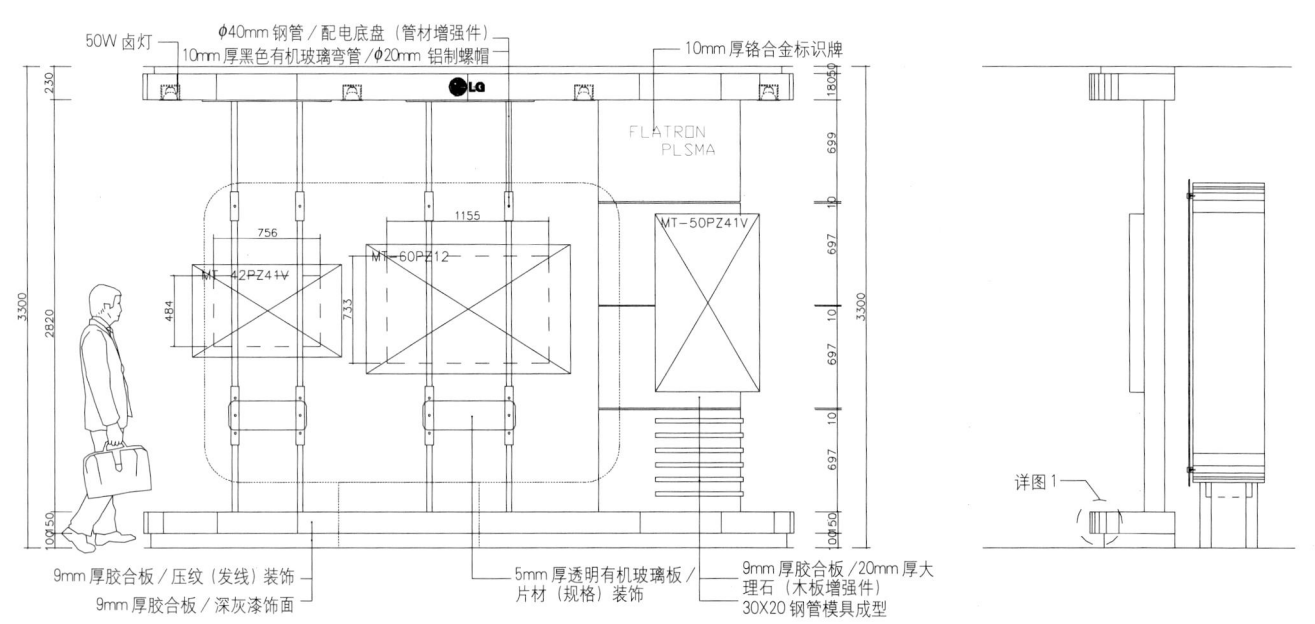

正面图—配电图

剖面图

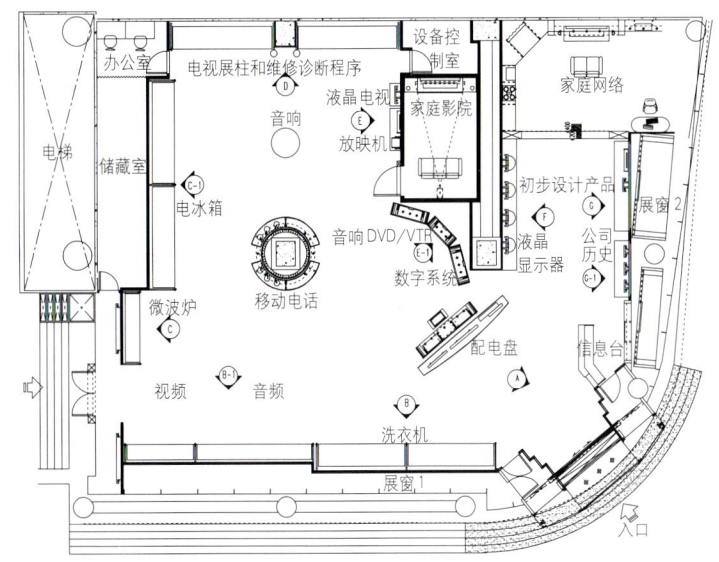

办公室
电视展柱和维修诊断程序
设备控制室
家庭网络
音响
液晶电视
家庭影院
电梯
储藏室
放映机
初步设计产品
电冰箱
展窗2
音响 DVD/VTR
液晶
显示器
公司历史
微波炉
数字系统
移动电话
配电盘
信息台
视频
音频
洗衣机
展窗1
入口

地板平面图

位置：泰国曼谷北士墩 152街 查德斯奎尔 1层 | 设计单位：考劳索时空灵感公司 | 建设单位：考劳索时空灵感公司 | 建筑面积：667m²
室内装饰：地板／瓷砖、P型砖、地毯 墙壁／喷漆、照明、硬质模具成型、轻质模具成型、织物 顶棚／乙烯基漆
Design : Colosso spatiotemporal Inspiration | **Construction** : Colosso spatiotemporal Inspiration | **Built Area** : 667m² | **Finish** : Floor / Ceramic Tile, P−Tile, Carpet Wall / Lacquer Painting, Laminate, U−Molding, L−Molding, Fabric Ceiling / V.P, Painting

■ 门面

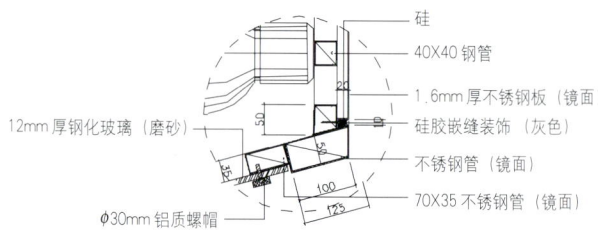

硅
40X40 钢管
1.6mm 厚不锈钢板（镜面）
12mm 厚钢化玻璃（磨砂）
硅胶嵌缝装饰（灰色）
不锈钢管（镜面）
φ30mm 铝质螺帽
70X35 不锈钢管（镜面）

详图1

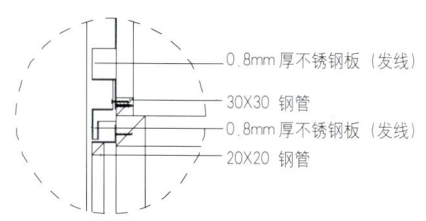

0.8mm 厚不锈钢板（发线）
30X30 钢管
0.8mm 厚不锈钢板（发线）
20X20 钢管

详图2

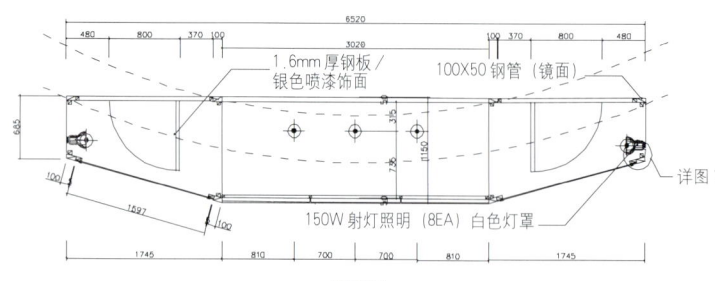

1.6mm 厚钢板／银色喷漆饰面
100X50 钢管（镜面）
150W 射灯照明（8EA）白色灯罩
详图1

顶视图

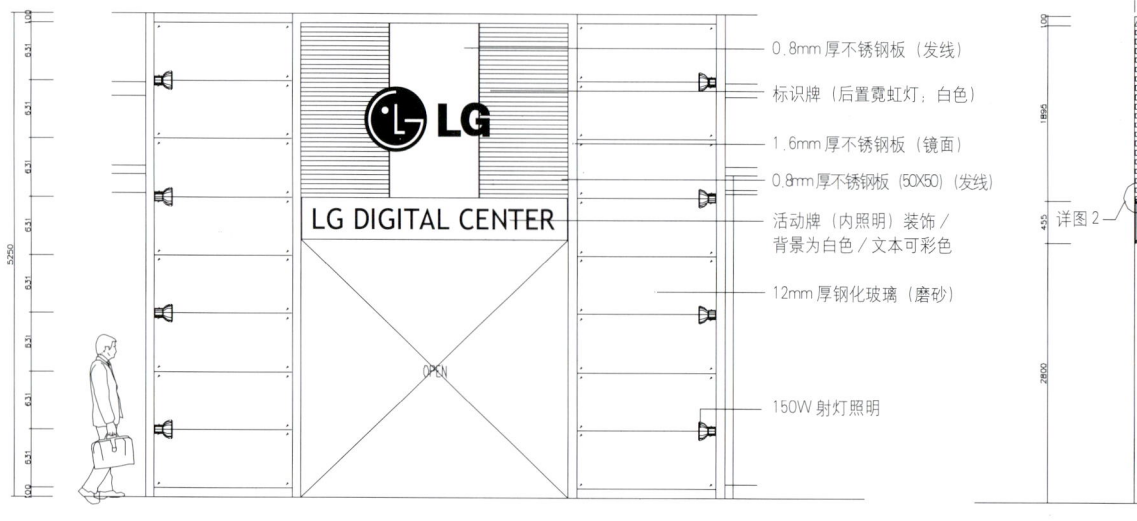

0.8mm 厚不锈钢板（发线）
标识牌（后置霓虹灯；白色）
1.6mm 厚不锈钢板（镜面）
0.8mm 厚不锈钢板（50X50）（发线）
活动牌（内照明）装饰／背景为白色／文本可彩色
12mm 厚钢化玻璃（磨砂）
150W 射灯照明

详图2

正面图

剖面图

曼谷LG公司数字中心的设计适合于LG的全球市场概念，为陈列室和会议室安排出的空间可以给教育和经验介绍提供一种综合空间。通过设计主要具有温暖和光明意义的空间，冷漠和高科技数字产品的气氛就可以被感性和人性相结合。色彩的对照给来自于标准化展览的单调提供了一种张弛度，并降低了不同项目展品的混合度。通过这一媒介概念，我们代表了LG电子公司的优秀品质和对发展中国家以顾客为中心的亲和力。

Bangkok LG Digital Center's design is suitable for LG's concept of global marketing, the space arranged with show room and conference room to provide a combined space for education and experience. By composing the space mainly with a sense of warmth and brightness, the atmosphere of cold and high-tech digital products was aligned with sensitivity and humanity. Color contrast provides a tension to the monotony coming from the standardized exhibition and reduced the diffuseness of exhibit of various items. Through this media concept, we represented the excellence of LG Electronics and customer-centered familiarity to the developing country, thus gaining their trust and high evaluation.

■ 主大门

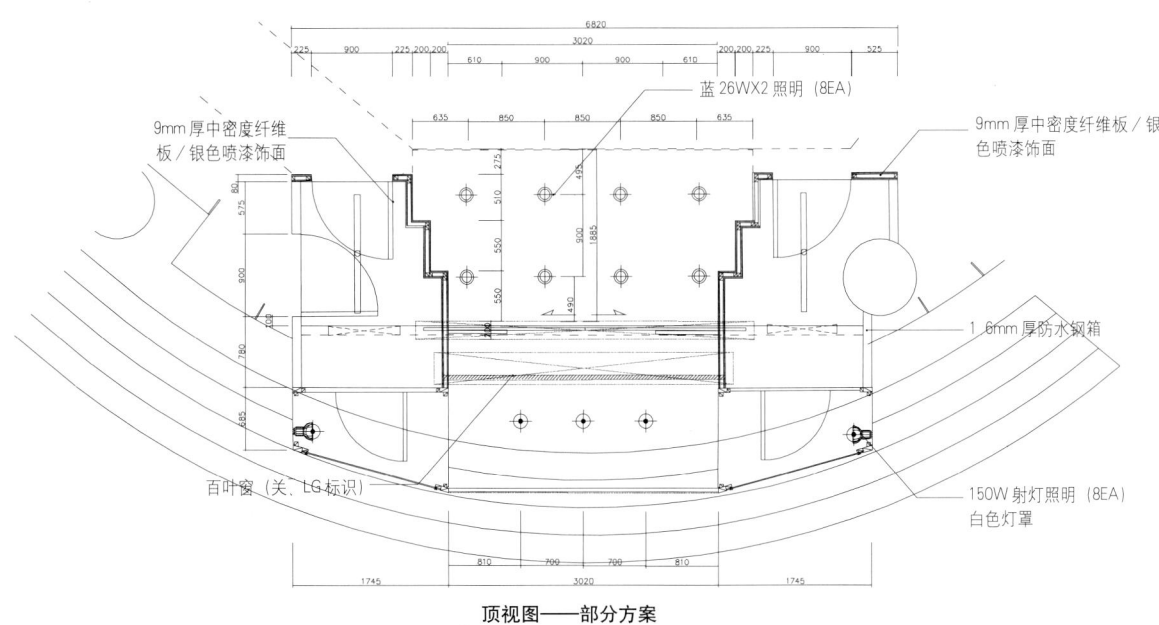

顶视图——部分方案

■ 主大门—展窗

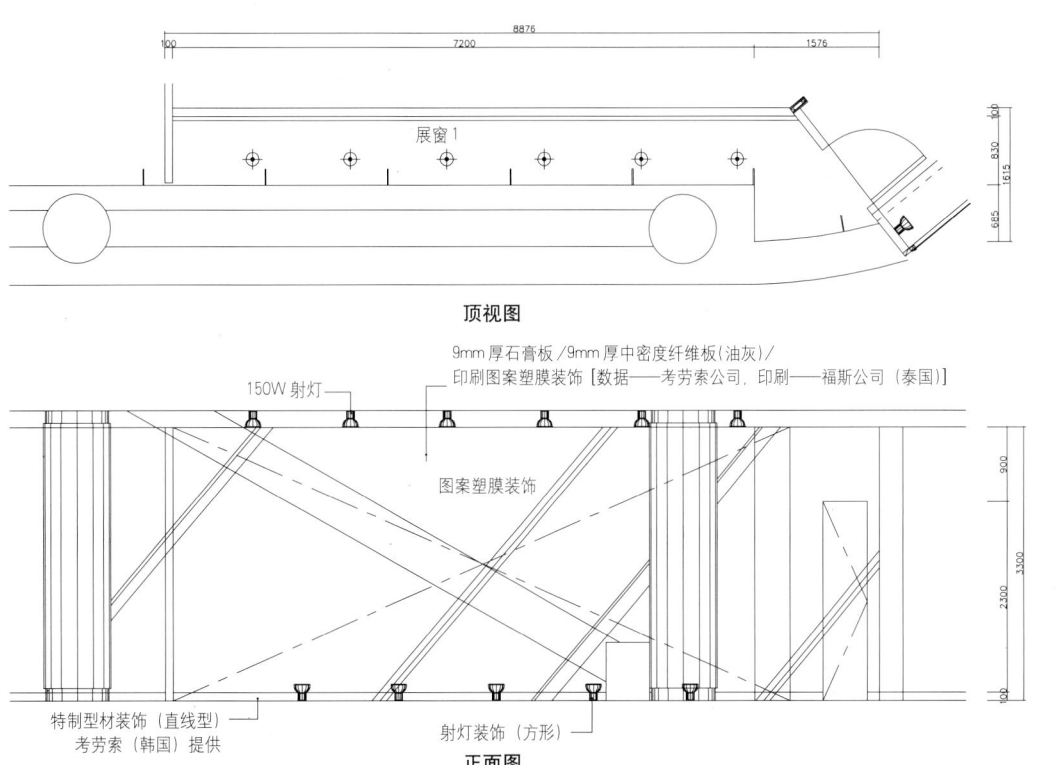

顶视图

正面图

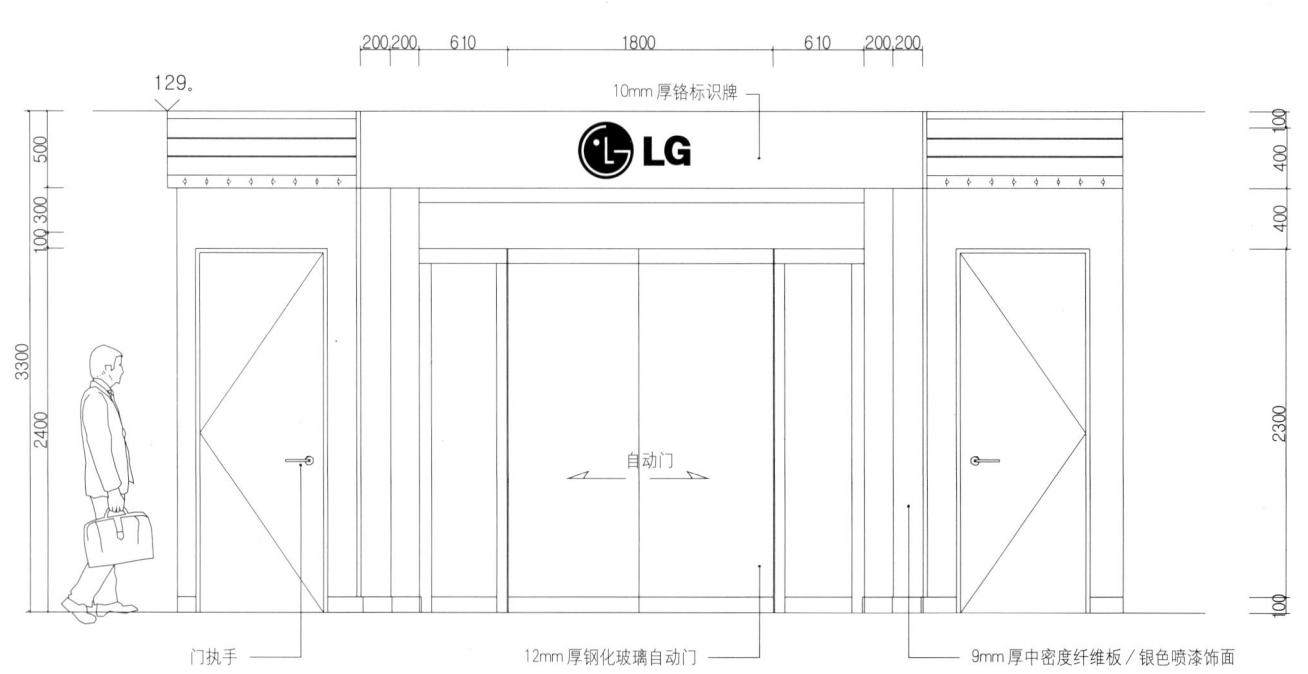

■ 入口

525
900
225
200
200
3020
200
200
225
900
225
CH:2800
2615
550
550
520
265
30X30X45
木板
0.8mm 厚不锈钢板（镜面）
9mm厚胶合
板/9mm厚中密度纤
维板/银色喷漆饰面
9mm厚胶合板/9mm厚中密
度纤维板/银色喷漆饰面
2mm厚钢板/银色喷漆饰面
12mm厚中密度纤维板
50
1.6mm厚不锈钢板（发线）
12mm厚中密度纤维板
2mm厚钢板/银色喷漆饰面
9mm厚胶合板/9mm厚中密
度纤维板/银色喷漆饰面
30
10
9mm厚
中密度纤维板/
银色喷漆饰面
10
9mm 厚中密度纤维板/
白色喷漆饰面

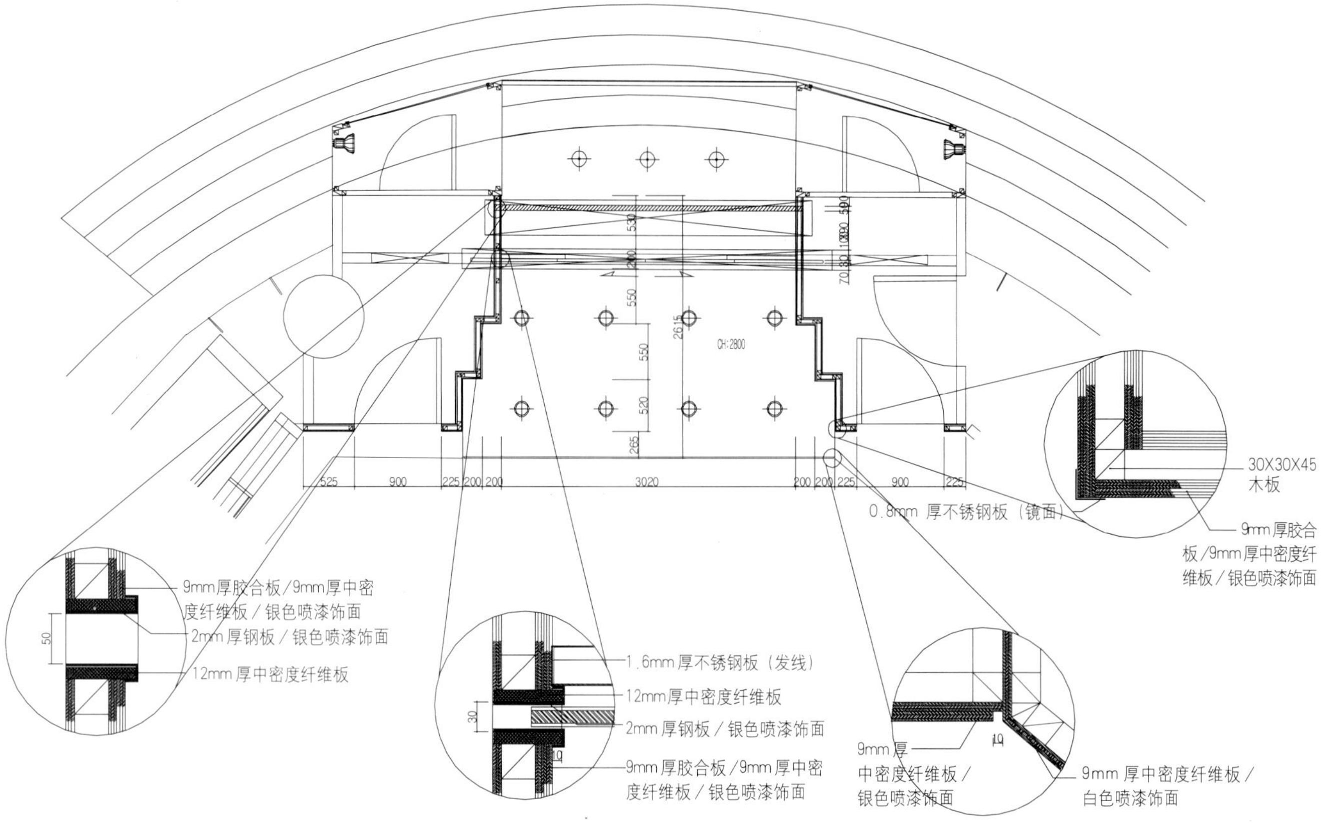

详图—顶棚平面图

200
200
610
1800
610
200
200
129。
10mm厚铬标识牌
LG
500
100
300
3300
2400
100
400
400
2300
100
自动门
门执手
12mm厚钢化玻璃自动门
9mm厚中密度纤维板/银色喷漆饰面

正面图 A

■ 展窗

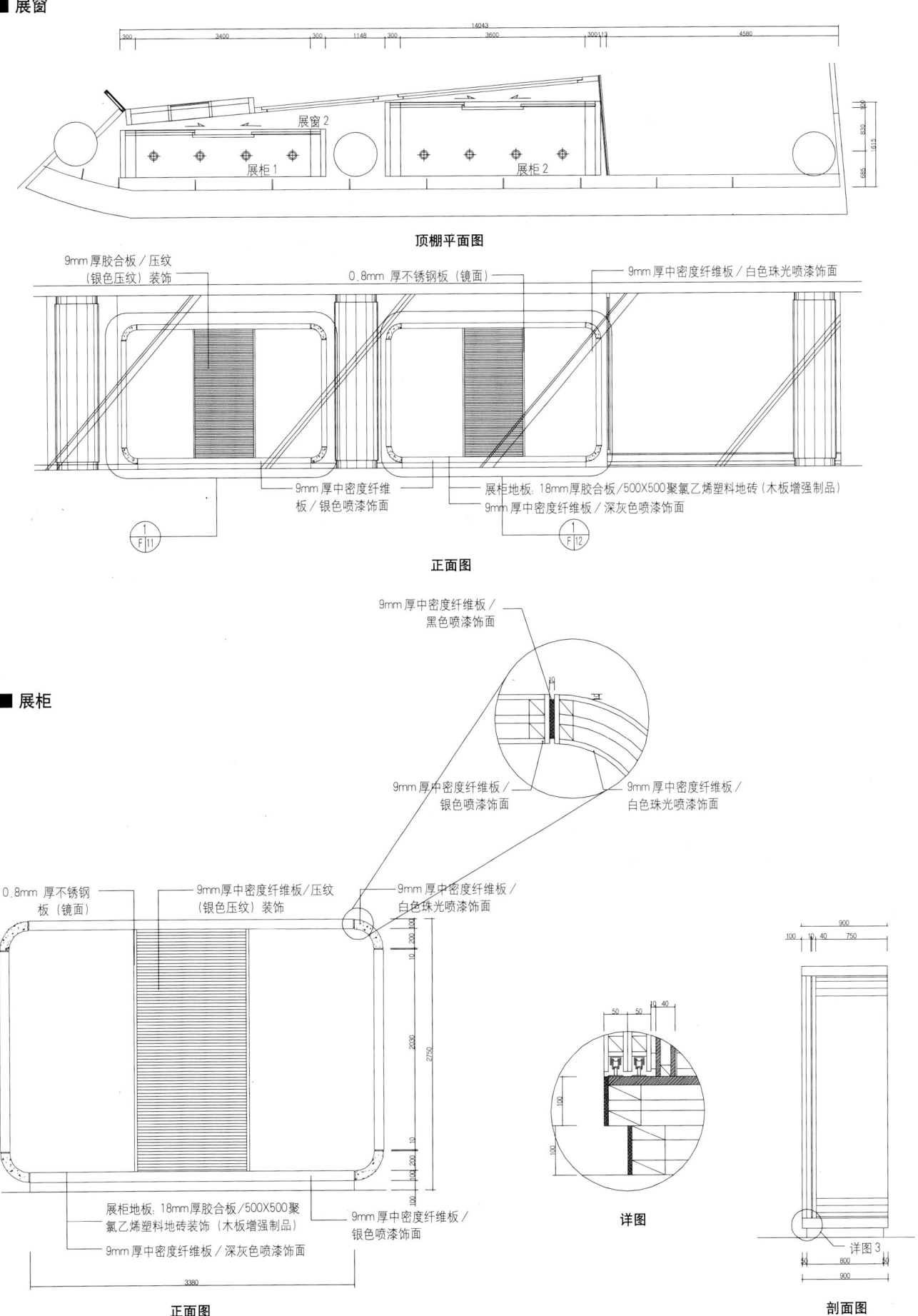

顶棚平面图

9mm厚胶合板／压纹
（银色压纹）装饰

0.8mm 厚不锈钢板（镜面）

9mm厚中密度纤维板／白色珠光喷漆饰面

9mm厚中密度纤维
板／银色喷漆饰面

展柜地板：18mm厚胶合板／500X500聚氯乙烯塑料地砖（木板增强制品）

9mm厚中密度纤维板／深灰色喷漆饰面

正面图

9mm厚中密度纤维板／
黑色喷漆饰面

■ 展柜

9mm厚中密度纤维板／
银色喷漆饰面

9mm厚中密度纤维板／
白色珠光喷漆饰面

0.8mm 厚不锈钢
板（镜面）

9mm厚中密度纤维板/压纹
（银色压纹）装饰

9mm厚中密度纤维板／
白色珠光喷漆饰面

展柜地板：18mm厚胶合板／500X500聚
氯乙烯塑料地砖装饰（木板增强制品）

9mm厚中密度纤维板／深灰色喷漆饰面

9mm厚中密度纤维板／
银色喷漆饰面

正面图

详图

剖面图

详图3

LG Digital Center
Microwave Oven

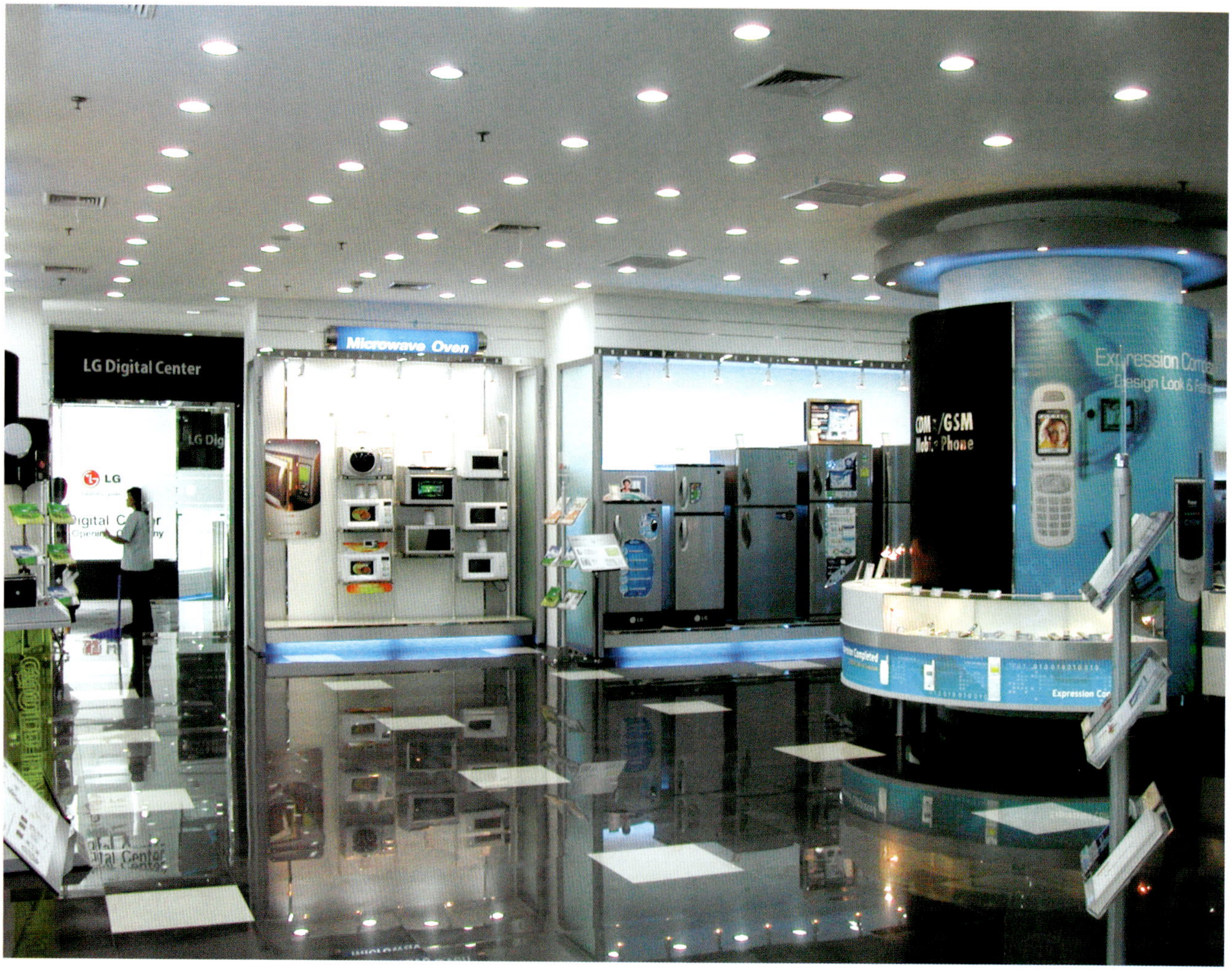

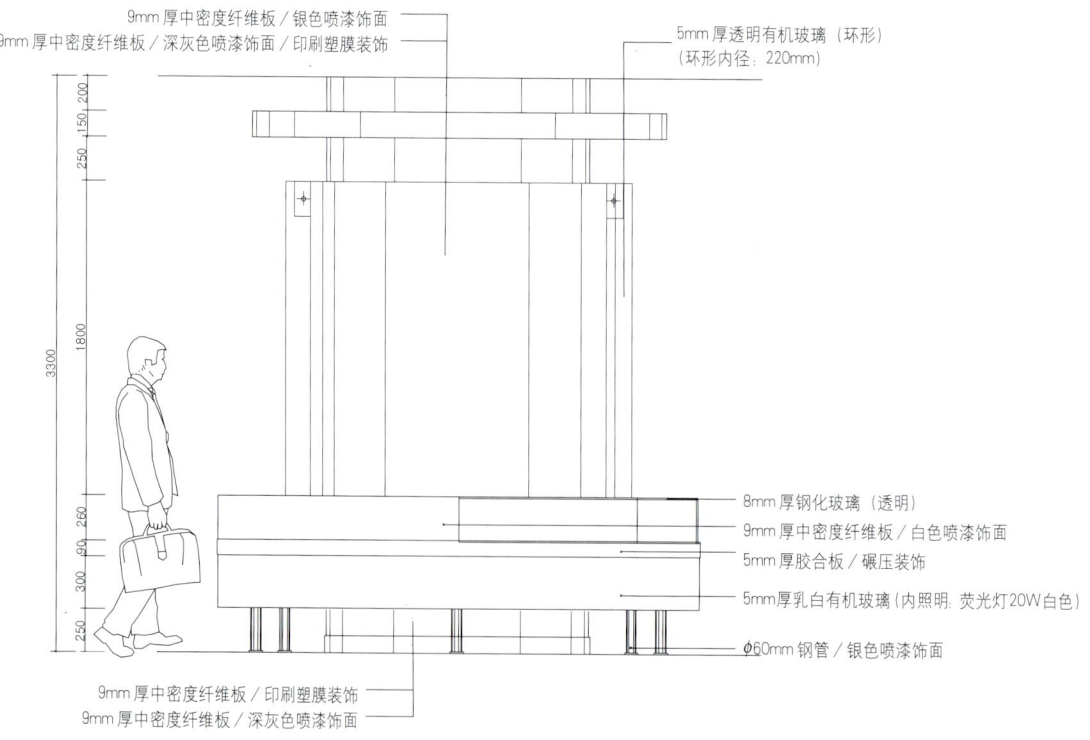

■ 展柱

9mm 厚中密度纤维板／银色喷漆饰面
9mm 厚中密度纤维板／深灰色喷漆饰面／印刷塑膜装饰
5mm 厚透明有机玻璃（环形）
（环形内径：220mm）
200
150
250
1800
3300
260
90
300
250
8mm 厚钢化玻璃（透明）
9mm 厚中密度纤维板／白色喷漆饰面
5mm 厚胶合板／碾压装饰
5mm厚乳白有机玻璃（内照明：荧光灯20W白色）
φ60mm 钢管／银色喷漆饰面
9mm 厚中密度纤维板／印刷塑膜装饰
9mm 厚中密度纤维板／深灰色喷漆饰面

正面图

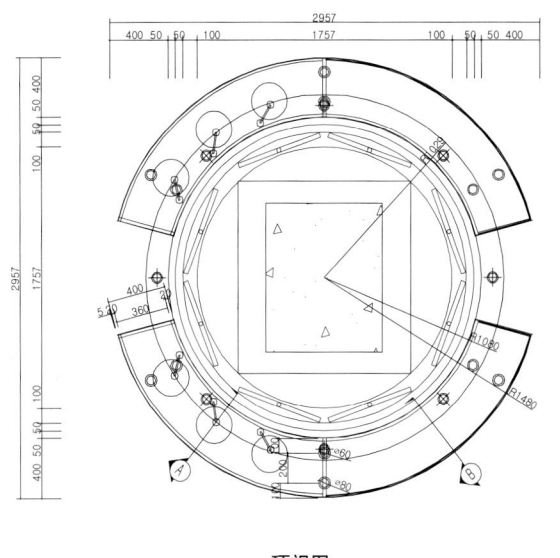

2957
400 50 50 100
1757
100 50 50 400
R1080
R1480
A
B

顶视图

剖面图

2020202020
200
250mmX5mm 厚乳白有机玻璃圆顶
30mm 电孔
400
20
360
20
50W 悬臂聚光灯（高 250mm）
250mmX5mm 厚乳白有机玻璃圆顶
30mm 电孔
20mm 厚中密度纤维板 / 白色喷漆饰面
5mm 厚胶合板 / 压纹装饰
锁门
5mm 厚乳白有机玻璃 / 印刷塑膜装饰
内照明：20W 荧光灯白色
60mm 方钢管 / 银色喷漆饰面
80mm 方钢管 / 银色喷漆饰面
900
250
100
280
20
240
10
70 60
140
60 70
15X15 木条
8mm 厚钢化
玻璃（透明）
锁门

剖面图 A

剖面图 B

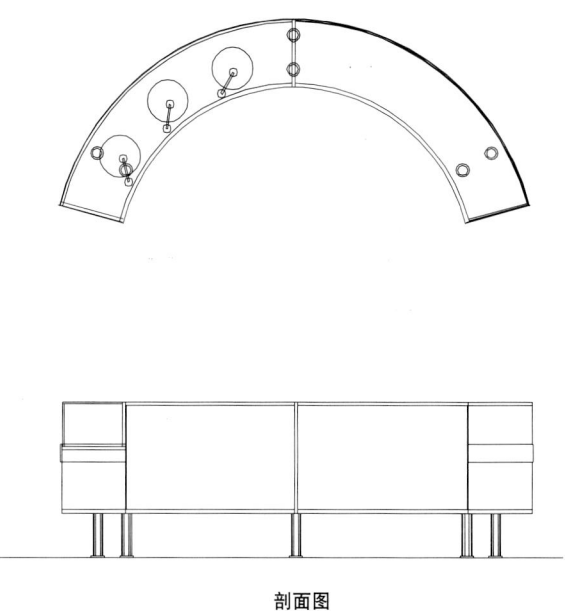

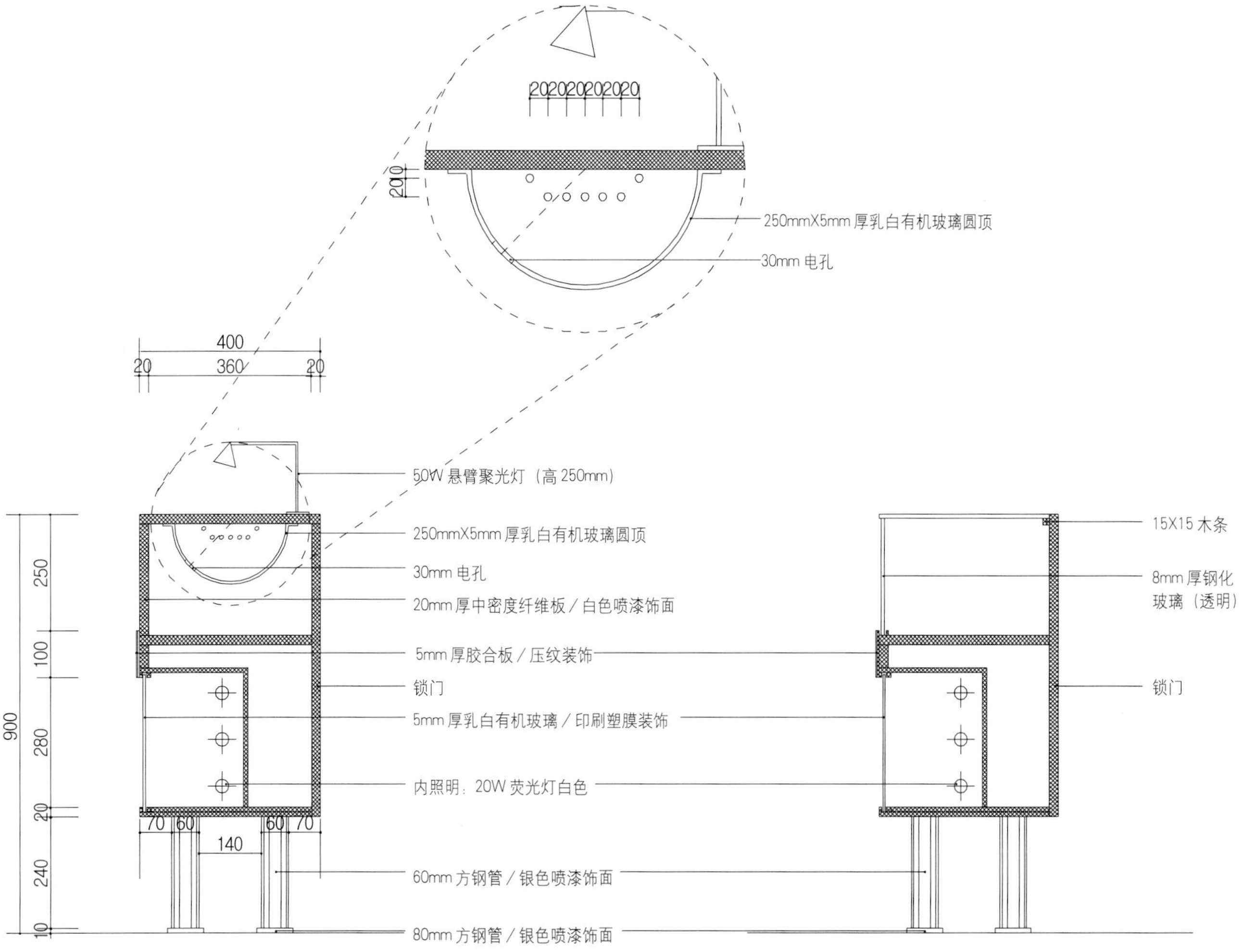

■ 液晶电视—陈列

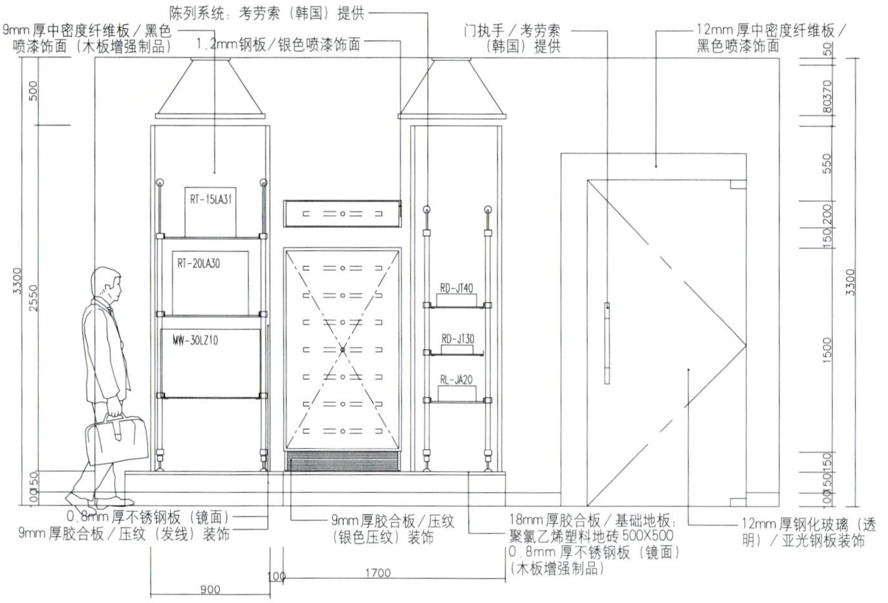

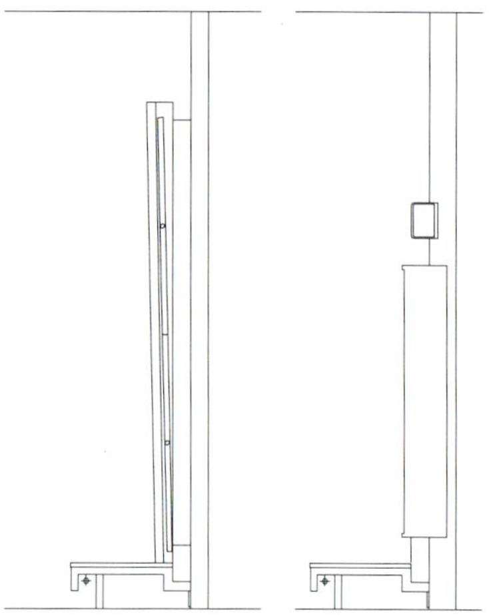

陈列系统：考劳索（韩国）提供

9mm厚中密度纤维板/黑色喷漆饰面（木板增强制品）
1.2mm钢板/银色喷漆饰面
门执手/考劳索（韩国）提供
12mm厚中密度纤维板/黑色喷漆饰面

RT-15LA31
RT-20LA30
MW-30LZ10
RD-JT40
RD-JT30
RL-JA20

0.9mm厚不锈钢板（镜面）
9mm厚胶合板/压纹（发线）装饰
9mm厚胶合板/压纹（银色压纹）装饰
18mm厚胶合板/基础地板：聚氯乙烯塑料地砖500X500
0.8mm厚不锈钢板（镜面）（木板增强制品）
12mm厚钢化玻璃（透明）/亚光钢板装饰

正面图 E

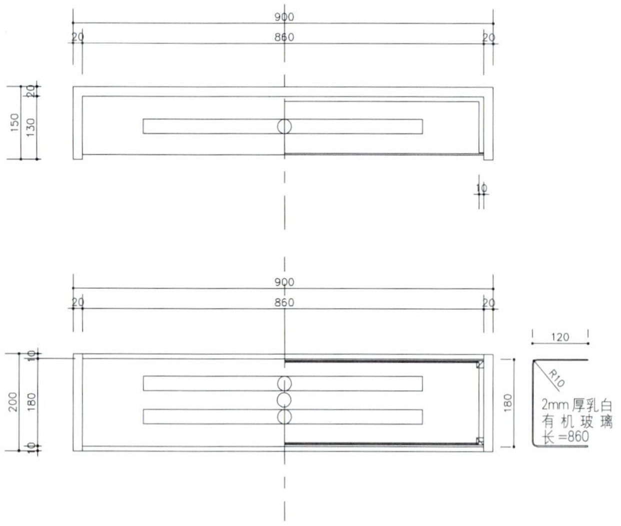

角位示意图

2mm厚乳白有机玻璃/标牌装饰

2mm厚乳白有机玻璃长=860

2mm厚乳白有机玻璃/标牌装饰
20W荧光灯（白色）

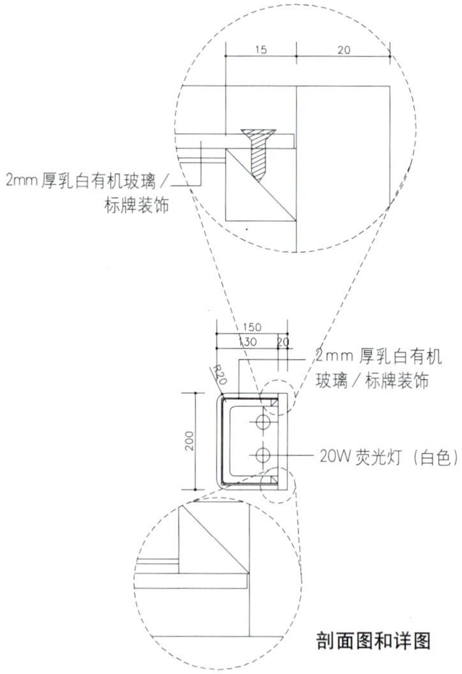

剖面图和详图

■ 家庭影院—部分方案

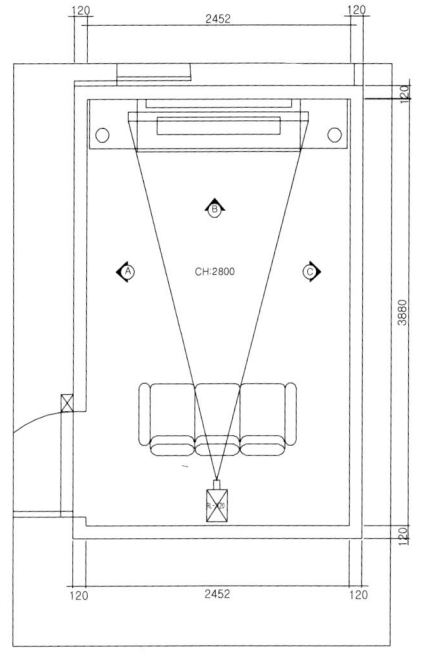

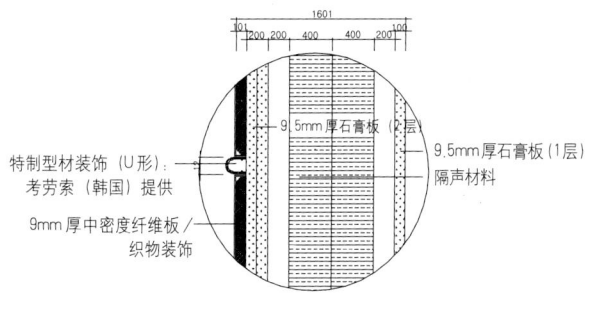

特制型材装饰（U形）：
考劳索（韩国）提供

9mm 厚中密度纤维板／
织物装饰

9.5mm厚石膏板（2层）

9.5mm厚石膏板（1层）

隔声材料

详图 1

中间杆

隔声材料

9.5mm厚石膏板（1层）

详图 2

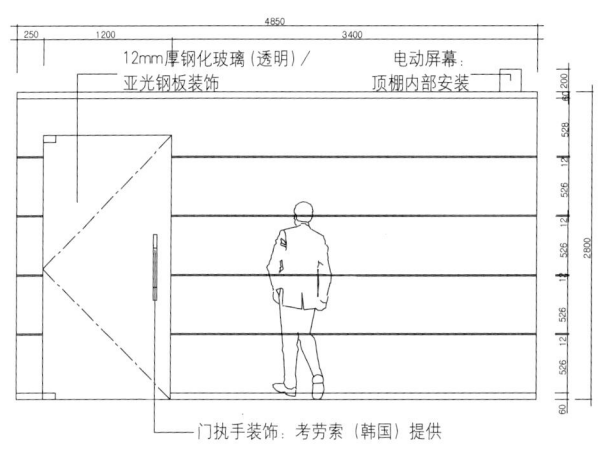

12mm厚钢化玻璃（透明）／
亚光钢板装饰

电动屏幕：
顶棚内部安装

门执手装饰：考劳索（韩国）提供

正面图

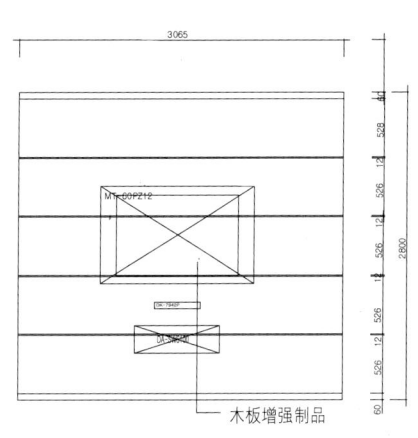

木板增强制品

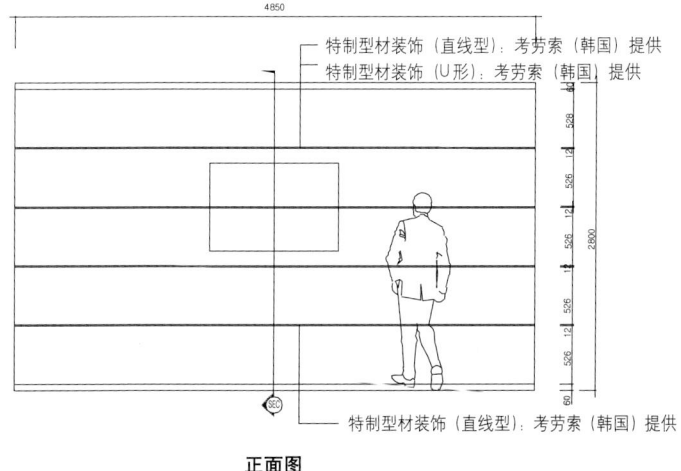

特制型材装饰（直线型）：考劳索（韩国）提供
特制型材装饰（U形）：考劳索（韩国）提供

特制型材装饰（直线型）：考劳索（韩国）提供

正面图

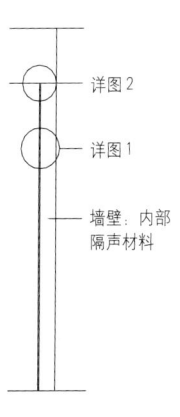

详图 2

详图 1

墙壁：内部
隔声材料

剖面图

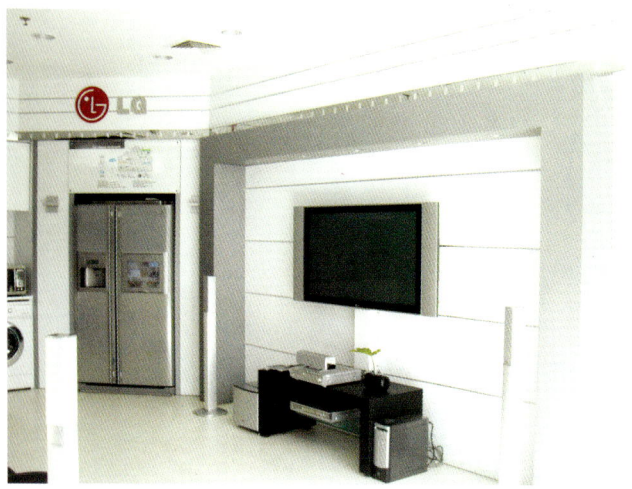

■ 家庭网络—陈列

家具: 18mm 厚中密度纤
维板／白色珠光喷漆装饰

艺术墙壁: 9mm 厚中密度纤
维板／覆膜（木材）装饰

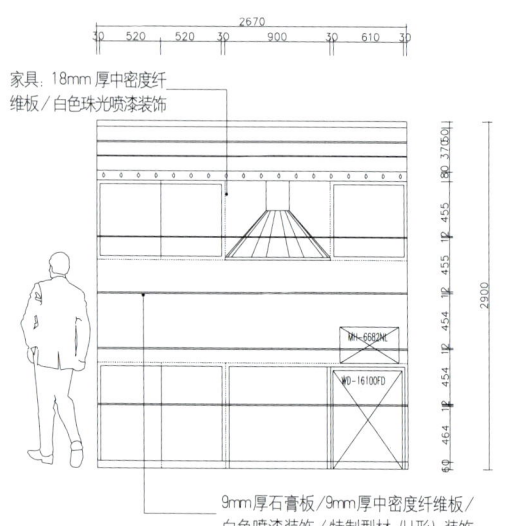

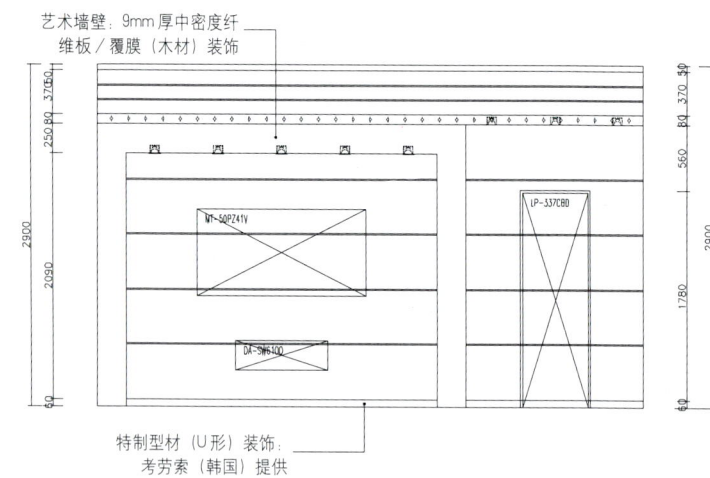

9mm 厚石膏板／9mm 厚中密度纤维板／
白色喷漆装饰／特制型材（U 形）装饰

特制型材（U 形）装饰：
考劳索（韩国）提供

正面图

9mm 厚中密度纤维板／
黑色喷漆装饰

2mm 厚乳白有机玻璃／
标牌装饰（内照明）

1.2mm 厚钢板（主体）／
银色喷漆饰面

12mm 厚钢化玻璃（透明）／
亚光钢板装饰

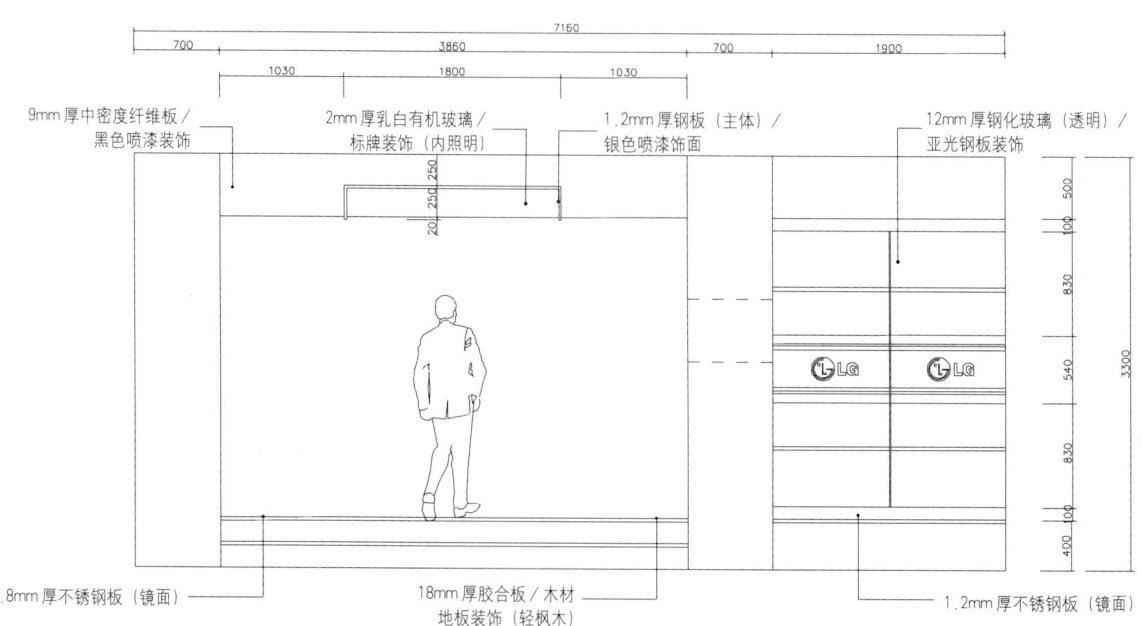

0.8mm 厚不锈钢板（镜面）

18mm 厚胶合板／木材
地板装饰（轻枫木）

1.2mm 厚不锈钢板（镜面）

正面图

■ 音响/DVD/VTR—陈列

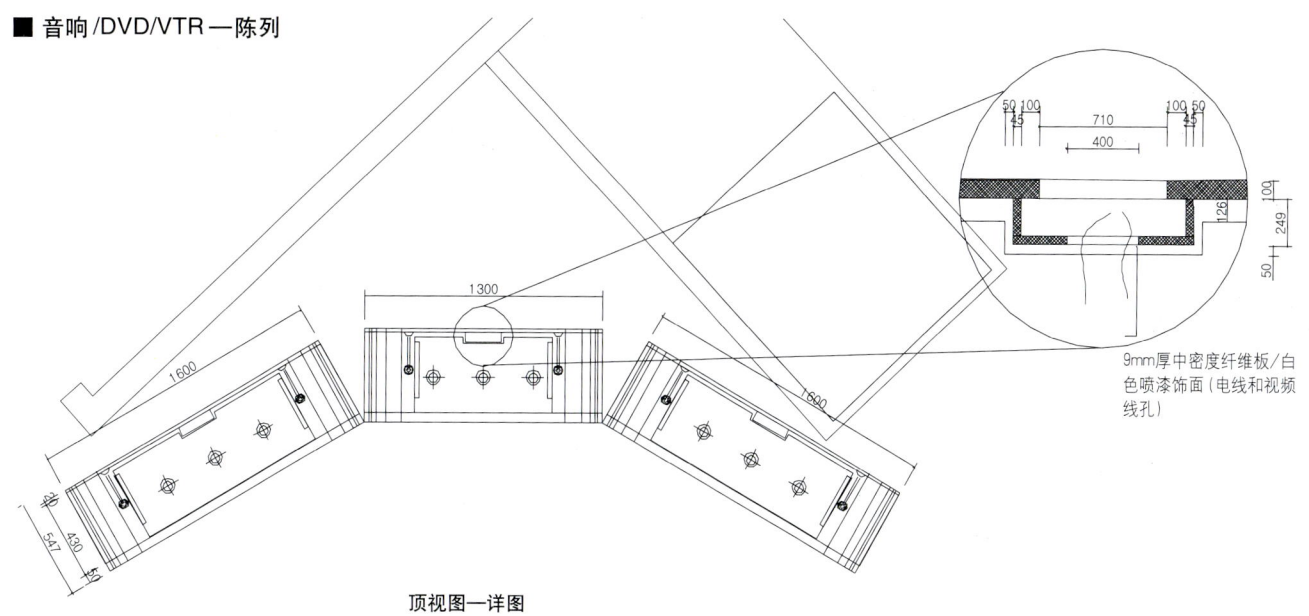

顶视图—详图

9mm厚中密度纤维板/白
色喷漆饰面（电线和视频
线孔）

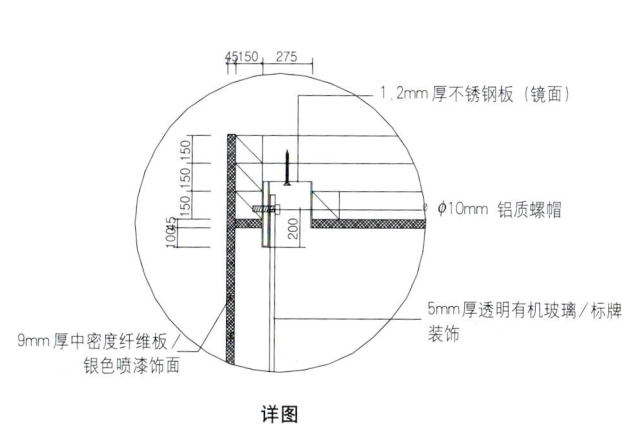

1.2mm厚不锈钢板（镜面）

φ10mm 铝质螺帽

5mm厚透明有机玻璃/标牌
装饰

9mm厚中密度纤维板/
银色喷漆饰面

详图

9mm厚中密度纤维板/白色喷漆
饰面（电线和视频线孔 80X50）

RT-20LA30

DA-ST6D50

RT-20LA30

FA-2000H

9mm厚中密度纤维板/深灰色喷漆饰面

9mm厚中密度纤维板/银色喷漆饰面
9mm厚中密度纤维板/白色珠光喷漆饰面

18mm厚中密度纤维板/
白色喷漆饰面

正面图

详图1

剖面图

■ 信息咨询台—后墙

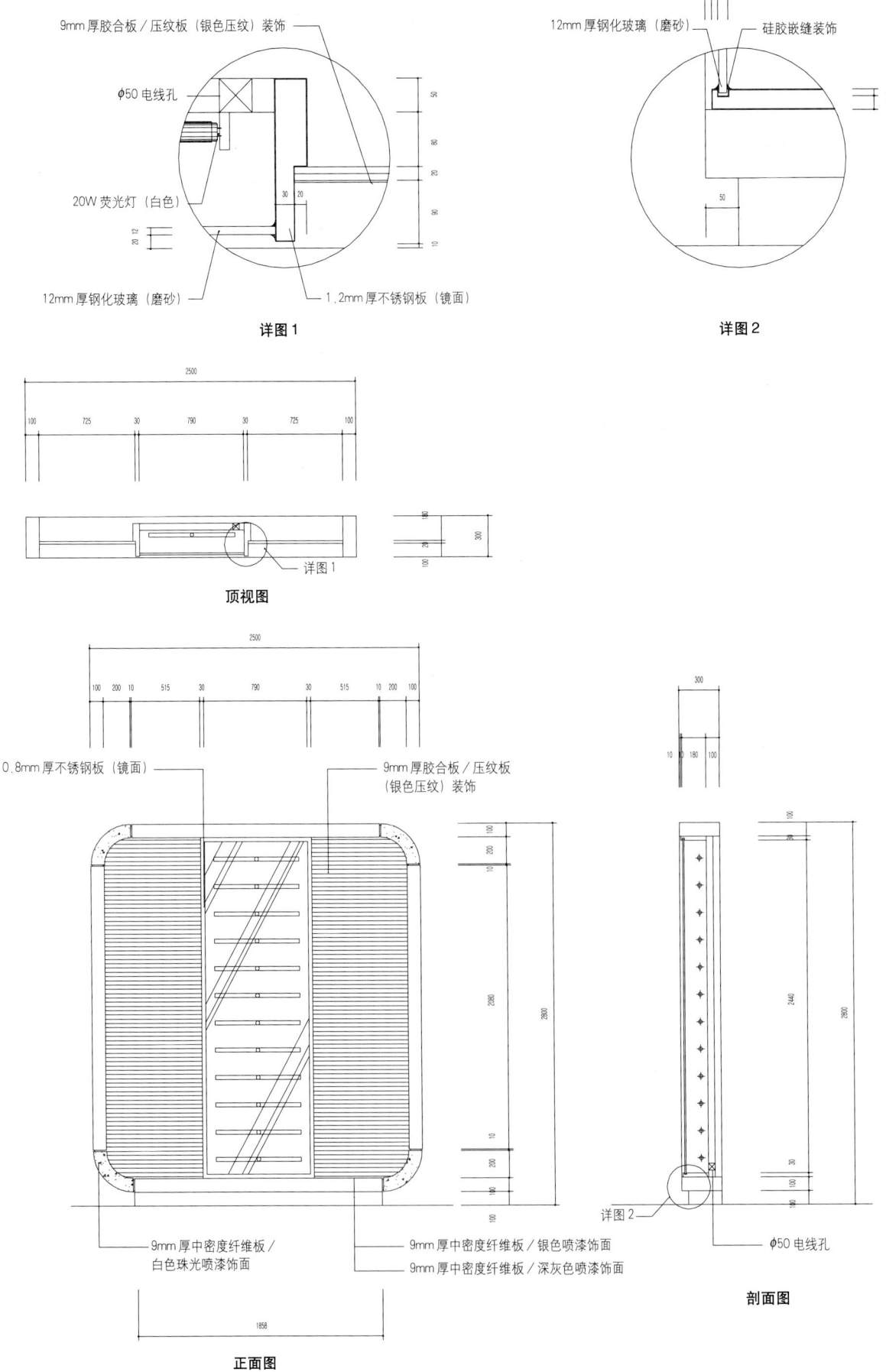

9mm厚胶合板／压纹板（银色压纹）装饰

φ50 电线孔

20W 荧光灯（白色）

12mm厚钢化玻璃（磨砂）

1.2mm厚不锈钢板（镜面）

详图1

12mm厚钢化玻璃（磨砂）

硅胶嵌缝装饰

详图2

顶视图

0.8mm厚不锈钢板（镜面）

9mm厚胶合板／压纹板
（银色压纹）装饰

9mm厚中密度纤维板／
白色珠光喷漆饰面

9mm厚中密度纤维板／银色喷漆饰面

9mm厚中密度纤维板／深灰色喷漆饰面

详图2

φ50 电线孔

正面图

剖面图

Awards
LG

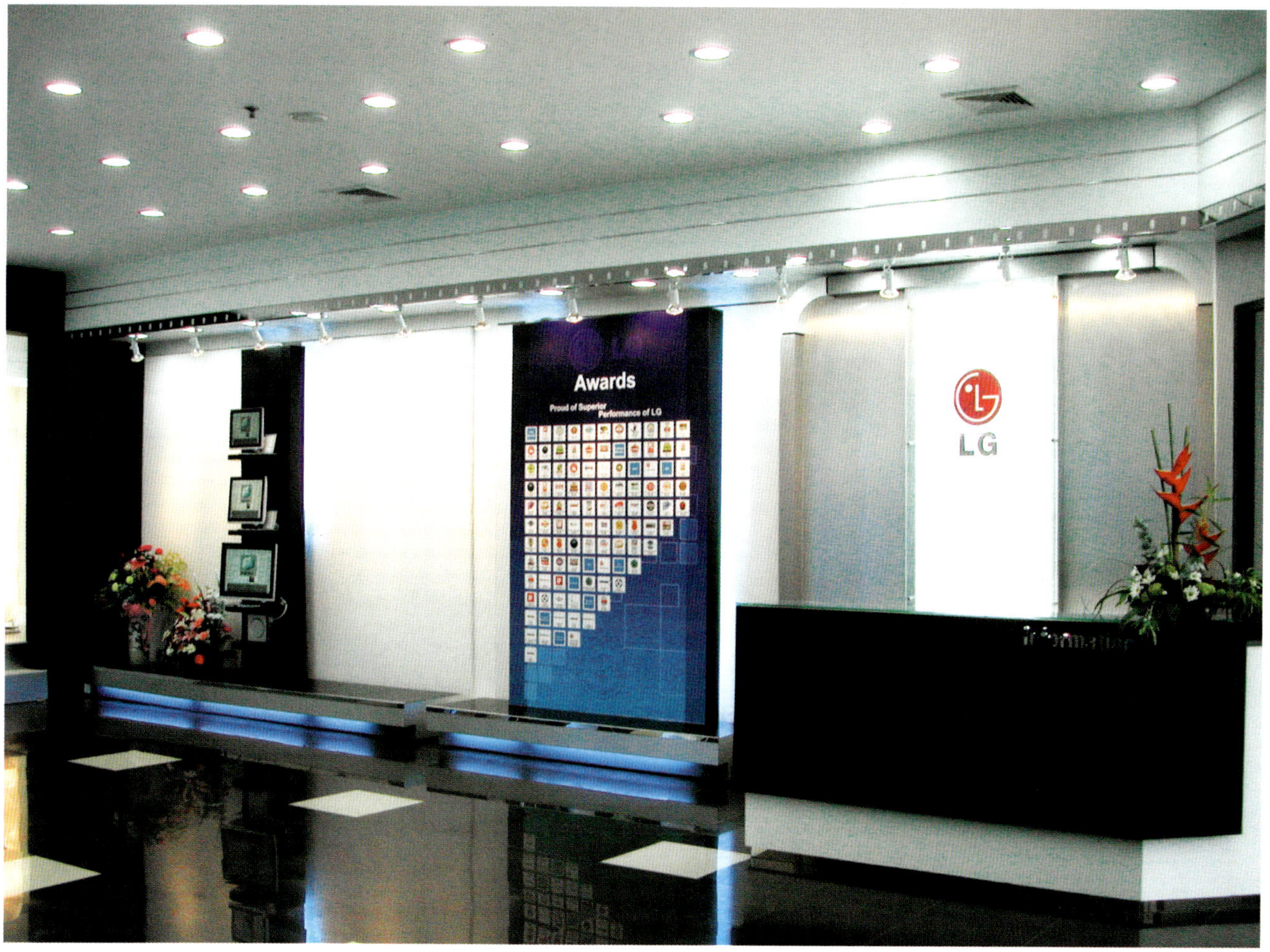

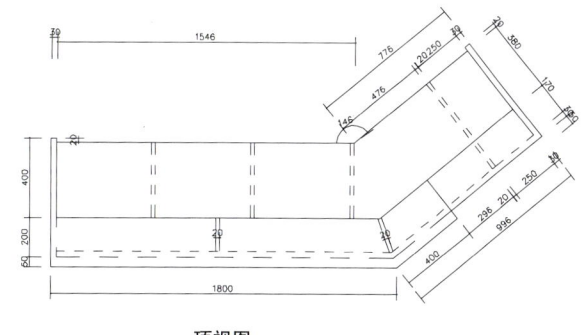

■ 信息咨询台—家具

顶视图

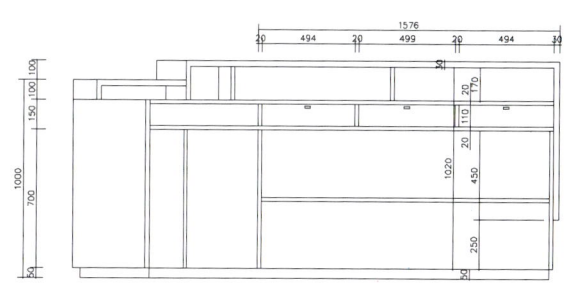

后视图

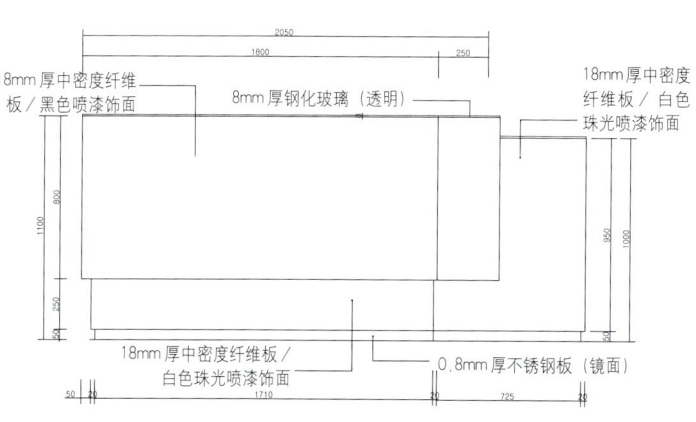

18mm 厚中密度纤维板／黑色喷漆饰面
8mm 厚钢化玻璃（透明）
18mm 厚中密度纤维板／白色珠光喷漆饰面
18mm 厚中密度纤维板／白色珠光喷漆饰面
0.8mm 厚不锈钢板（镜面）

正面图

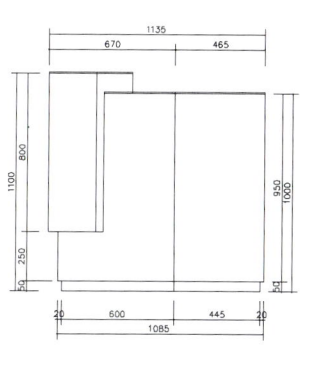

侧视图

Expocomm 2003-SK Telecom

SK电信公司—2003年展区

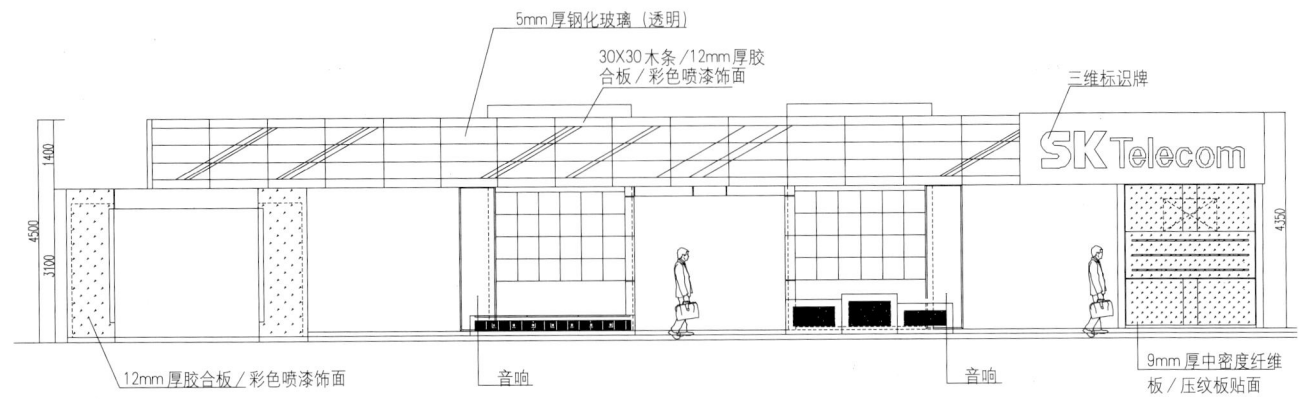

5mm厚钢化玻璃（透明）
30X30木条/12mm厚胶合板/彩色喷漆饰面
三维标识牌
SK Telecom
12mm厚胶合板/彩色喷漆饰面
音响
音响
9mm厚中密度纤维板/压纹板贴面

正面图

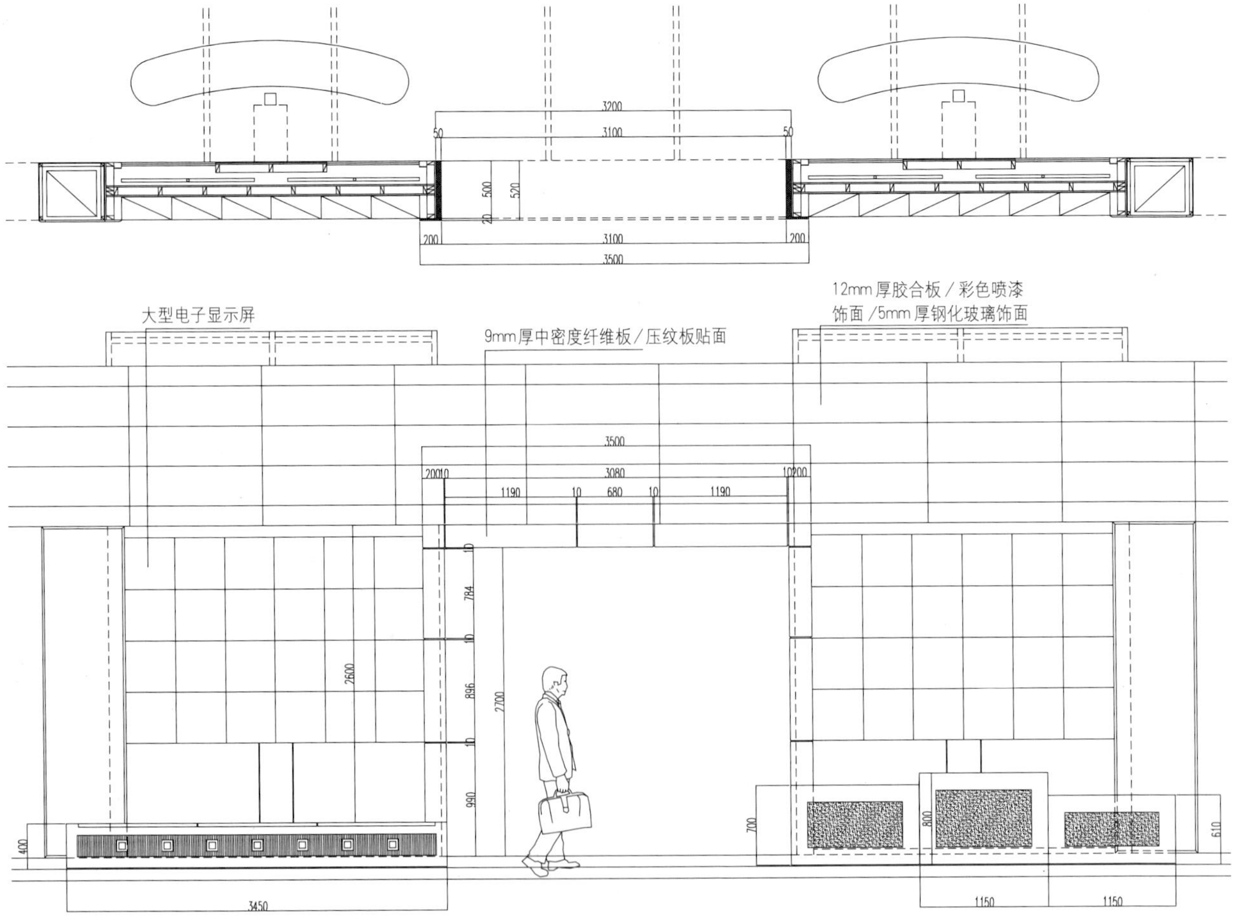

大型电子显示屏
9mm厚中密度纤维板/压纹板贴面
12mm厚胶合板/彩色喷漆饰面/5mm厚钢化玻璃饰面

正面图A——正门入口台面

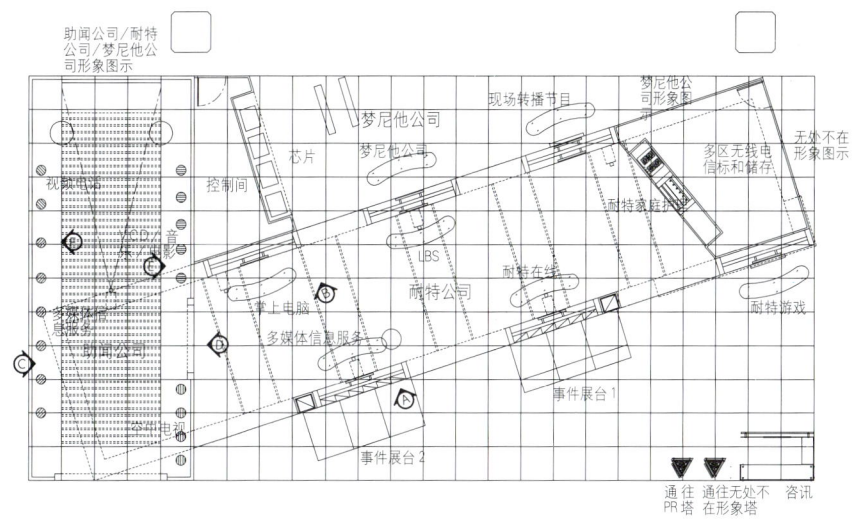

助闻公司/耐特公司/梦尼他公司形象图示

视频中心

控制间

芯片

梦尼他公司

梦尼他公司

现场转播节目

梦尼他公司形象图

无处不在形象图示

多区无线电信标和储存

助闻公司

掌上电脑

LBS

耐特公司

耐特藏庭中

耐特在线

耐特游戏

电视

多媒体信息服务

事件展台1

事件展台2

通往 通往无处不 咨讯
PR塔 在形象塔

地板平面图

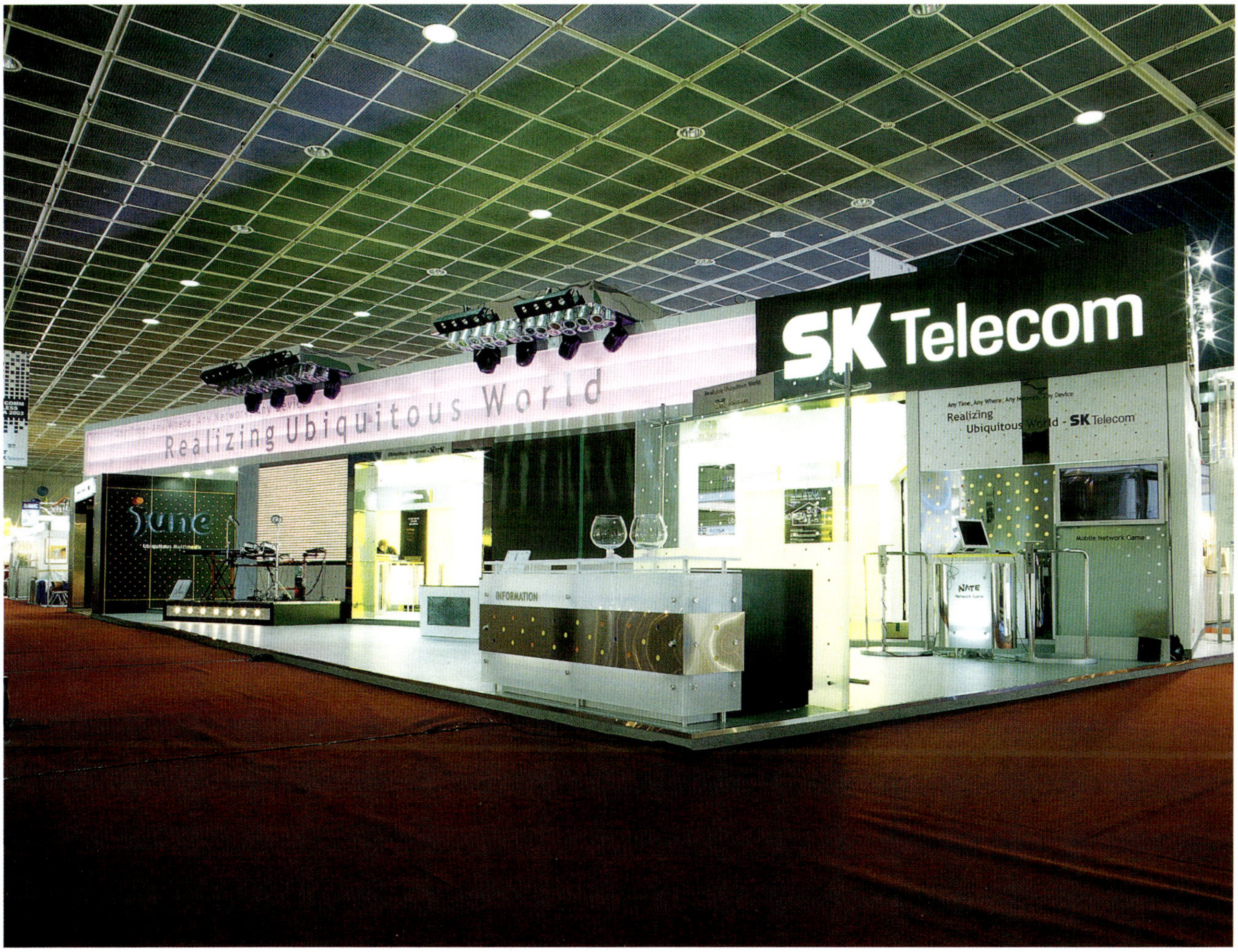

位置：首尔特别市江南去三星洞贸易大厦科埃斯大西洋馆 ｜ 设计单位：考劳索时空灵感公司 ｜ 建设单位：考劳索时空灵感公司 ｜ 建筑面积：
288m² ｜ 室内装饰：地板/瓷砖、P型砖、地毯 墙壁/喷漆饰面、内用塑膜、玻璃 顶棚/喷漆饰面
Design：Colosso spatiotemporal inspiration ｜ Construction：Colosso spatiotemporal inspiration ｜ Built Area：288㎡ ｜ Finish：Floor / P–Tile Wall / Lacquer Panting, Interior Film,
Glass Ceiling / Lacquer Panting

■ 台面—A型

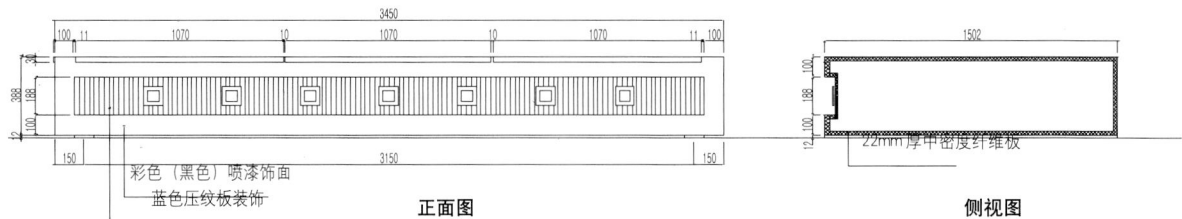

彩色（黑色）喷漆饰面
蓝色压纹板装饰

正面图

22mm厚中密度纤维板

侧视图

■ 大型电子显示屏—墙壁

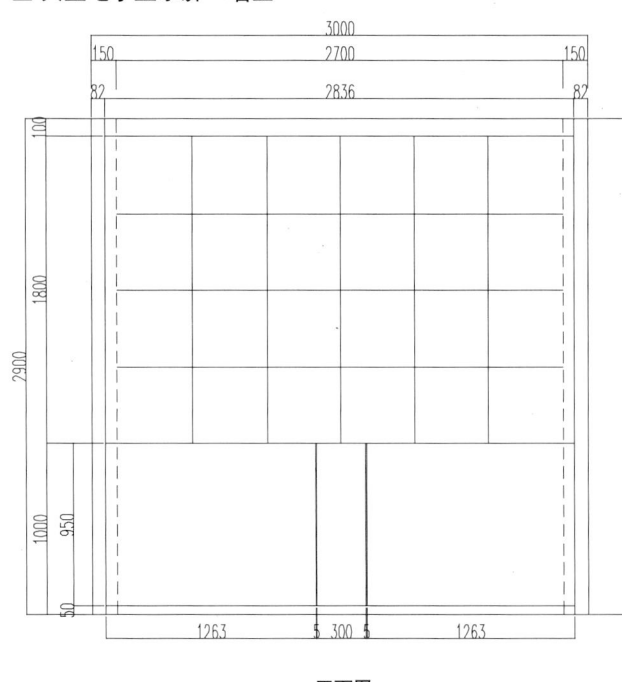

正面图

顶视图

主标牌结构

30X30 木条

10mm厚胶合板
成型/彩色喷漆
饰面

大型电子显示屏

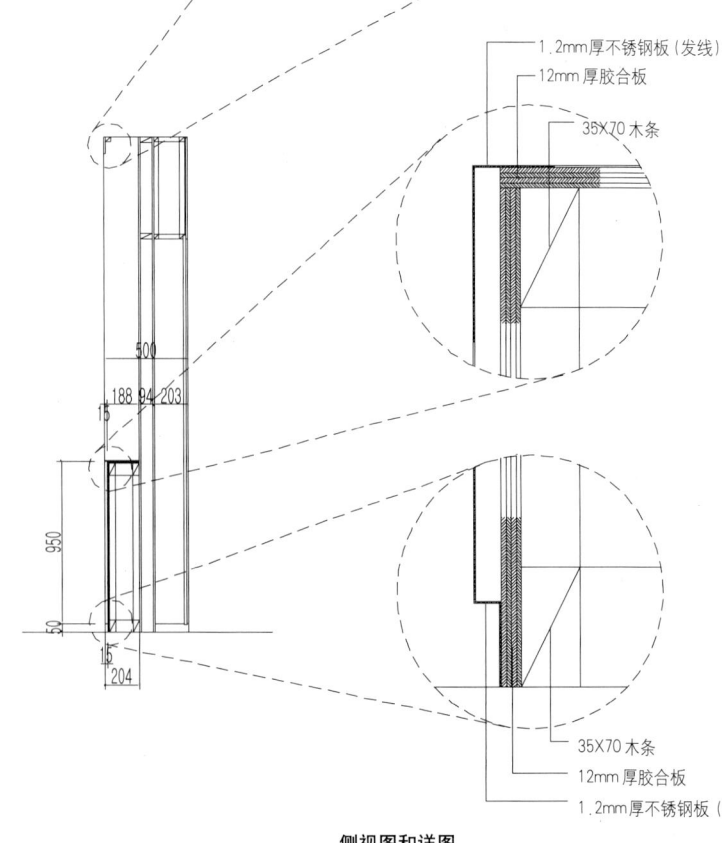

1.2mm厚不锈钢板（发线）

12mm厚胶合板

35X70 木条

35X70 木条
12mm厚胶合板
1.2mm厚不锈钢板（发线）

侧视图和详图

　　"SK电信"展览会不是一般的软件展览（而是一种主要依赖于清晰度并能提供有固定程序的具有观赏性的信息传输无线模式）。因带有移动服务特色和陪伴的特点，我们为展览会设计出一个主题就是现代化与单一化，这样会很容易地介绍其内容。

　　尤其是安装了动力照明而支持外观的单一化和反映了一种迅速变化的企业形象。有了这种形象的优秀展示会使得该公司不同于其他的展台。地板铺有P型瓷砖，均有圆形图案。色彩对比明显使得参观者驻足观看。例如在给june展板采用黑色和橙色灯光的映射下，这一空间先行传递了公司的形象，然后才给每一个展架和展板上传递照明效果来解释内容。

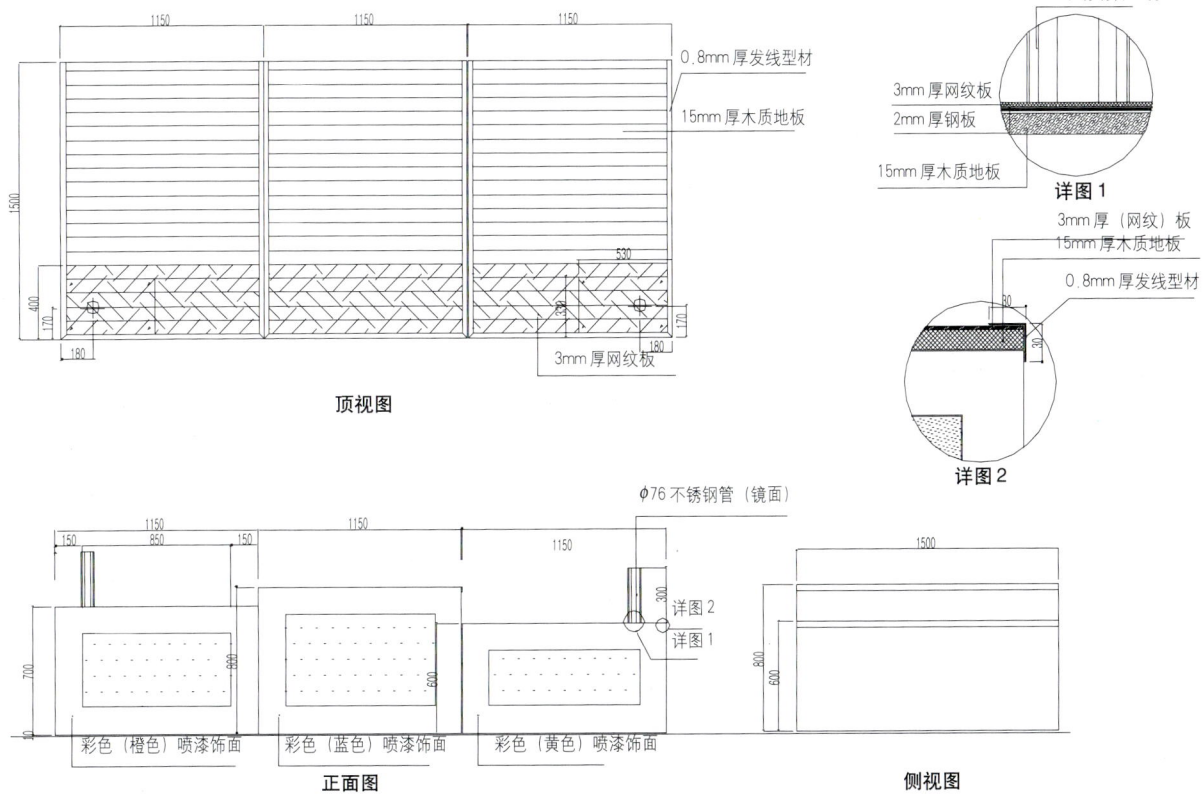

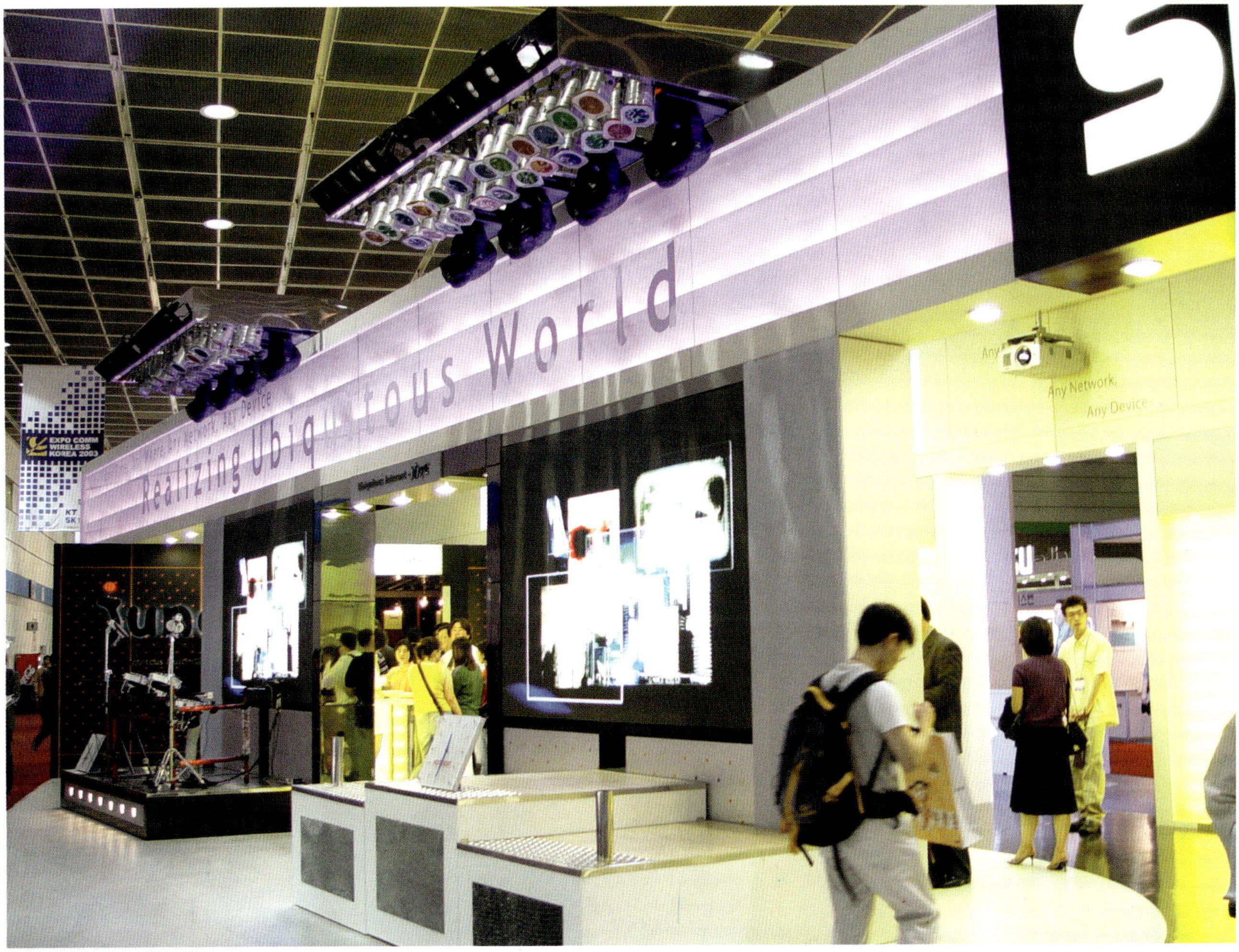
Realizing Ubiquitous World
Any Network
Any Device
EXPO COMM WIRELESS KOREA 2003

■ 台面—B型

1150
1150
1150
0.8mm 厚发线型材
15mm 厚木质地板
1500
400
170
180
530
330
170
180
3mm 厚网纹板

顶视图

φ76 不锈钢管（镜面）
3mm 厚网纹板
2mm 厚钢板
15mm 厚木质地板

详图 1

3mm 厚（网纹）板
15mm 厚木质地板
0.8mm 厚发线型材
30
30

详图 2

φ76 不锈钢管（镜面）
1150
150
850
150
1150
1150
300
详图 2
详图 1
700
800
600
10
彩色（橙色）喷漆饰面
彩色（蓝色）喷漆饰面
彩色（黄色）喷漆饰面

正面图

1500
800
600

侧视图

■ 信息咨询台

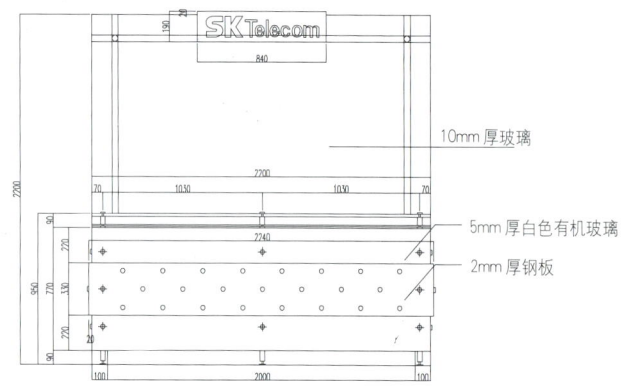

10mm 厚玻璃

5mm 厚白色有机玻璃

2mm 厚钢板

正面图

顶视图

■ 耐特驱动—演示台

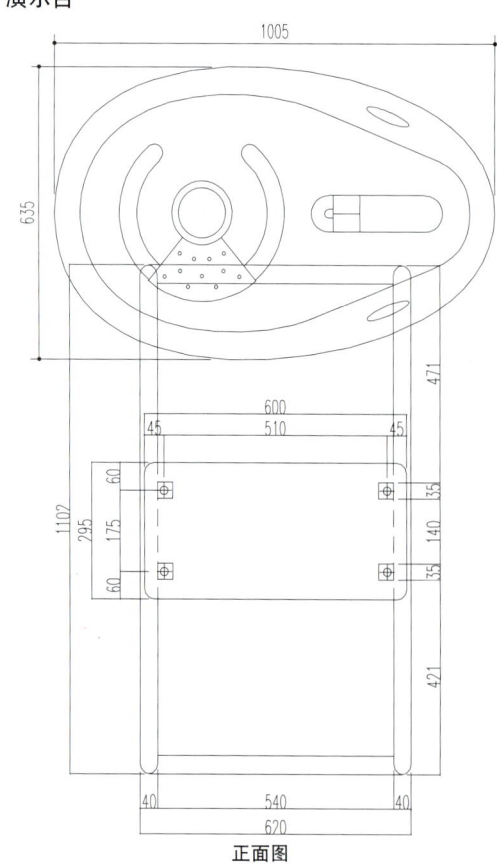
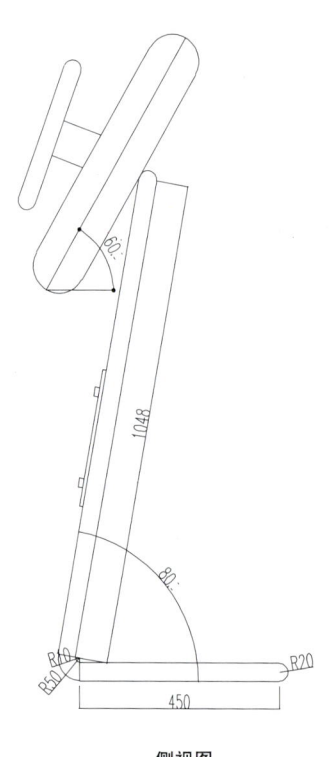

正面图

侧视图

■ 演示台

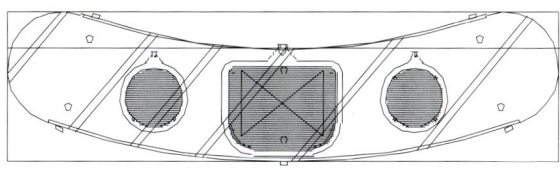

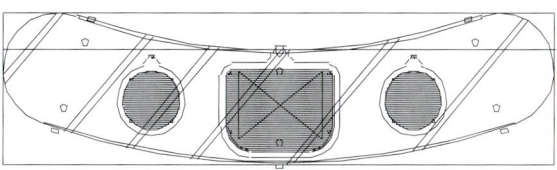

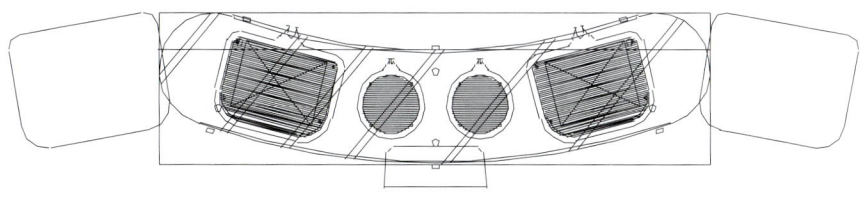

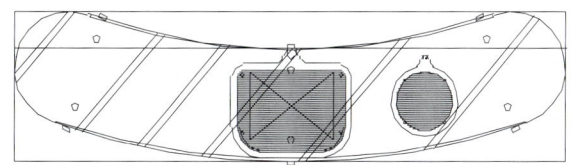

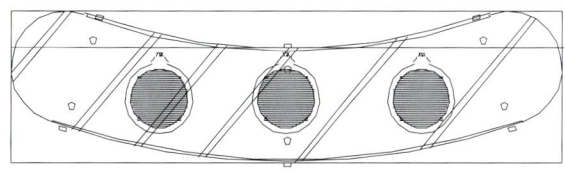

顶视图

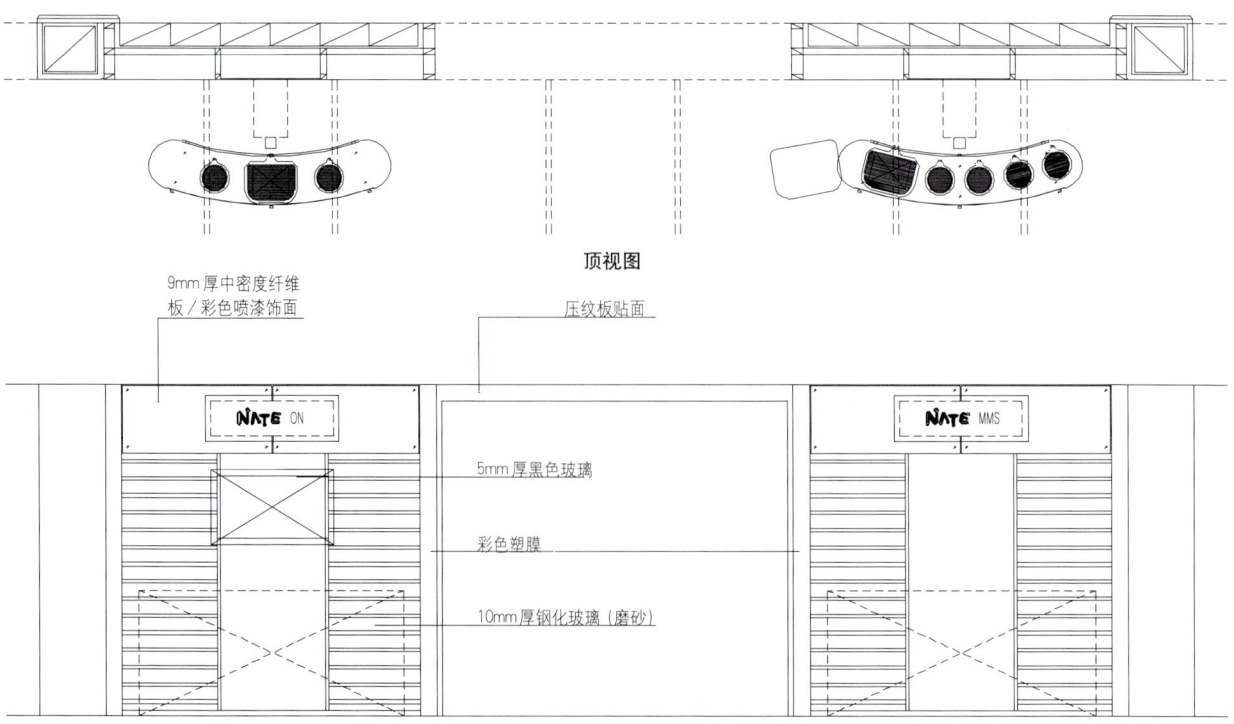

■ 耐特掌上电脑和 LBS —演示台

顶视图

9mm 厚中密度纤维
板／彩色喷漆饰面

压纹板贴面

5mm 厚黑色玻璃

彩色塑膜

10mm 厚钢化玻璃（磨砂）

正面图 B

■ 耐特游戏—演示台

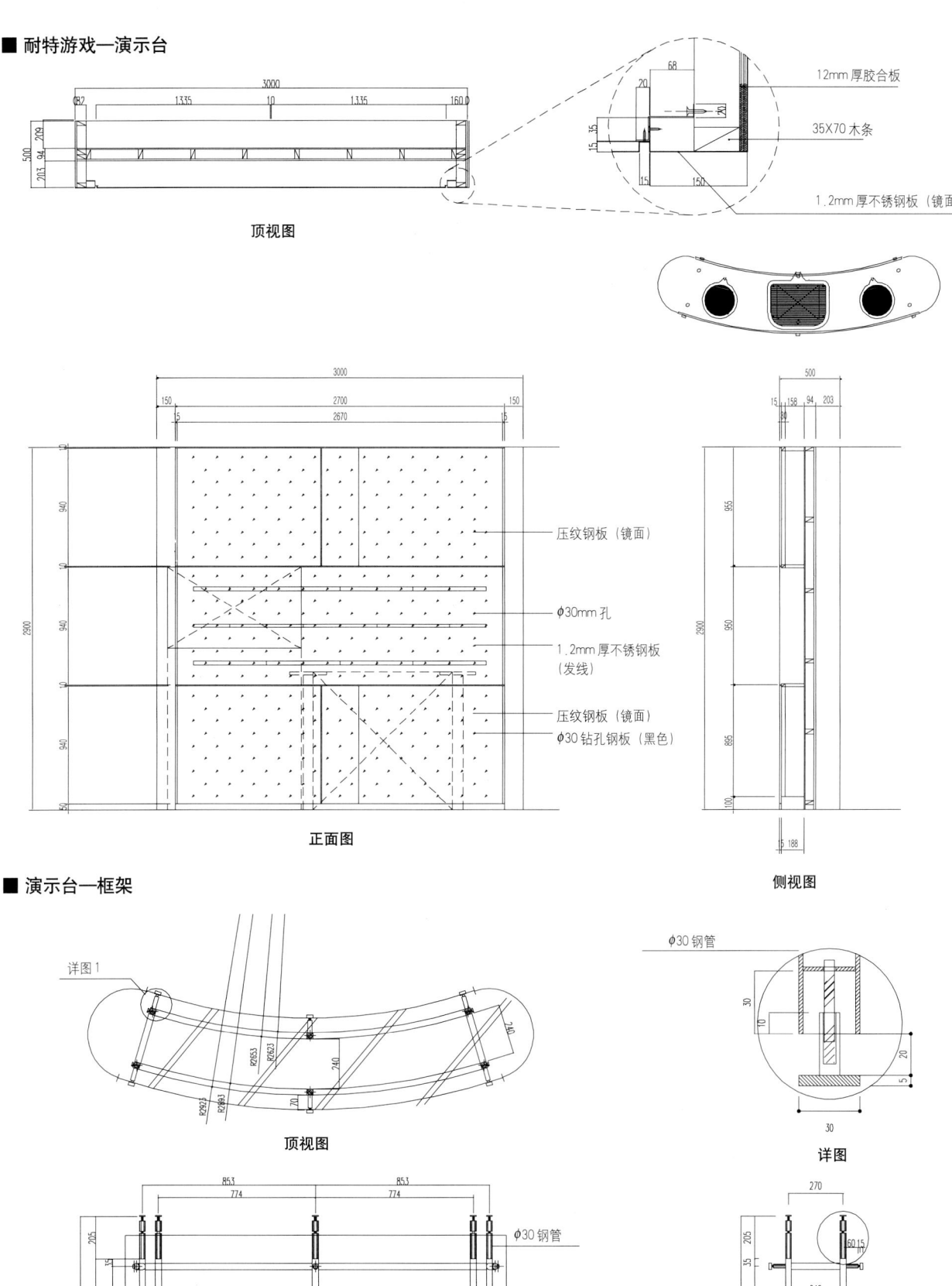

12mm 厚胶合板

35X70 木条

1.2mm 厚不锈钢板（镜面）

顶视图

压纹钢板（镜面）

φ30mm 孔

1.2mm 厚不锈钢板
（发线）

压纹钢板（镜面）

φ30 钻孔钢板（黑色）

正面图

侧视图

■ 演示台—框架

详图1

φ30 钢管

顶视图

详图

φ30 钢管

30X30 钢管

φ30 钢管

正面图

侧视图

'SK Telecom' Exhibition is not a general hardware one (Passive form of information transmission that mainly depends on visibility and offers a view of fixed order), Featured with the mobile service, the characteristic of the company, we planned exhibition with a theme in modernity and simplicity, so that it would be easy to explain the contents.

Especially, kinetic illuminations were installed to support the monotony of the exterior and to represent a rapidly changing enterprise image, differentiating the company from other booths with an excellent display of the image. The floor has p-tiles, manufactured in round pattern, and color contrast to draw the visitors' eyes. Like in a case of black and orange lights of 'june section', the space delivers the image first before explaining the contents by presenting the lighting effects on each exhibit shelf and section. This quality exhibition derived a good evaluation and response from a successful transmission of the company's image and contents to visitors,

■ 助闻公司—隔离墙

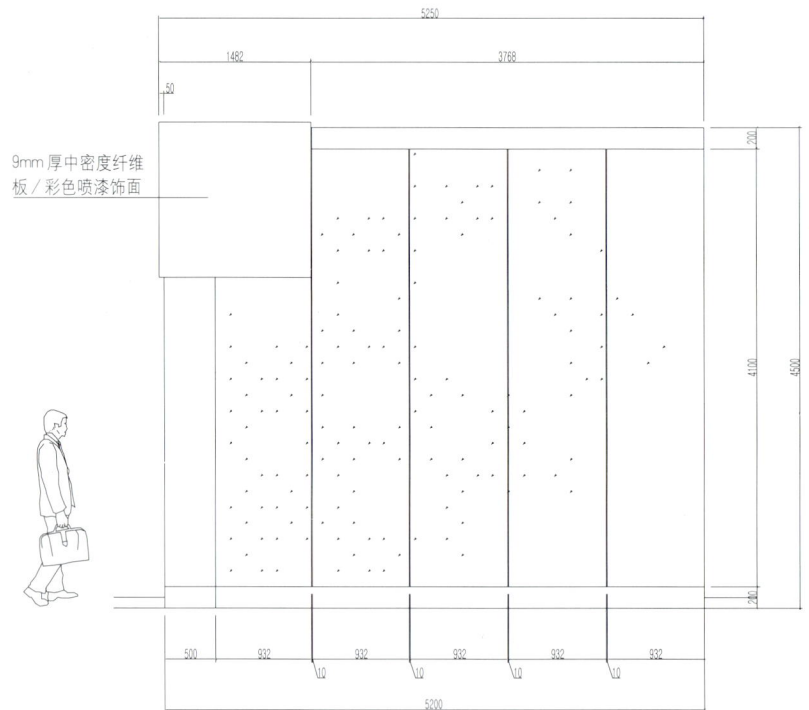

正面图——侧壁

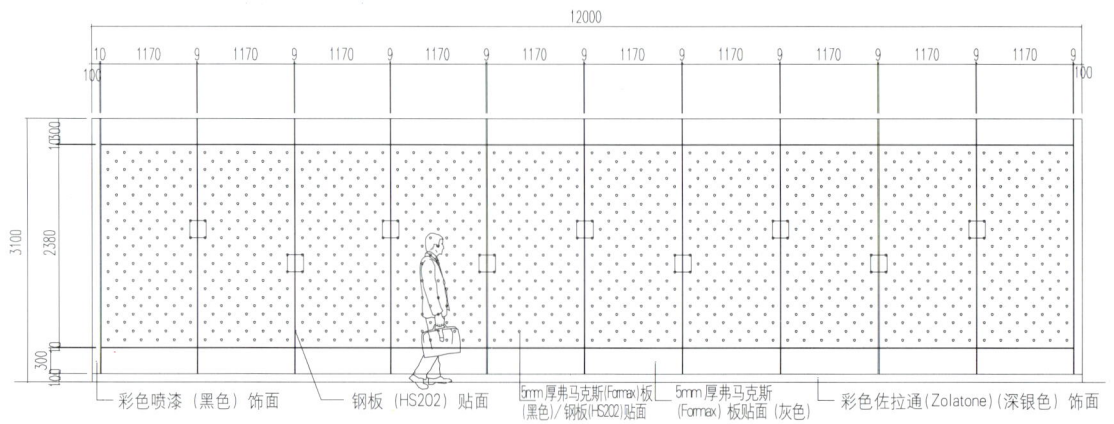

正面图C

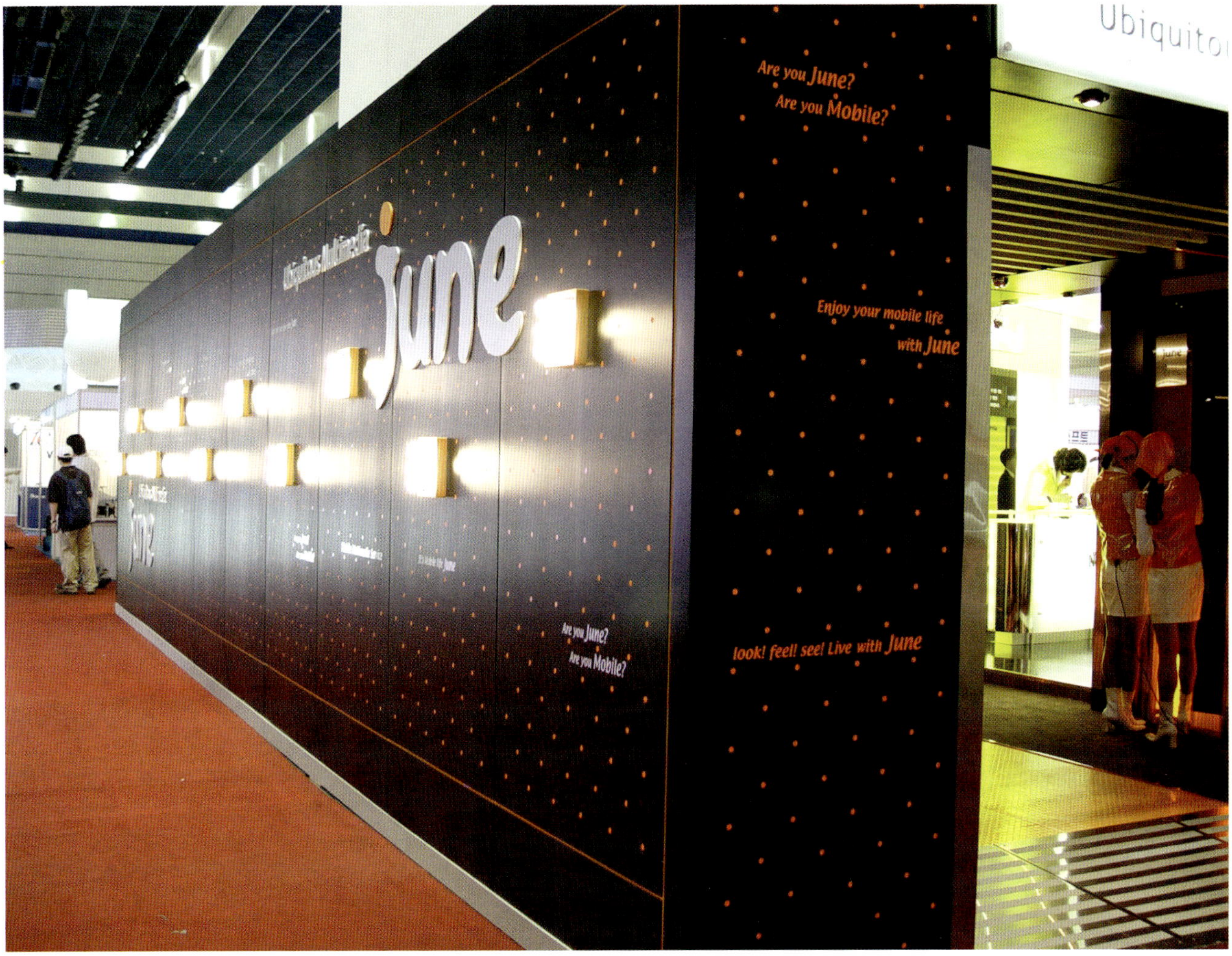

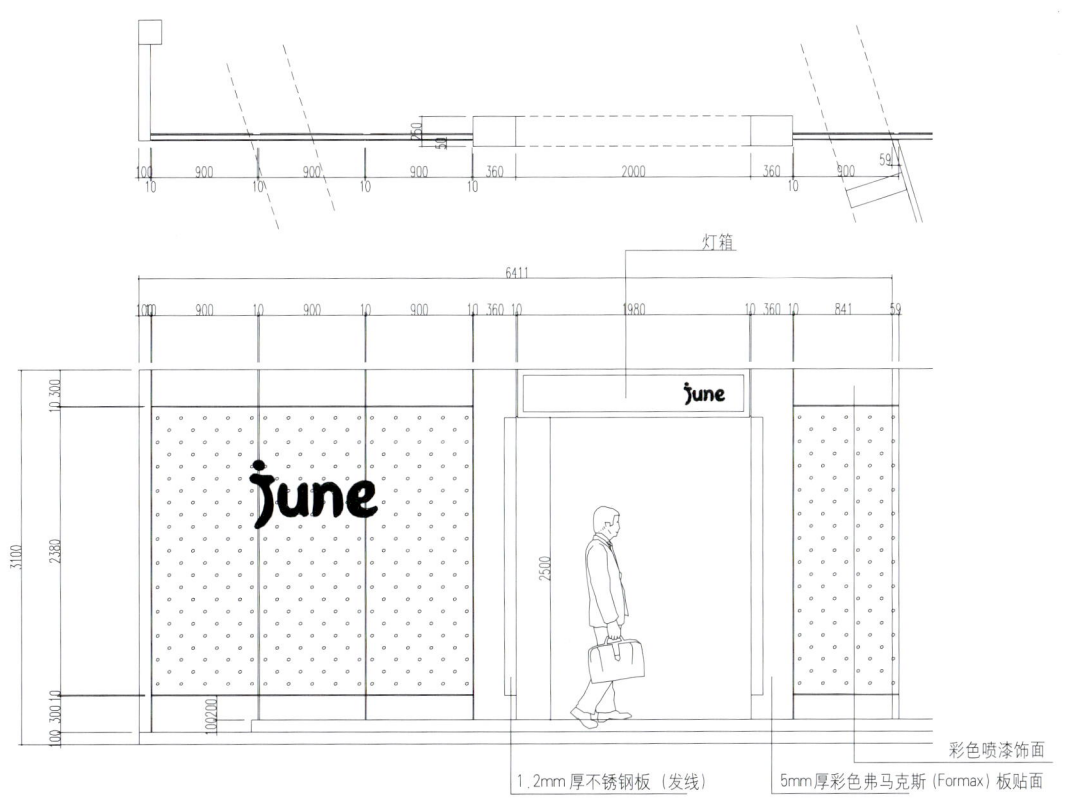

Ubiquito
Are you June?
Are you Mobile?
june
Enjoy your mobile life
with June
Are you June?
Are you Mobile?
look! feel! see! Live with June

灯箱
6411
june
june
2500
3100
2380
彩色喷漆饰面
1.2mm厚不锈钢板（发线）
5mm厚彩色弗马克斯（Formax）板贴面

正面图 D

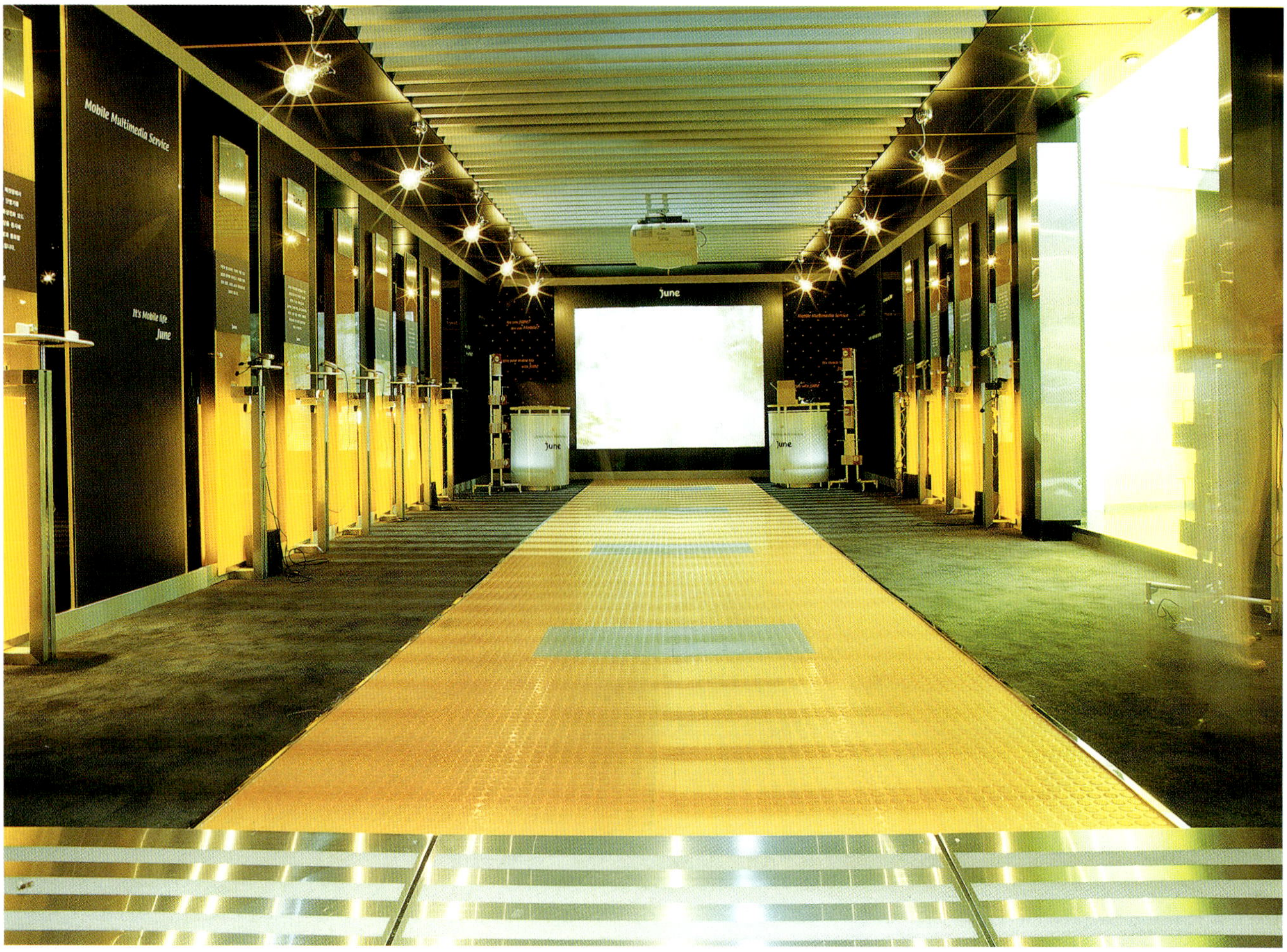

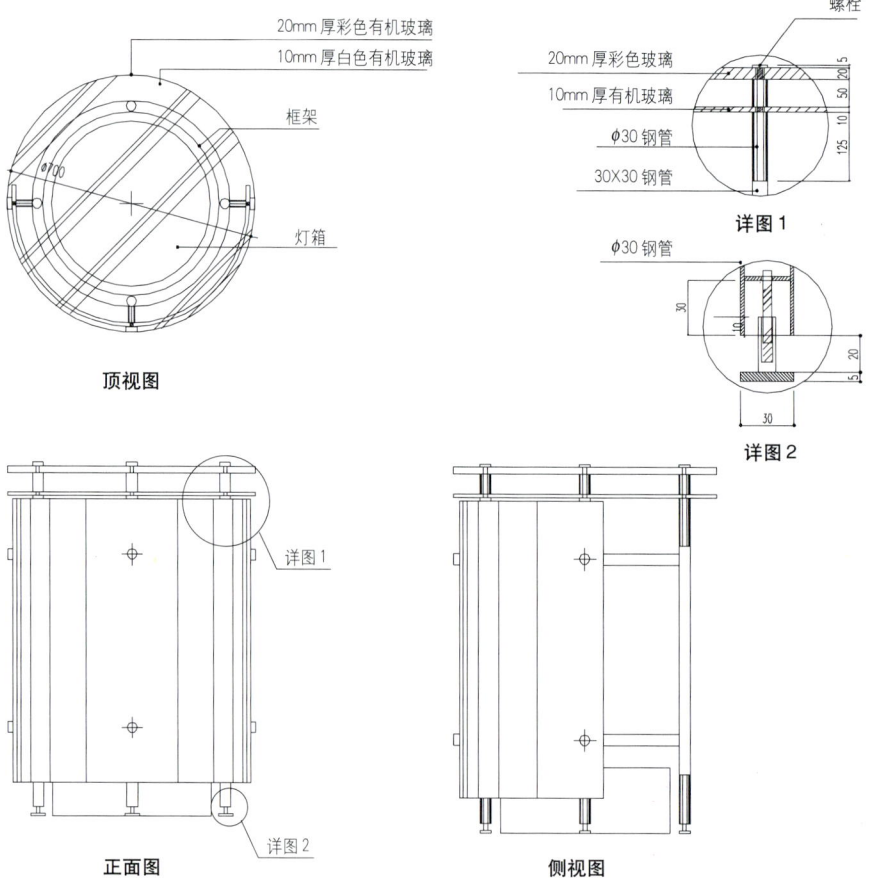

Mobile Multimedia Service
It's Mobile life
June
June
June
June

■ 圆形桌

20mm 厚彩色有机玻璃
10mm 厚白色有机玻璃
框架
ϕ700
灯箱

顶视图

螺栓
20mm 厚彩色玻璃
10mm 厚有机玻璃
ϕ30 钢管
30X30 钢管
5
20
50
10
125

详图 1

ϕ30 钢管
30
10
20
5
30

详图 2

详图 1
详图 2

正面图

侧视图

■ 助闻公司—墙壁

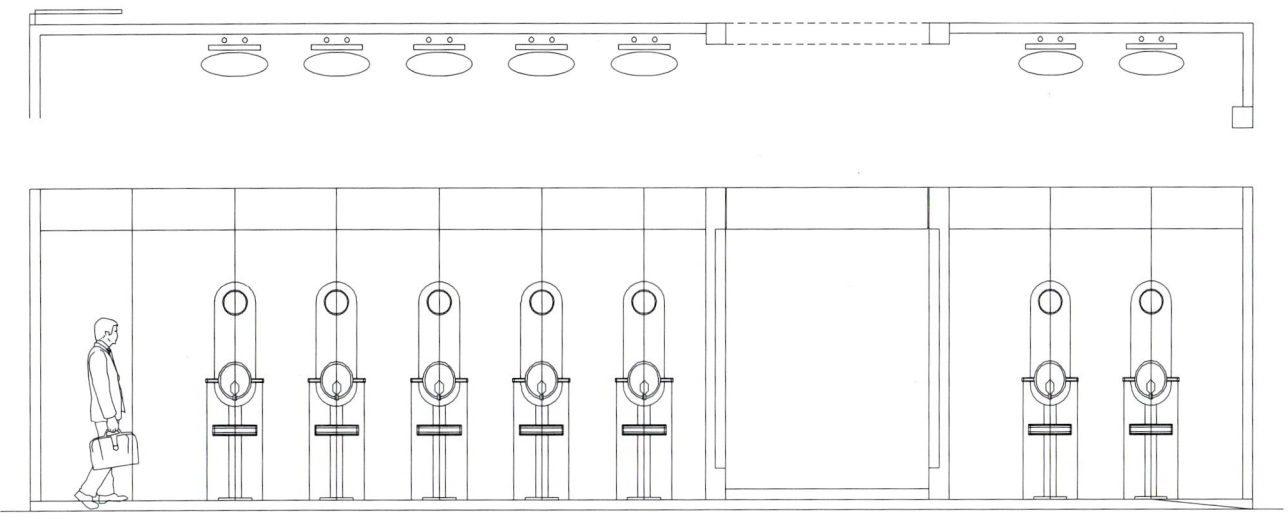

正面图 E

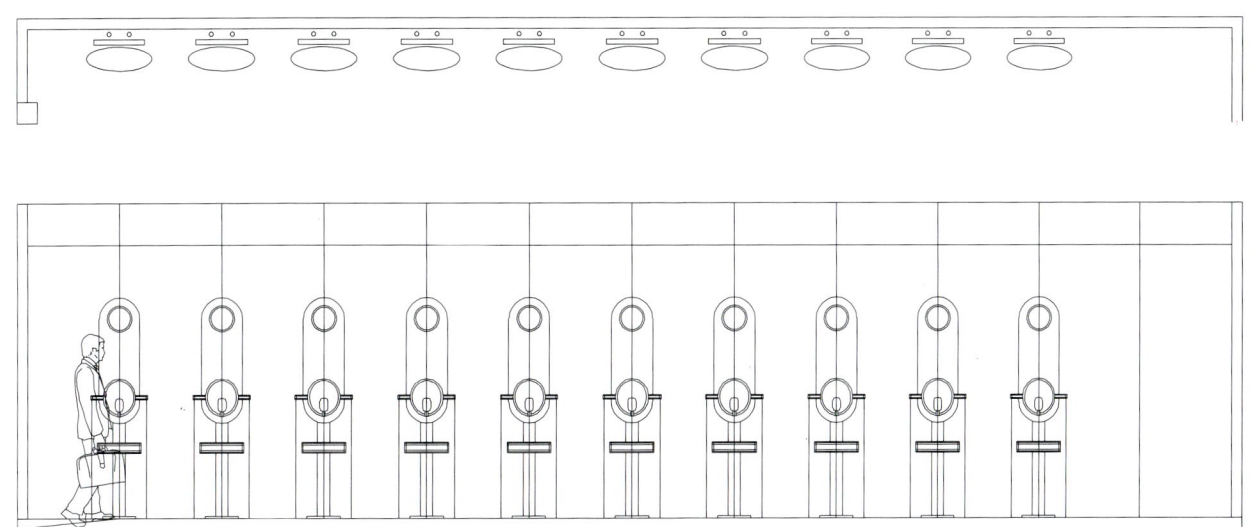

正面图 F

■ 灯箱

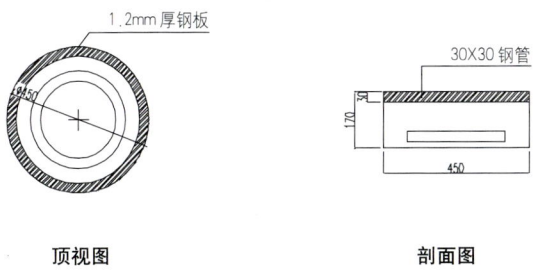

1.2mm 厚钢板

顶视图　　　　　剖面图

30X30 钢管

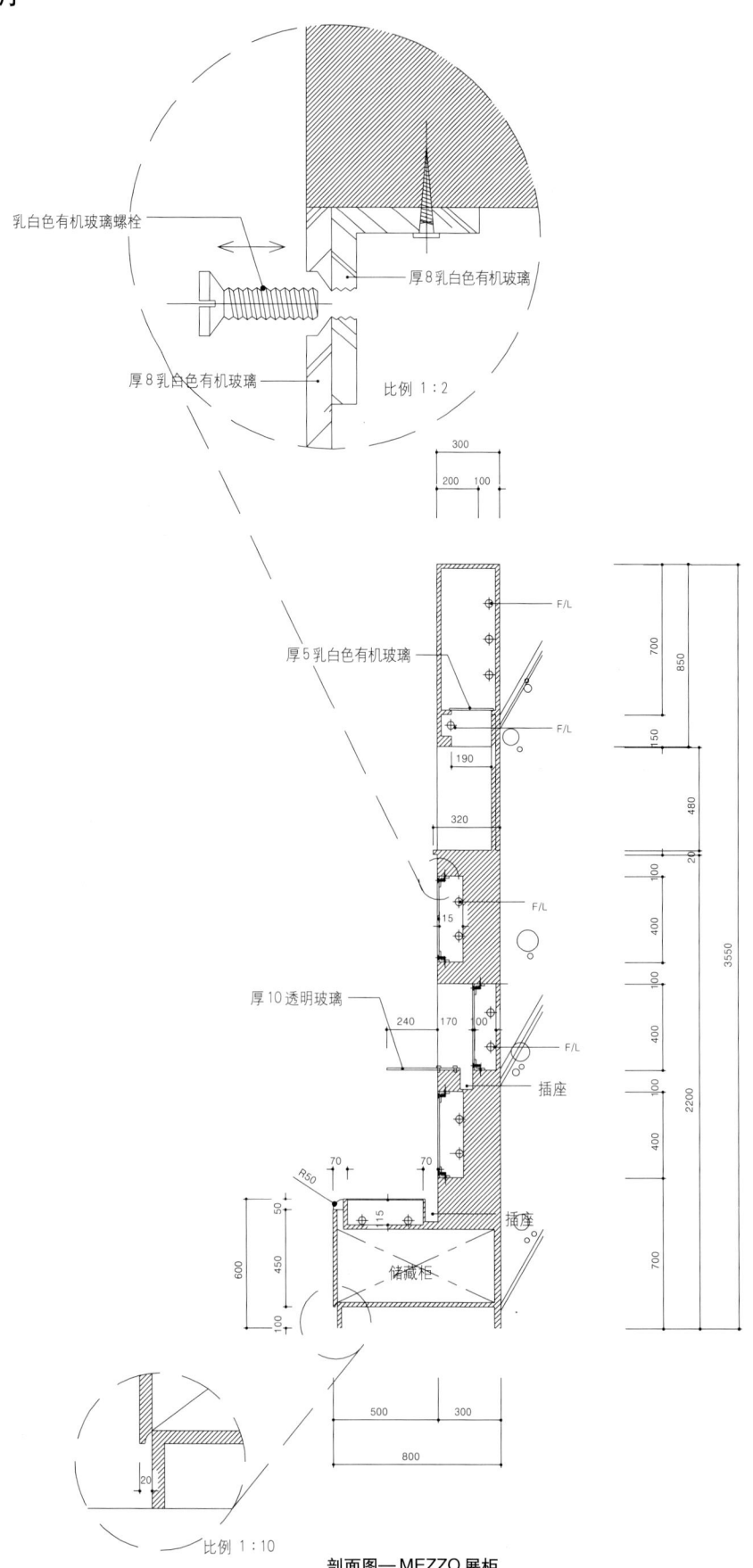

乳白色有机玻璃螺栓

厚8乳白色有机玻璃

厚8乳白色有机玻璃

比例 1 : 2

厚5乳白色有机玻璃

厚10透明玻璃

插座

储藏柜

插座

比例 1 : 10

剖面图—MEZZO 展柜

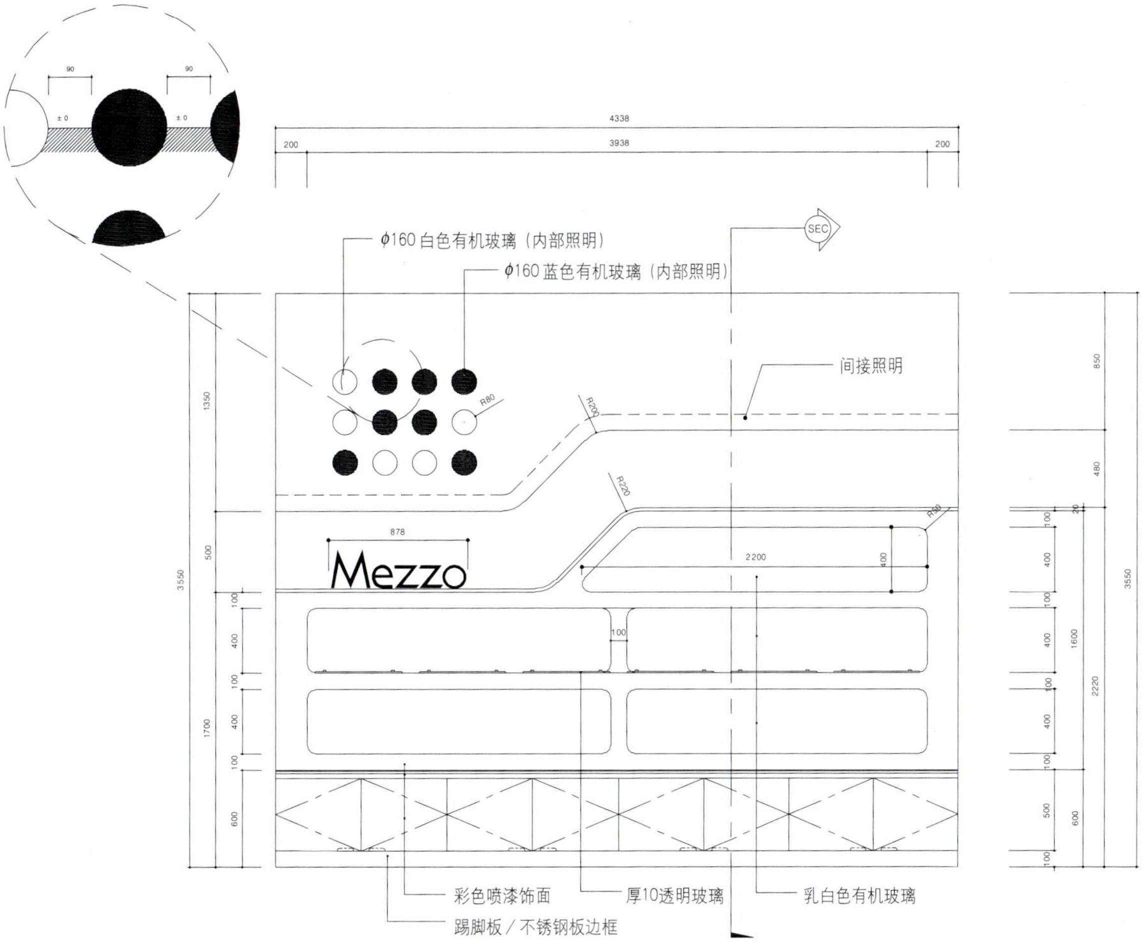

90   90
±0   ±0

4338
200   3938   200

SEC

1350

850

480

φ160 白色有机玻璃（内部照明）
φ160 蓝色有机玻璃（内部照明）

间接照明

R80
R80
R80

3550

878
500

Mezzo

2200

400

400

1600

2220

100

400

100

400

1700

400

100

400

550

600

600

彩色喷漆饰面   厚10透明玻璃   乳白色有机玻璃
踢脚板／不锈钢板边框

正面图—MEZZO 展柜

位置：釜山广域市莲堤区具堤洞2-4 | 设计单位：新意设计株式会社 | 建设单位：新意设计株式会社 | 现场面积：1315.8m² | 建筑面积：492.23m² | 室内装饰：地板／瓷砖，灯箱   墙壁／在中密度纤维板上喷白色乙烯基漆、织物   顶棚／在2层石膏板上喷白色乙烯基漆   双层顶棚电镀框架 | 客户名称：韩国索尼

Design：NEWI DESIGN Co., Ltd. ・Kim, Jeong moon | **Construction**：NEWI DESIGN Co., Ltd. | **Site Area**：1,315.8 ㎡ | **Built Area**：492.23㎡ | **Finish**：Floor / App. Ceramic Tile, Lighting Box Wall / White V.P over MDF, App. Fabric Ceiling / White V.P over 2 ply Gypsum Board, Double Ceiling Galvalume Frame | **Client**：Sony Korea

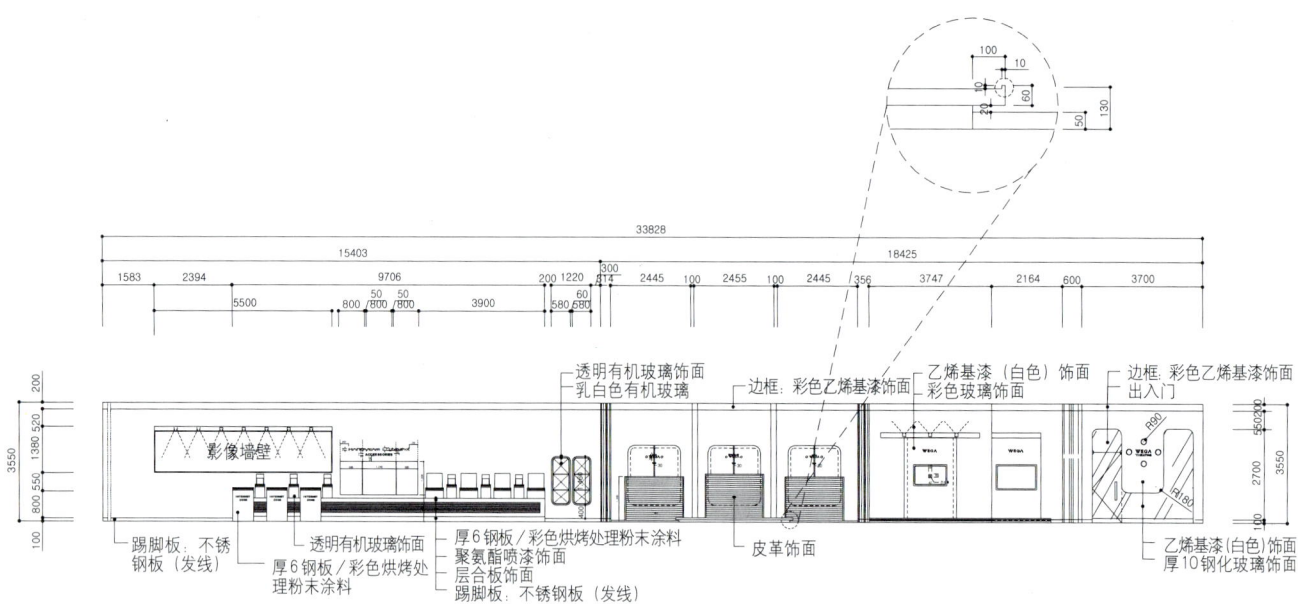

边框：彩色乙烯基漆饰面

透明有机玻璃饰面
乳白色有机玻璃

边框：彩色乙烯基漆饰面

乙烯基漆（白色）饰面
彩色玻璃饰面

边框：彩色乙烯基漆饰面
出入门

影像墙壁

踢脚板：不锈
钢板（发线）

透明有机玻璃饰面

厚6钢板／彩色烘烤处
理粉末涂料
聚氨酯喷漆饰面
层合板饰面
踢脚板：不锈钢板（发线）

厚6钢板／彩色烘烤处理粉末涂料

皮革饰面

乙烯基漆（白色）饰面
厚10钢化玻璃饰面

正面图A

新建于釜山的索尼公司侧厅的设计，其目的出自于贯彻索尼公司的政策并区别于其他公司。索尼公司是将电子产品与娱乐相结合的惟一一家全球化公司。陈列区包括以电视为中心的伟佳区，以笔记本电脑为中心的ＶＡＩＯ区，以音像为中心的MEZZO区、NETWOLK区，在这些区内连接并展示了所有的那些功能。不同于只陈列产品的其他品牌，索尼还有个陈列空间可以通过合同和所有产品的展示来导购。通过给产品的特点上增添一种"触摸"的概念，就能获得听（音频风格）＋看（视频风格）＋演（播放站2）。其目的就在于门店个性的建立，它允许顾客去感觉灵敏度，而不是从电子产品中通过提供经验去感觉"实质性"，即下线商店的最大力度。

基础彩色始于现有刚性无色彩和清淡色彩的调和。网络是索尼产品的特色，给品牌种类产品的网络系统寻求统一色和连接性。钢材、玻璃、有机玻璃安装带来了透明与单纯，而在设计中对于曲线的引用可以给出柔软和自然。

考虑到产品之间每一网络的有效性，沿着通行线可以给基础平面安排上一个双正面照明顶棚，这样才能创造出自然性，也会使得顾客自然而然地移动。至于家庭影院、玻璃墙壁和深蓝色太阳能吸收板，可以阻止光线从外面进来，从而提供一种封闭空间的模糊展示。

从前方路面深挖下去而建起的正面包括一个钢架和装上了可跳动的频道指示牌，看上去不像是一个展示类型的店面。在整个正面的前边铺设长椅和木质甲板的地板能给过路者提供舒适的感觉，很能诱导他们走进来。

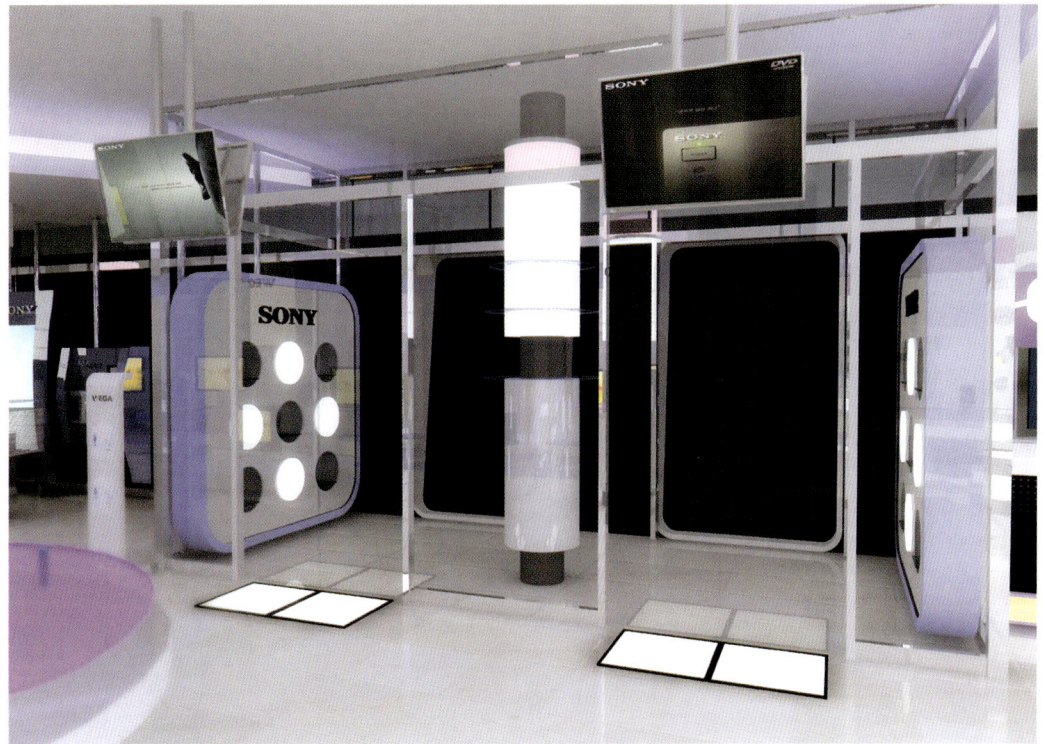

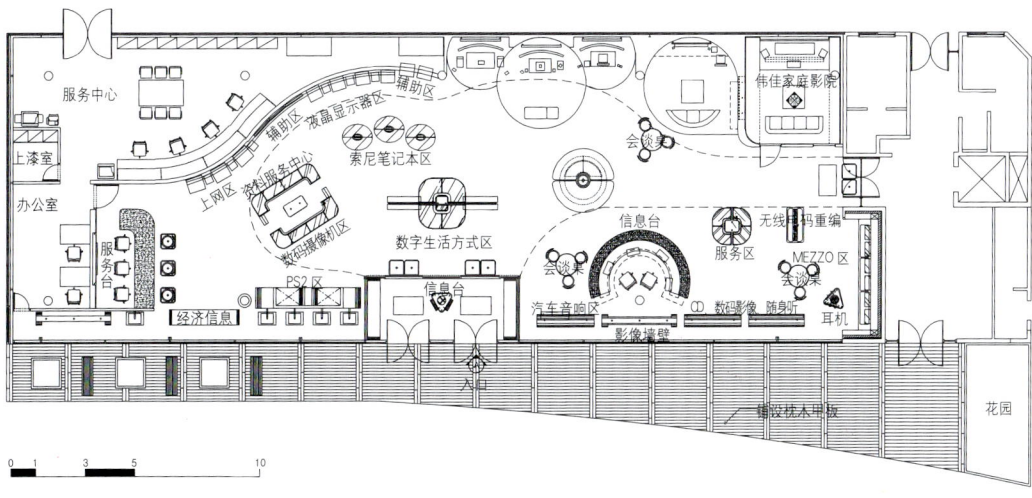

平面图

Sony Wings, newly introduced in Busan, was design with a purpose of carrying out and differentiating the policies of Sony, the only global company that combines electronic products with entertainment.

The store includes TV centered WEGA Zone, Notebook centered VAIO Zone, Audio centered MEZZO Zone and NETWOLK Zone, in which all those functions are linked and displayed. Different from other brands that only display products, Sony has a display space inducing purchase through contacts and demonstrations of all products. By adding a concept of 'Touch' to features of products, hear(audio style)+see(visual style)+play(Play Station2). Its purpose is laid on the establishment of shop identity, which allows customers to feel sensitivity instead of materiality from electronic products by offering 'experience', the biggest strength of an off-line store.

Basic color begins with a harmony of the existing rigid achromatic colors and pastel chromatic colors. Network, a characteristic of Sony products, seeks unification and connectivity to network system of brand category. Steel, glass, acryl fixtures brought transparency, simplicity, and introduction of curve in design gives softness, naturalness.

Regarding the efficiency of each network between products, basic plane was arranged with a double frontage luminous ceiling along traffic lines, thus creating naturalness and involuntary movement of customers. Display of front show window gives a feel of rhythm. As for the home theater, glass wall and deep blue solar sheet prevent lights from outside, providing vague presentation of the closed space.

Deeply caved away from the front road, the facade consists of a steel frame and channel sign clothed with flipped panels, hardly looking like a display type store. Benches and floors of wood deck over the whole facade give comfort to passers-by enticing them to walk in.

■ 家庭影院

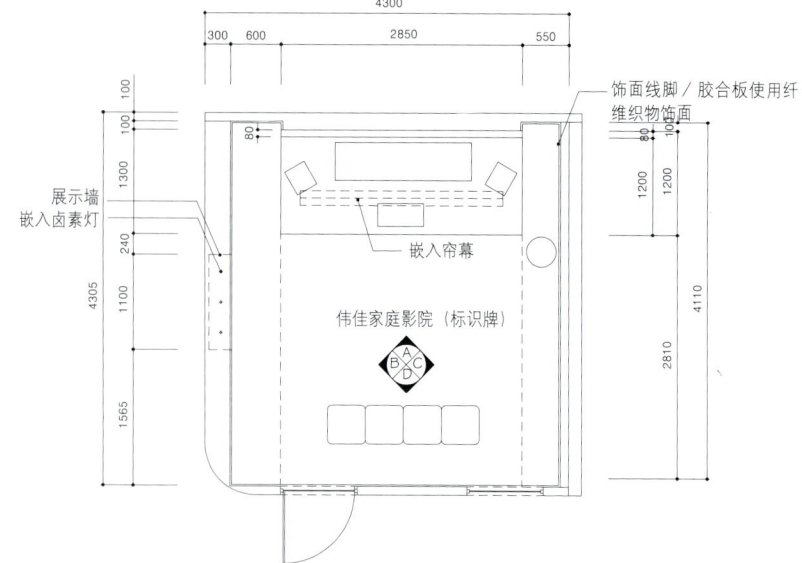

饰面线脚／胶合板使用纤维织物饰面

展示墙
嵌入卤素灯

嵌入帘幕

伟佳家庭影院（标识牌）

部分方案图

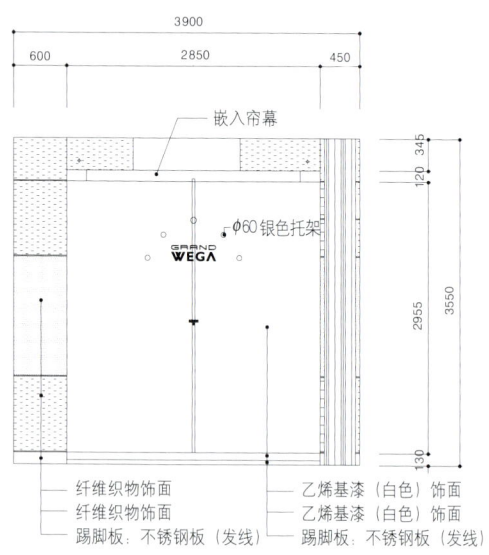

嵌入帘幕

φ60银色托架

GRAND WEGA

纤维织物饰面
纤维织物饰面
踢脚板：不锈钢板（发线）

乙烯基漆（白色）饰面
乙烯基漆（白色）饰面
踢脚板：不锈钢板（发线）

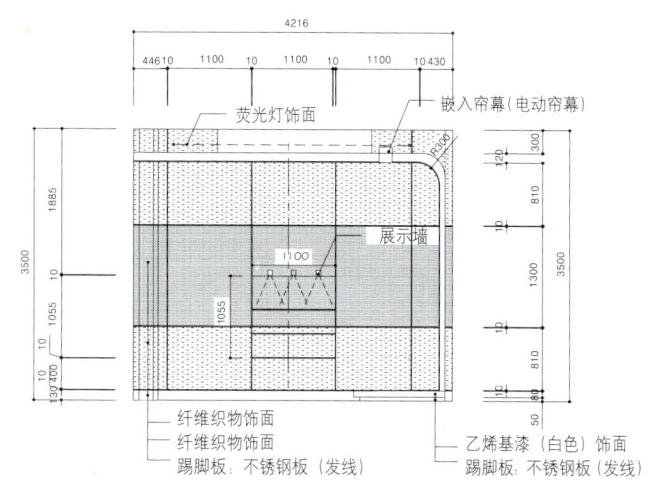

荧光灯饰面

嵌入帘幕（电动帘幕）

展示墙

纤维织物饰面
纤维织物饰面
踢脚板：不锈钢板（发线）

乙烯基漆（白色）饰面
踢脚板：不锈钢板（发线）

正面图A、B

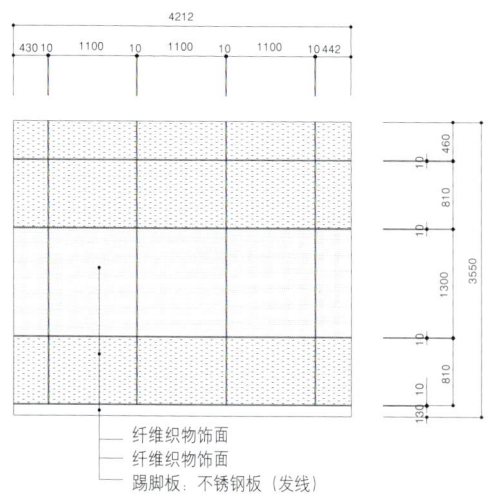

纤维织物饰面
纤维织物饰面
踢脚板：不锈钢板（发线）

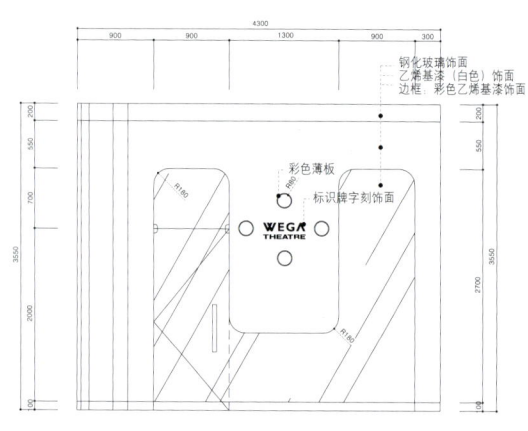

钢化玻璃饰面
乙烯基漆（白色）饰面
边框：彩色乙烯基漆饰面

彩色薄板

标识牌字刻饰面

WEGA THEATRE

正面图C、D

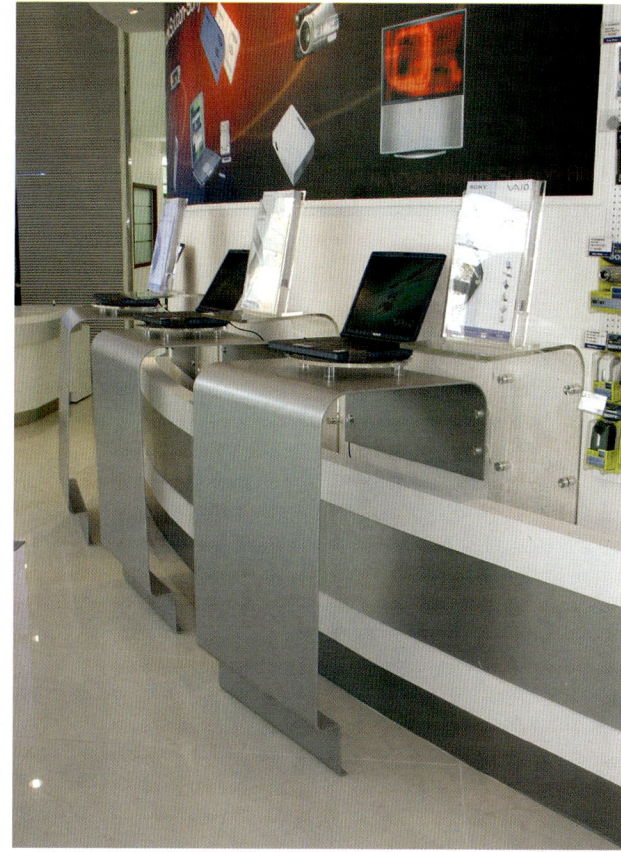

■ IT、LCD 展区

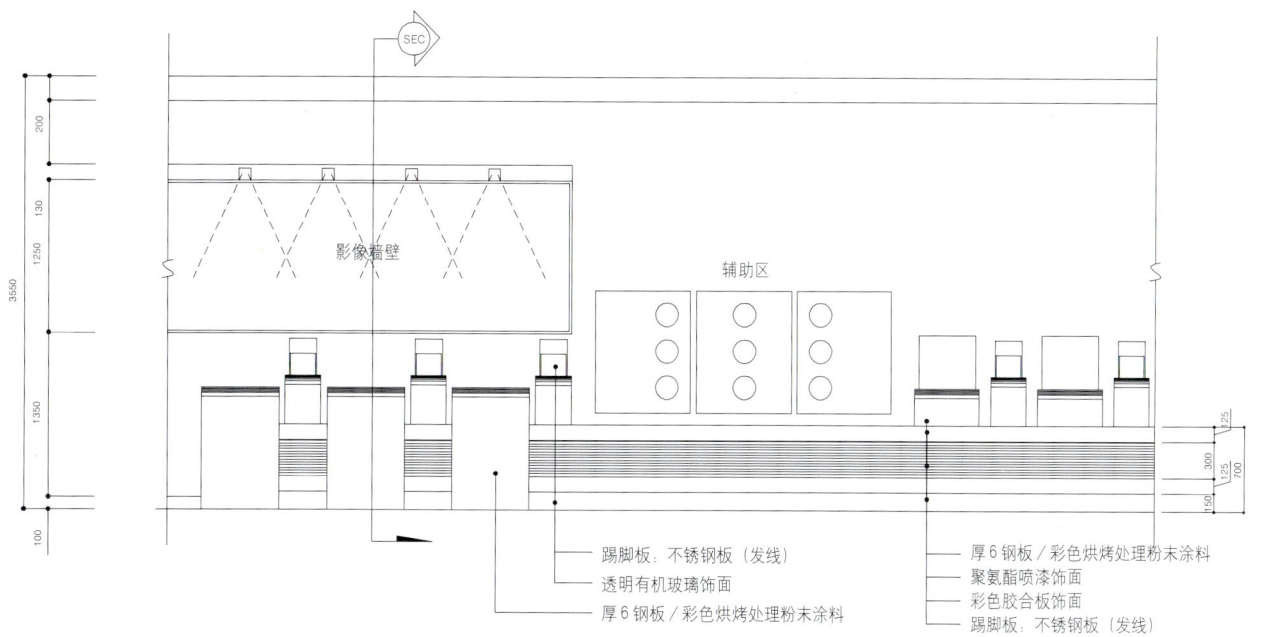

影像墙壁　　　　　　　辅助区

踢脚板：不锈钢板（发线）　　　　厚6钢板／彩色烘烤处理粉末涂料
透明有机玻璃饰面　　　　　　　聚氨酯喷漆饰面
　　　　　　　　　　　　　　　彩色胶合板饰面
厚6钢板／彩色烘烤处理粉末涂料　踢脚板：不锈钢板（发线）

正面图

电线引入口　厚10透明有机玻璃饰面　　　　厚6钢板／彩色聚氨酯喷漆饰面

顶视图

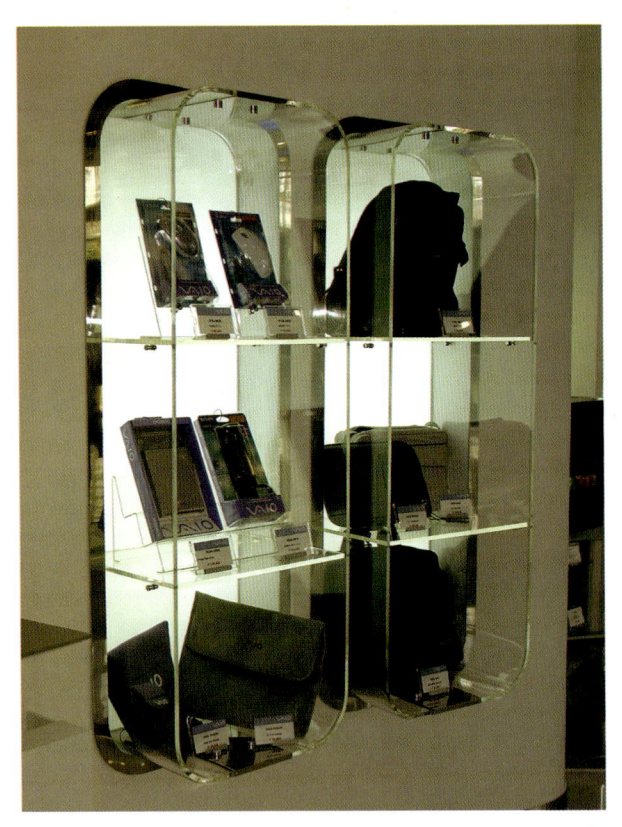

■ 辅助件展区—展柜

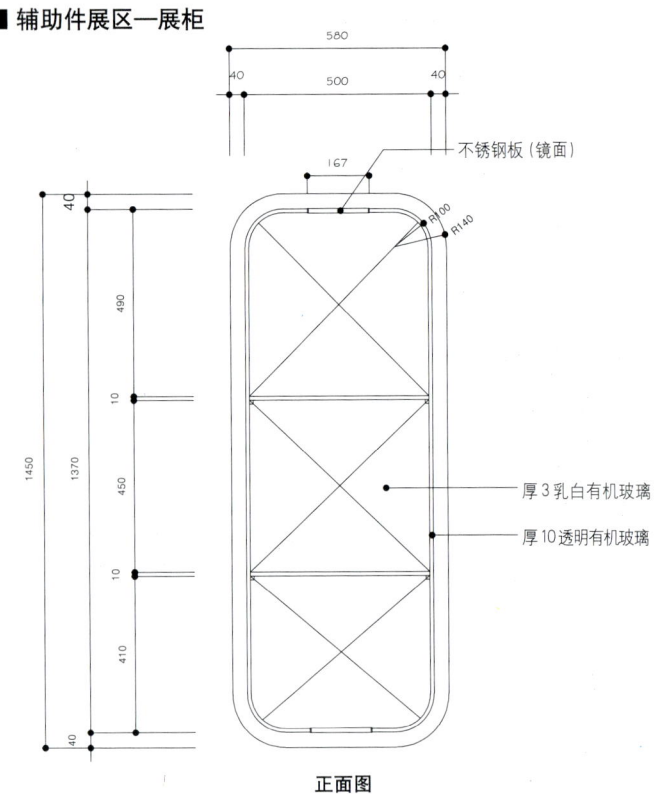

580
40
500
40
不锈钢板（镜面）
167
R100
R140
1450
1370
40
490
10
450
10
410
40
厚3乳白有机玻璃
厚10透明有机玻璃

正面图

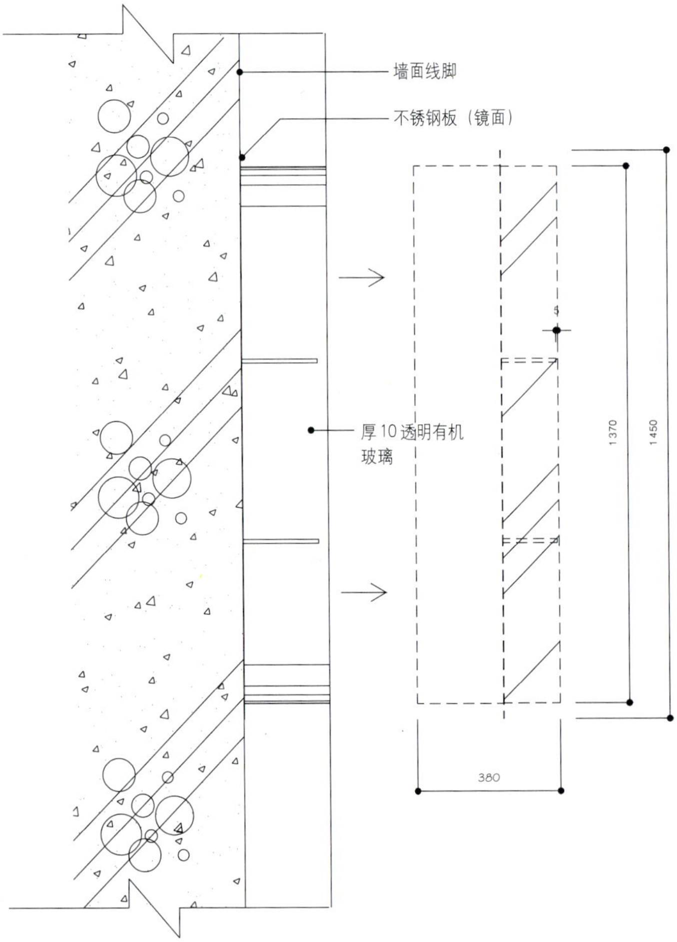

墙面线脚
不锈钢板（镜面）
厚10透明有机玻璃
1370
1450
380

侧视图

墙面线脚
300
不锈钢板（镜面）
厚10透明有机玻璃
372
厚10透明有机玻璃
托架
厚3乳白色有机玻璃
嵌入荧光灯（40W）
1380
150
230
150
380

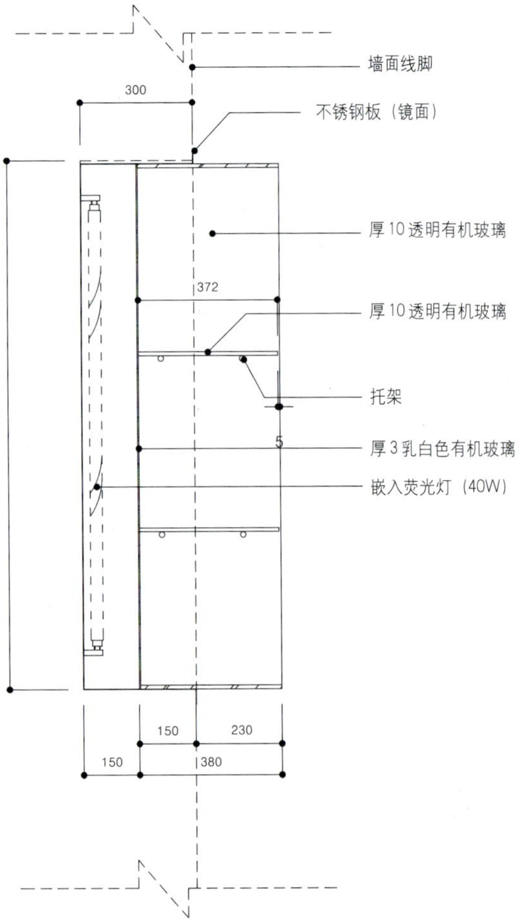

剖面图

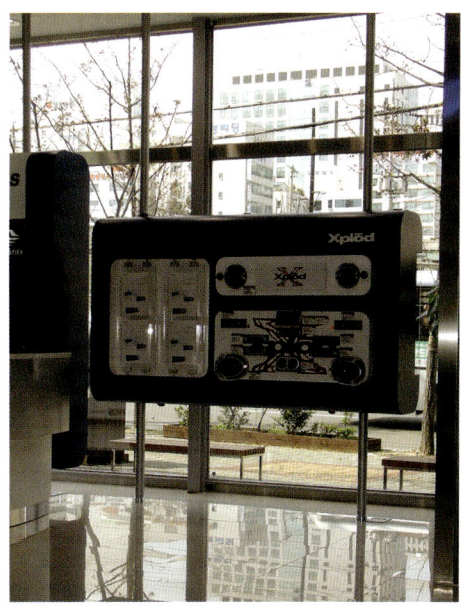

■ PS2 展区—展柜

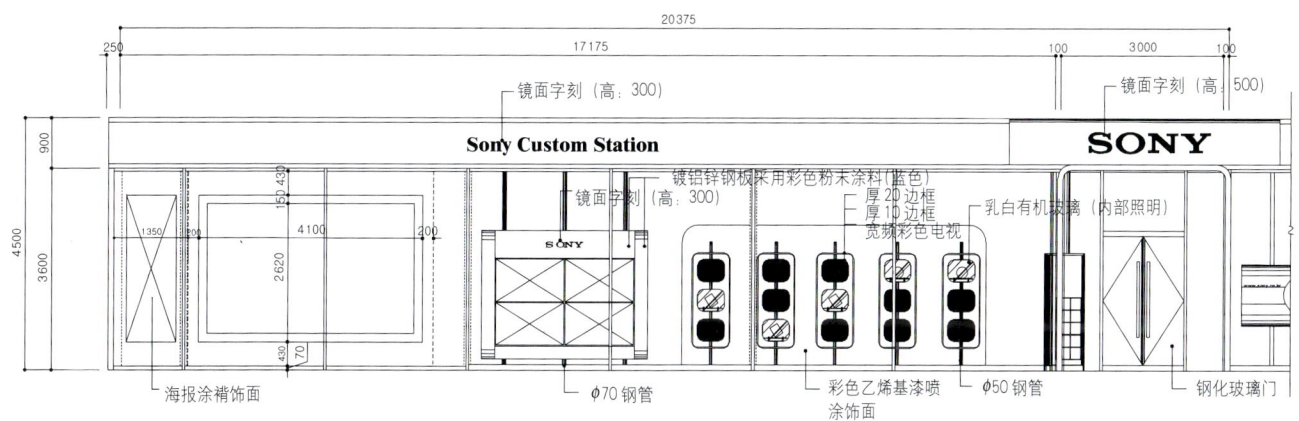

镜面字刻（高：300）

镜面字刻（高：500）

Sony Custom Station

SONY

镜面字刻（高：300）

镀铝锌钢板采用彩色粉末涂料（蓝色）

厚20边框
厚10边框

乳白有机玻璃（内部照明）

SONY

宽频彩色电视

海报涂精饰面

φ70钢管

彩色乙烯基漆喷涂饰面

φ50钢管

钢化玻璃门

正面图B

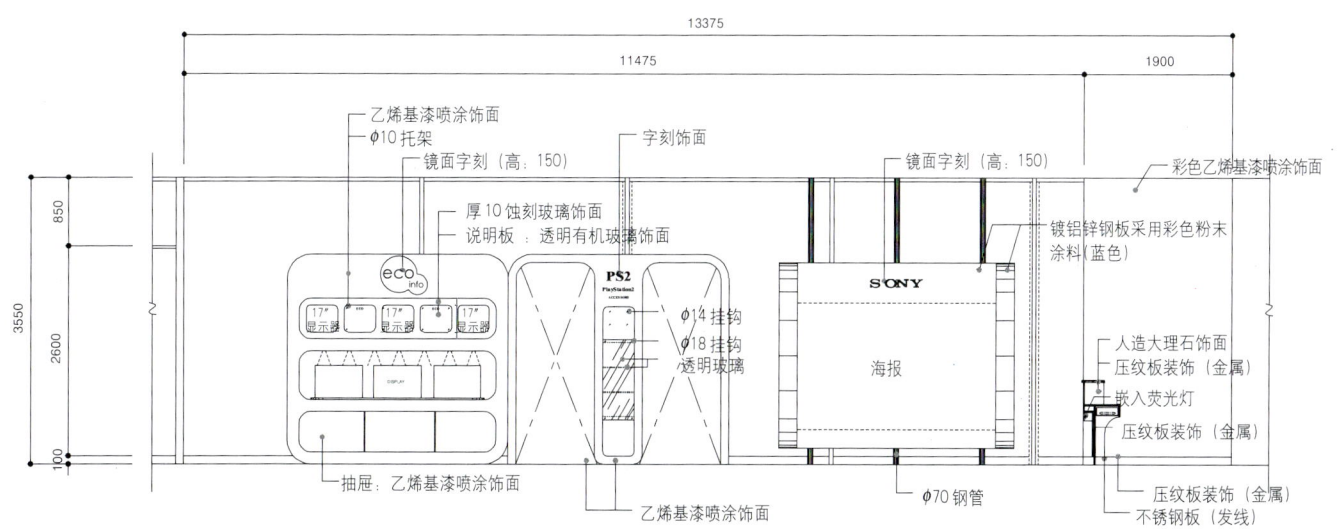

乙烯基漆喷涂饰面
φ10托架

镜面字刻（高：150）

字刻饰面

镜面字刻（高：150）

彩色乙烯基漆喷涂饰面

厚10蚀刻玻璃饰面
说明板：透明有机玻璃饰面

镀铝锌钢板采用彩色粉末涂料（蓝色）

PS2

φ14挂钩
φ18挂钩
透明玻璃

海报

人造大理石饰面
压纹板装饰（金属）
嵌入荧光灯
压纹板装饰（金属）

抽屉：乙烯基漆喷涂饰面

乙烯基漆喷涂饰面

φ70钢管

压纹板装饰（金属）
不锈钢板（发线）

正面图C

Icheon Ceramic Expo – Seoul Public Information Booth

首尔公共信息亭—全州陶瓷展

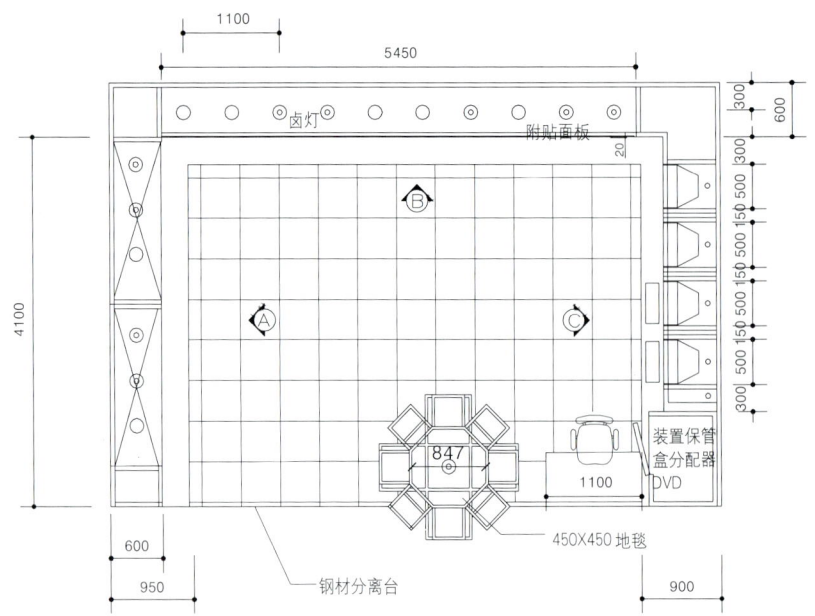

地板平面图

位置：京畿道果川市雪峰公园内展示厅 ｜ 设计单位：伟佳建筑公司 ｜ 建设单位：伟佳建筑公司 ｜ 建筑面积：32.9m² ｜ 室内装饰：地板／
地毯、瓷砖 墙壁／乙烯基漆喷涂饰面 顶棚／乙烯基漆喷涂饰面
Design：Wega Architecture · Minn, Sohn joo · Lee, Heui ja／Lee, Yeong gu／Jeong, Hyeon gi ｜**Construction**：Wega Architecture ｜**Built Area**：32.9m² ｜**Finish**：Floor／Carpet Tile
Wall／Vinyl Paint Ceiling／Vinyl Paint

照明不必过于明亮，声音极大，以至于你听不到邻近展台的影视材料在说些什么。展板的色彩应该灿烂夺目而又富丽堂皇，形象也应栩栩如生。可是从前，每一展台并不考虑应该展示的宣传手册或记录内容的数量，而且展品总被漫不经心地堆积在一起，甚至设计精美的产品看上去也好不了多少。

其中就有这样的一个展台，有点不大明亮，其展板也不灿烂，不大明显（图像被滤波器有意识地弄模糊了）。当站在里面的影视材料的面前时只能听到声音，为了不干扰邻近的展台，前面的影视材料只好无声。

在里面和前面之间，展品有足够的空间可以使它的每一个档次看上去好像更加华丽多姿。IT展塔也被建立起来，它是一个艺术建筑精品，象征了面向超现代化数字媒体城，是一座具有无可比拟的特色之城。而我们的那个展台则毫不夸张地说是丑小鸭。但是我们在未来信息展览会的流动展中将一定能看到与我们的展品相类似的东西。

Illuminations unnecessarily over-bright, sound extremely loud that you can't hear what the visual material says next booth. The colors of the panels should be brilliant and gay, the image sensationally vivid. Each booth didn't regard the amount of brochures or memorials that should be displayed. And the souvenirs were piled up carelessly, that even the well-designed products couldn't look any good.

Among these was a booth of a little less bright, with its panel less brilliant, less clear (image blurred with the filter intentionally). Sound was only to be heard when stood in front of the visual materials inside, front ones muted so as not to disturb the next booths.

Souvenirs had enough room between them to make each class seems more magnificent. The IT tower was set up, which is a fine art architecture that symbolizes a digital media city heading toward the ultramodern, a city that has most of the characteristics of the others. And that booth of ours was literally the ugly duckling. But we will definitely see similar ones to ours in future tourism PR exhibition.

■ IT 展塔

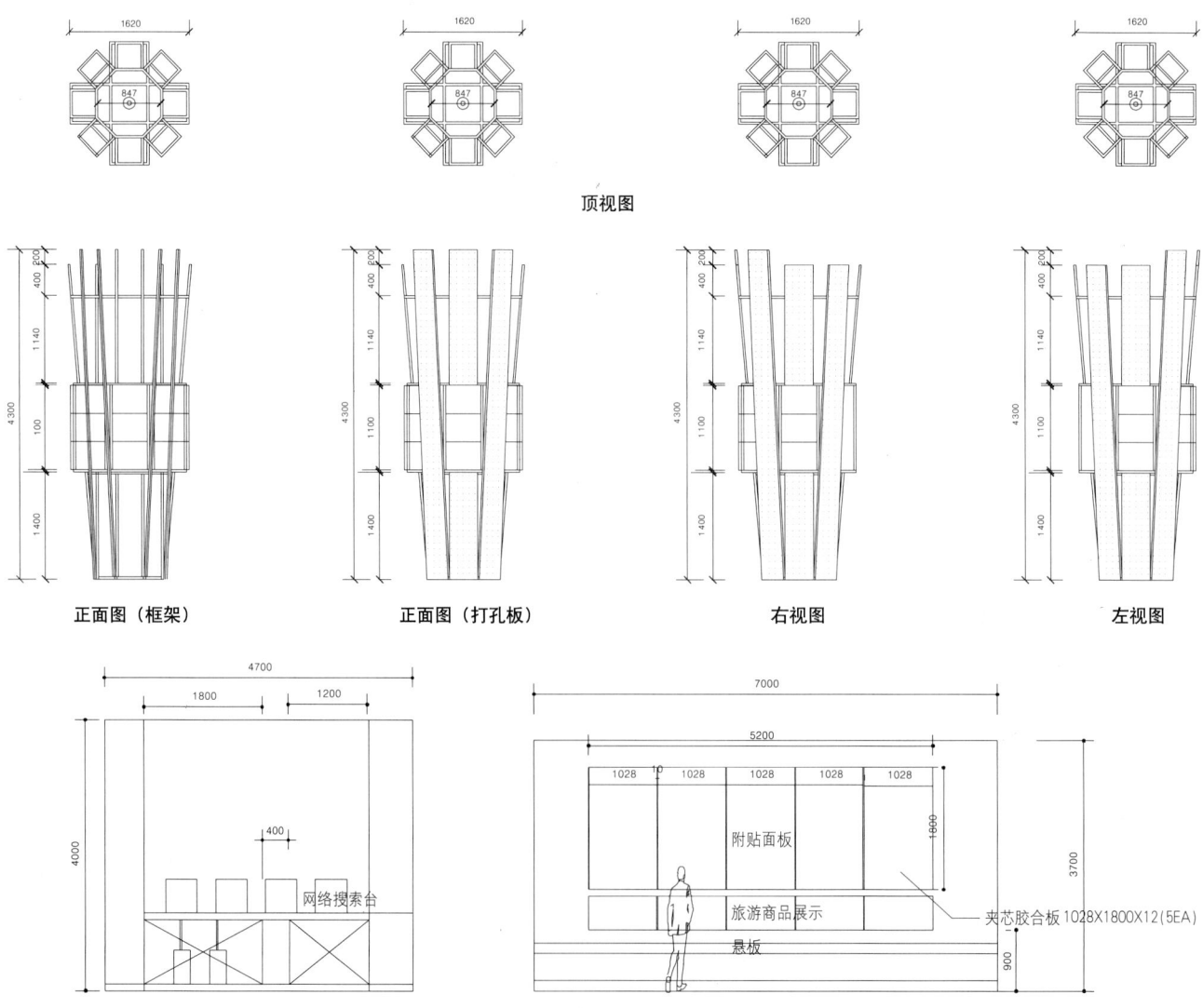

顶视图

正面图（框架）　　　正面图（打孔板）　　　右视图　　　左视图

网络搜索台

附贴面板
旅游商品展示
悬板
夹芯胶合板 1028X1800X12(5EA)

正视图 A、B

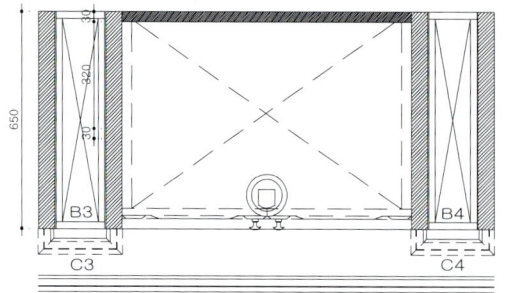

顶视图—陈列室1碗橱3-1（03）

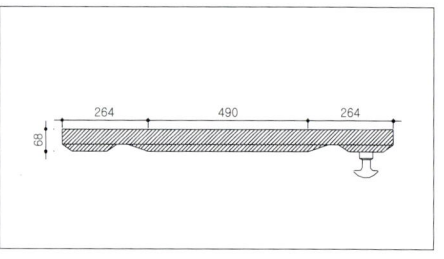

剖面图A

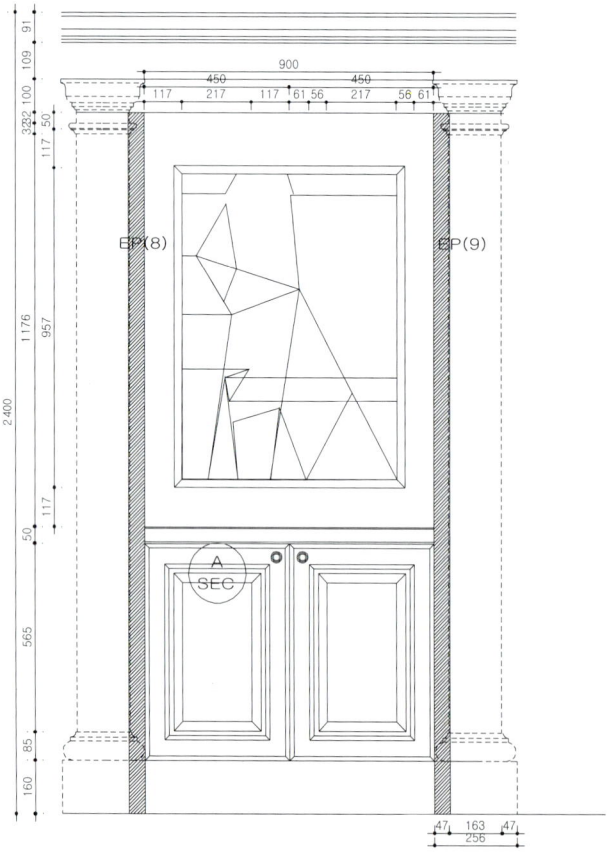

正面图—陈列室1碗橱3-1（03）

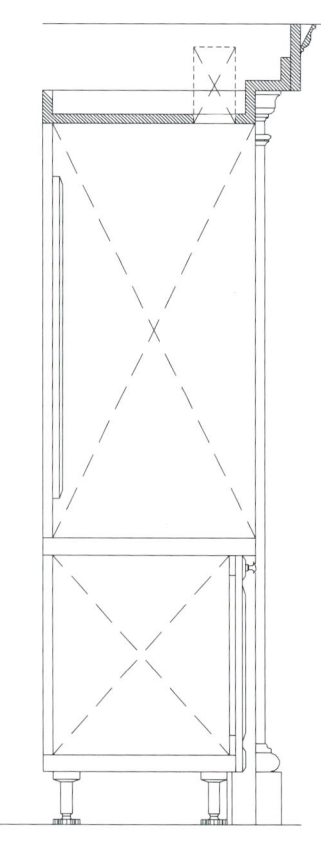

侧视图

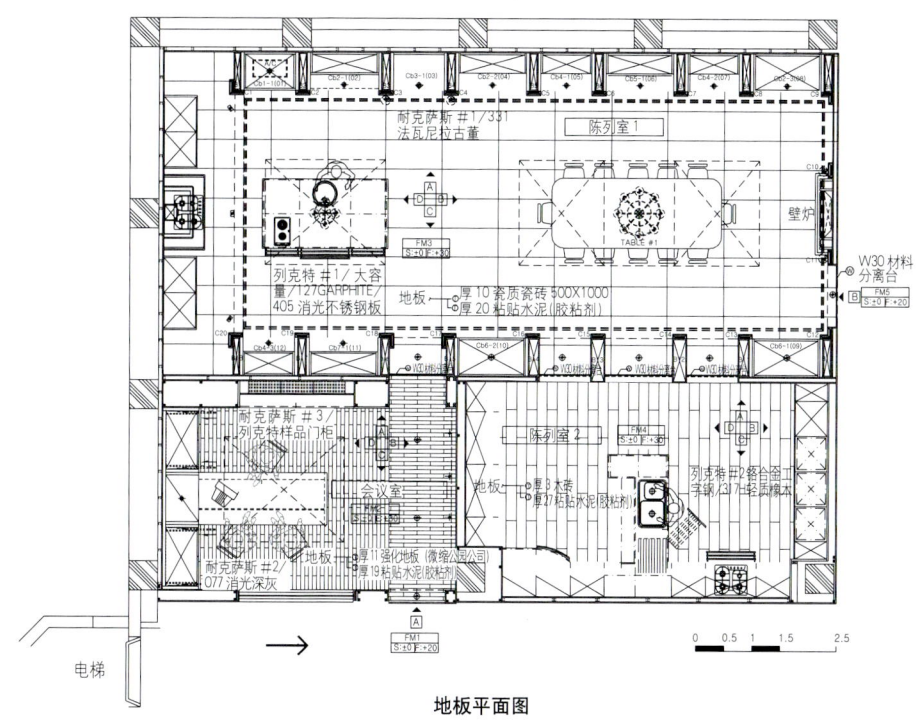

耐克萨斯 #1/331
法瓦尼拉古董
陈列室 1

壁炉

列克特 #1/大容量/127GARPHITE/405 消光不锈钢板
地板
厚 10 瓷质瓷砖 500X1000
厚 20 粘贴水泥(胶粘剂)

W30 材料分离台

耐克萨斯 #3/列克特样品门柜
会议室
陈列室 2
列克特 #2铝合金工字锅/317轻质模本

地板
厚 3 木砖
厚 27 粘贴水泥(胶粘剂)

耐克萨斯 #2/077 消光深灰
地板
厚 11 强化地板 (微缩公司)
厚 19 粘贴水泥(胶粘剂)

电梯

0 0.5 1 1.5 2.5

地板平面图

位置：首尔特别市坊培洞 755-12 韩馨装饰 展示厅　|　设计单位：伟佳建筑　|　建设单位：伟佳建筑　|　监督单位：伟佳建筑　|　建筑面积：114m²　|　室内装饰：地板／抛光砖、强化地板、木砖　墙壁／墙纸　顶棚／顶棚用纸、水性涂料

Design : Wega Architecture · Min, Shon joo · Kim, Jun bong · Lee, Heui ja | Construction : Wega Architecture | Supervision : Wega Architecture | Built Area : 114㎡ | Floor / Polishing Tile, Tempered Flooring, Wood Tile Wall / App. Wallpaper Ceiling / App. Ceiling Paper, Water Paint

■ 壁炉

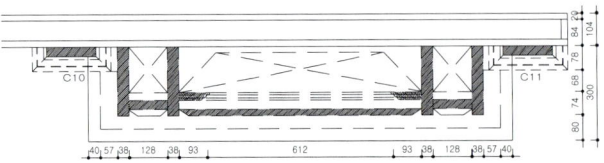

顶视图

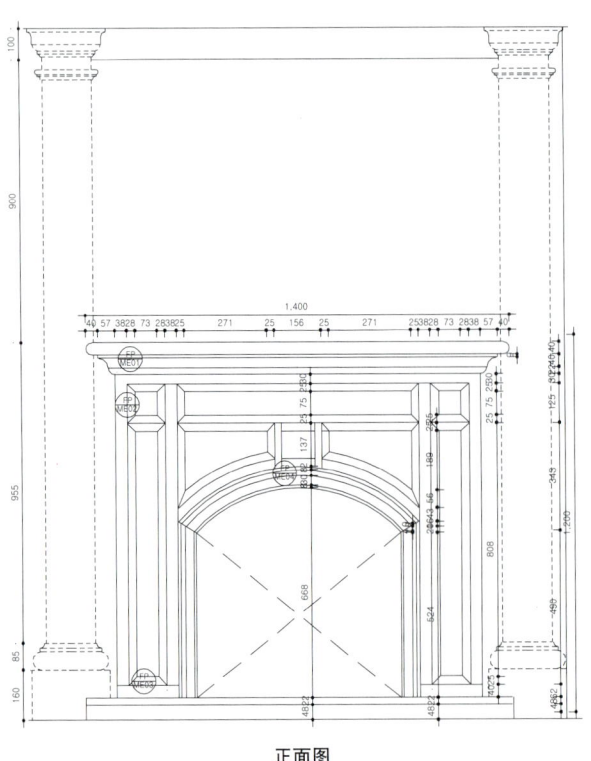

正面图

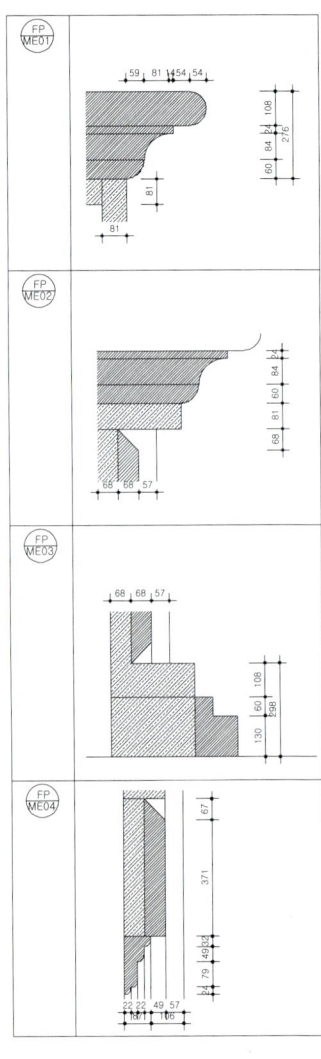

详图

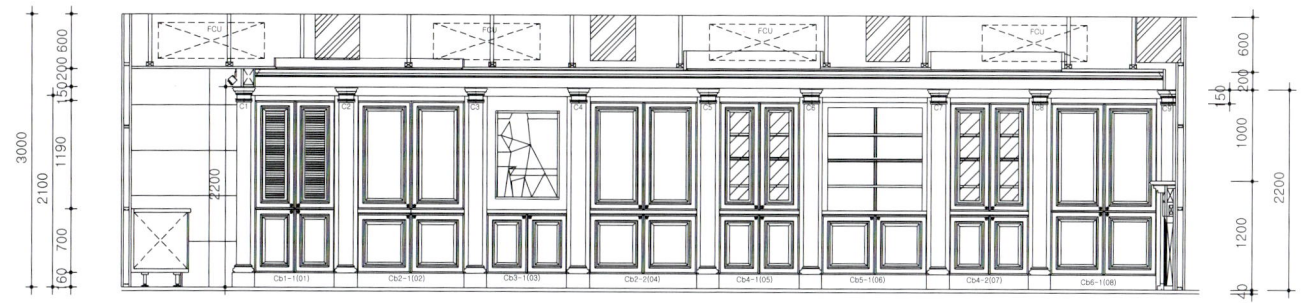

正面图 A

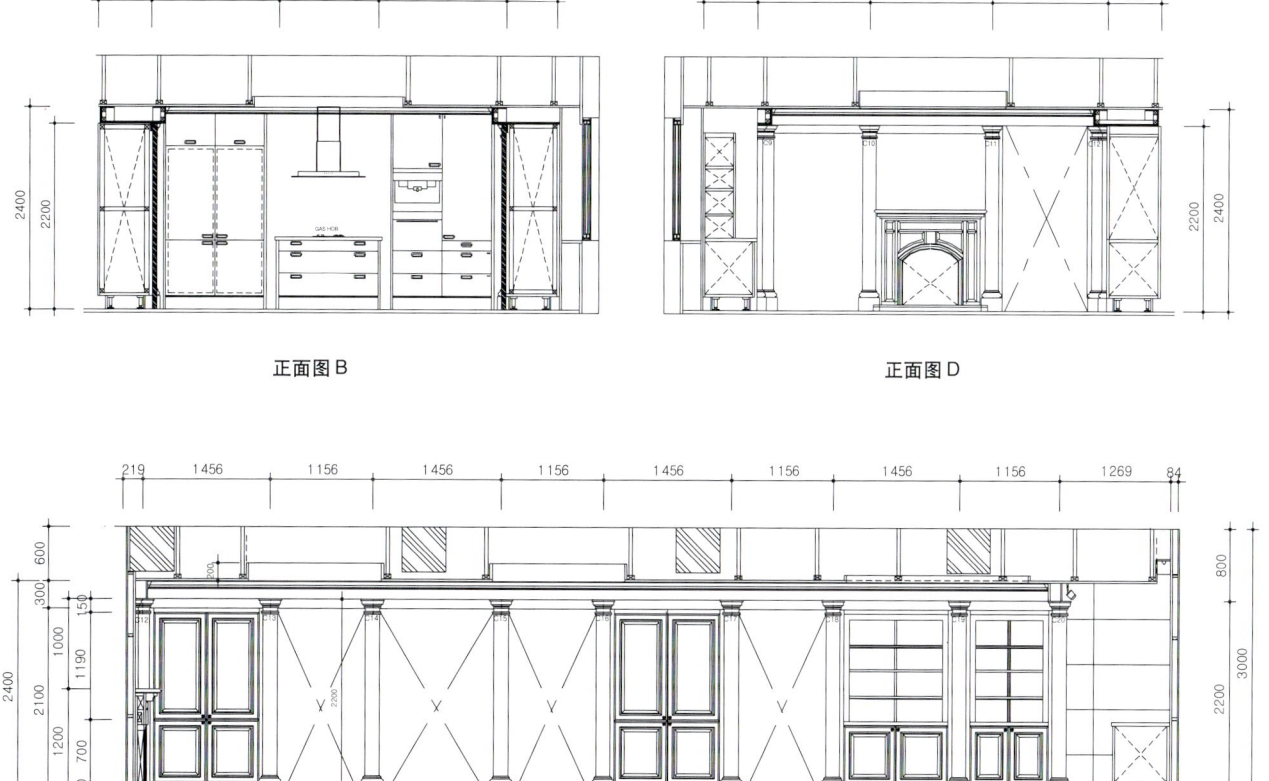

正面图 B　　　　　　　　　　　　　　正面图 D

正面图 C

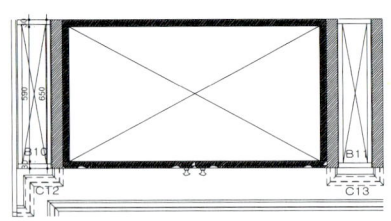
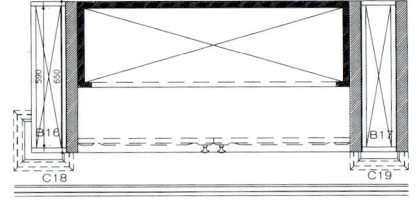

■ 陈列室1 碗橱6-1（09），5-1（06）

顶视图

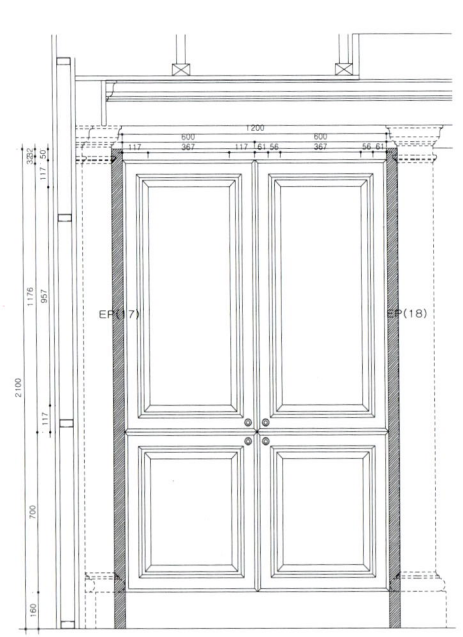
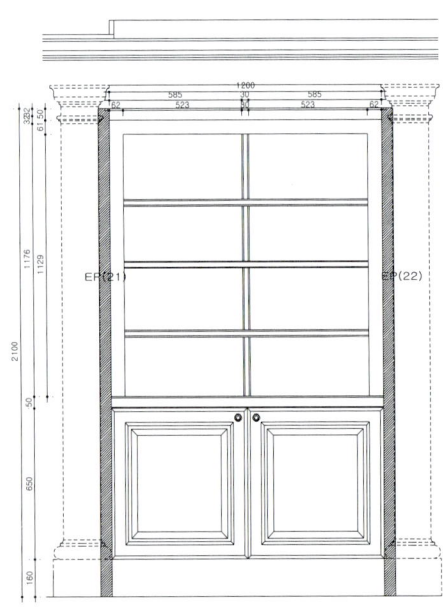

正面图

■ 陈列室1—柱（C1）

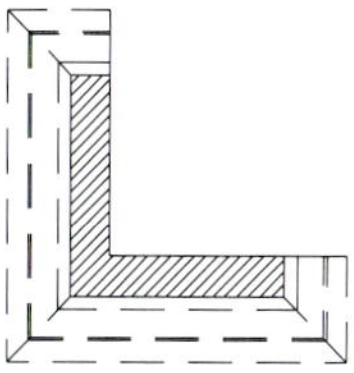

柱顶平面图

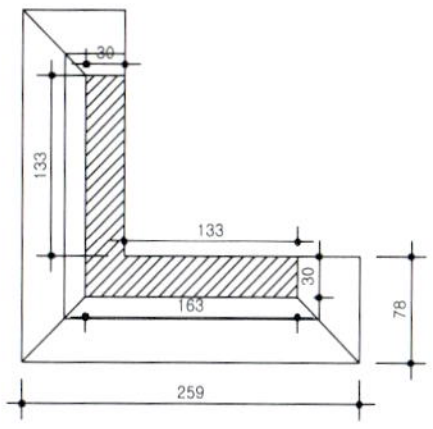

基础平面图

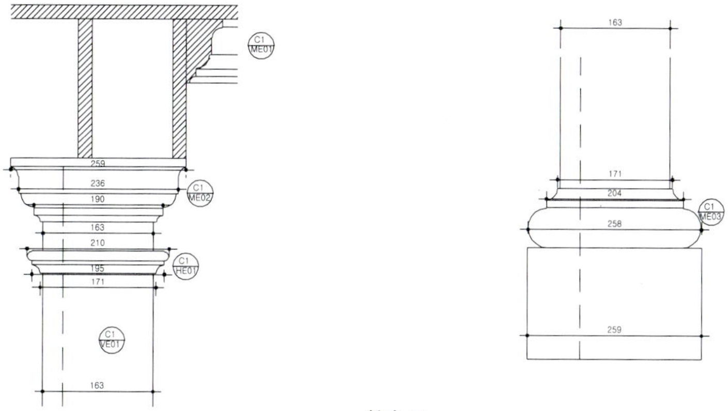

柱身图

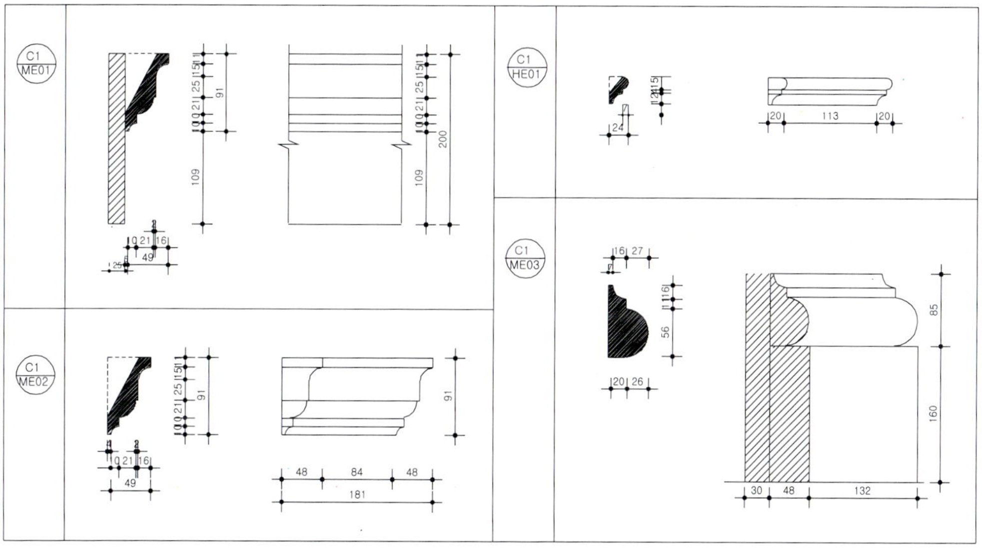

剖面详图

■ 陈列室 1—柱（C9）

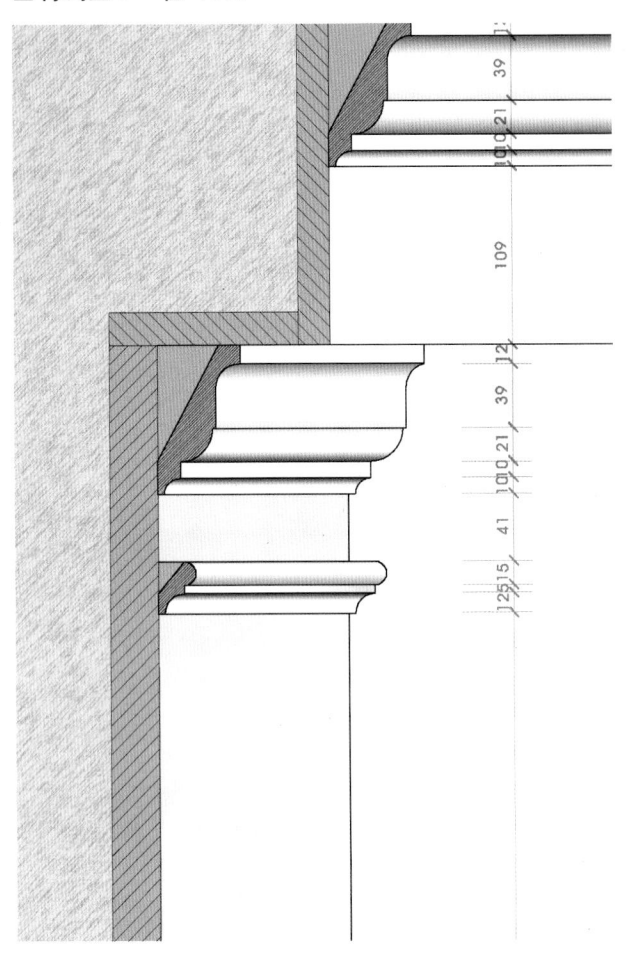

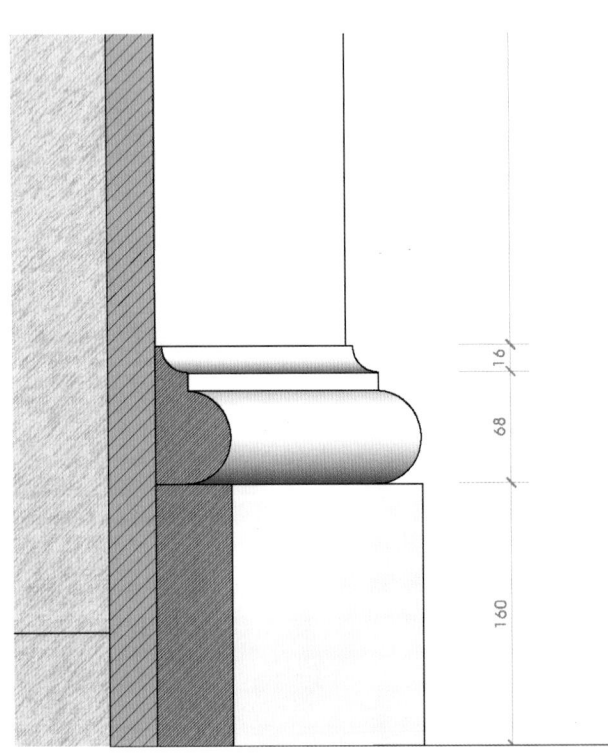

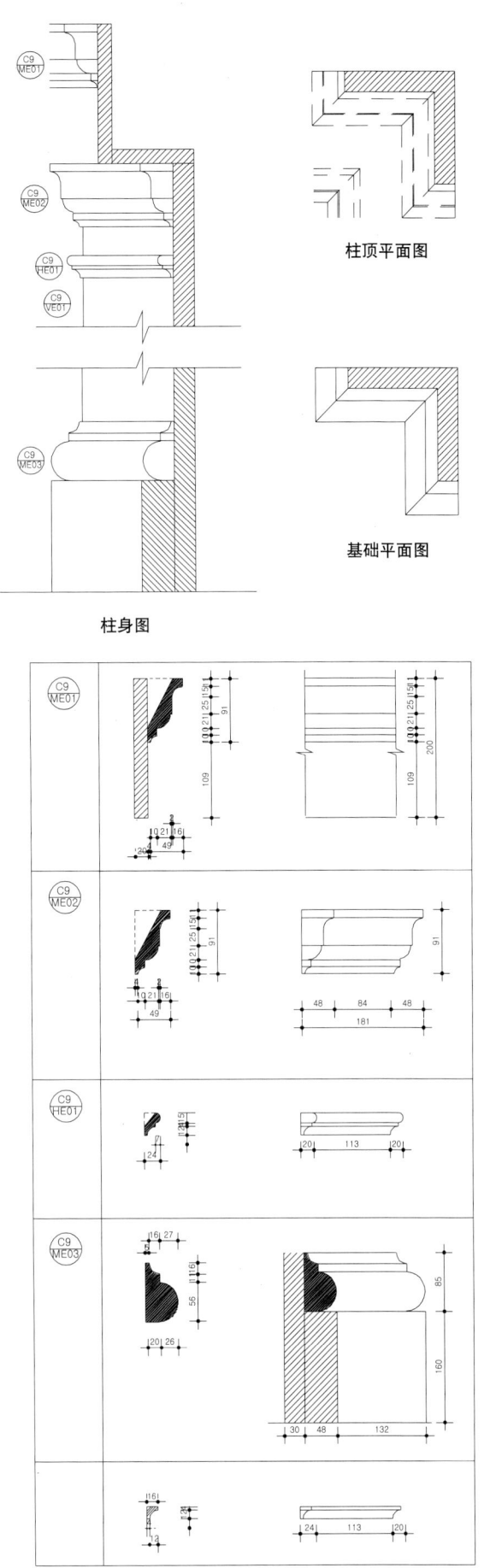

柱顶平面图

基础平面图

柱身图

剖面详图

■ 陈列室 2

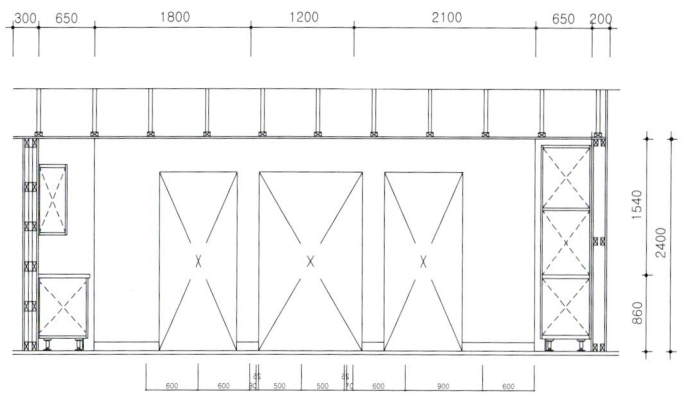

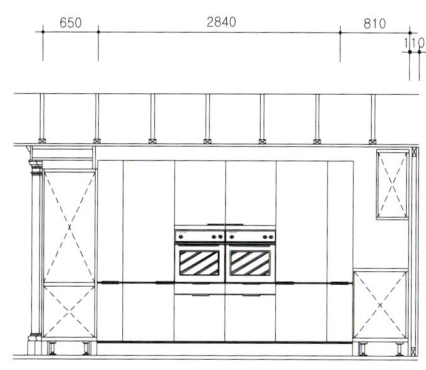

正面图 A、B

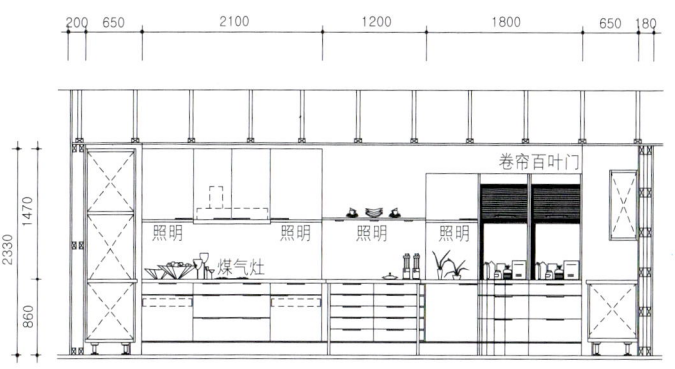

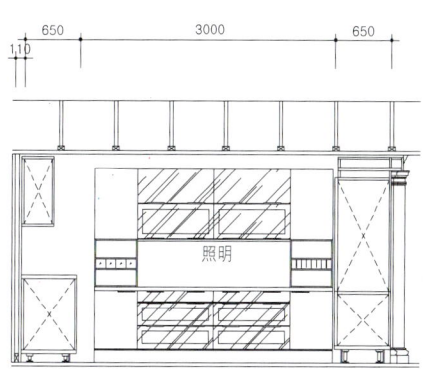

正面图 C、D

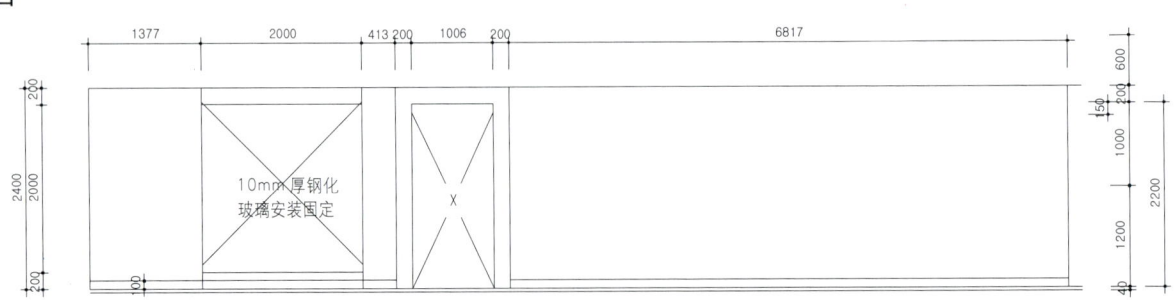

■ 入口

正面图 A

　餐厅看厨房，我们就断定了客户需要一个服务于装饰功能的厨房，因此可以提升楼房的质量，而不是一个藏起来不被看见的厨房，因为厨房和餐厅是主要的家庭聚集地。耐克萨斯（Nexus）是汉西姆（Hanseem）定做的厨房家具品牌。所以我们为那些厌恶了迷你型和禅宗型（Zen）的消费者设计建造了新式古典厨房，至于展廊，新铺了一个层面，它适合耐克萨斯的装修系统。与此同时，我们按照一般标准尝试建立了传统型的空间，它不像是从某一幅画中抄袭的一种临摹。根据消费者的口味给他们不断地提供不同格调的厨房。

Looking at the kitchen from dining space, we decided that the client needs a kitchen that serves a decorative function, which thereby elevates the quality of the house, and not one that is hidden from visibility. Since kitchen and dining room are the main family gathering places. Nexus is Hanseem's brand of custom-made kitchen furniture. So we designed and built a neo-classical kitchen for quality kitchen consumers who are tired of minimal and Zen style. As for the gallery, a new layer was attached, which fits the furnishing system of Nexus. At the same time, we attempted establishing traditional styled space as to formal standards; it's not like a cheap imitation copied from a picture. Various styles of kitchen would be kept offering to consumers according to their tastes.

■ 会议室

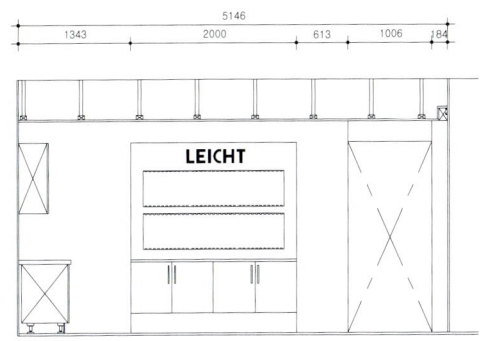
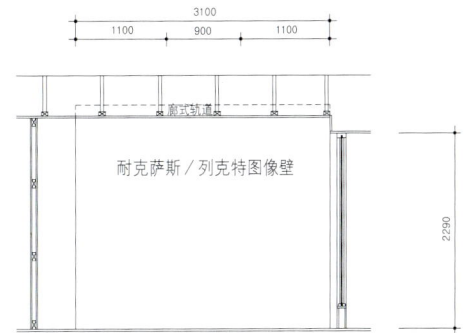

正面图 A、B

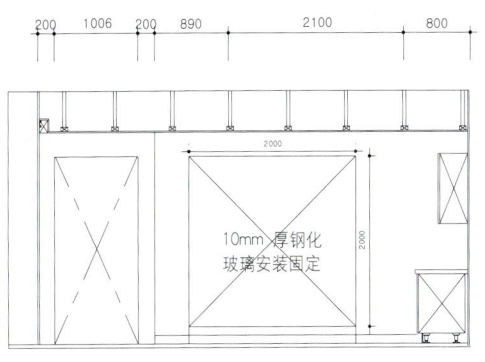
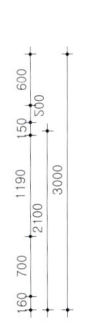
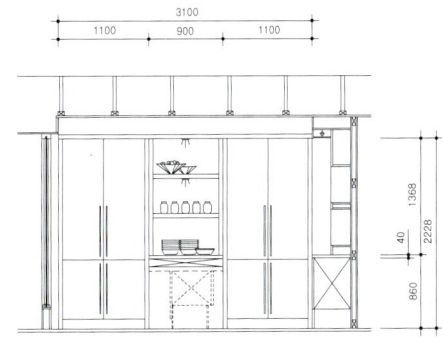

正面图 C、D

海特公司全州工厂
LG 保险公司覆膜玻璃大厅

南阳州市农业科学展厅
韩国文化与信息中心
南阳乳制品

2002 年世界杯一周年图片展
仁什洞的德源画廊
系统工程通信世界

最新室内细部设计实例集1

展览厅
Exhibition

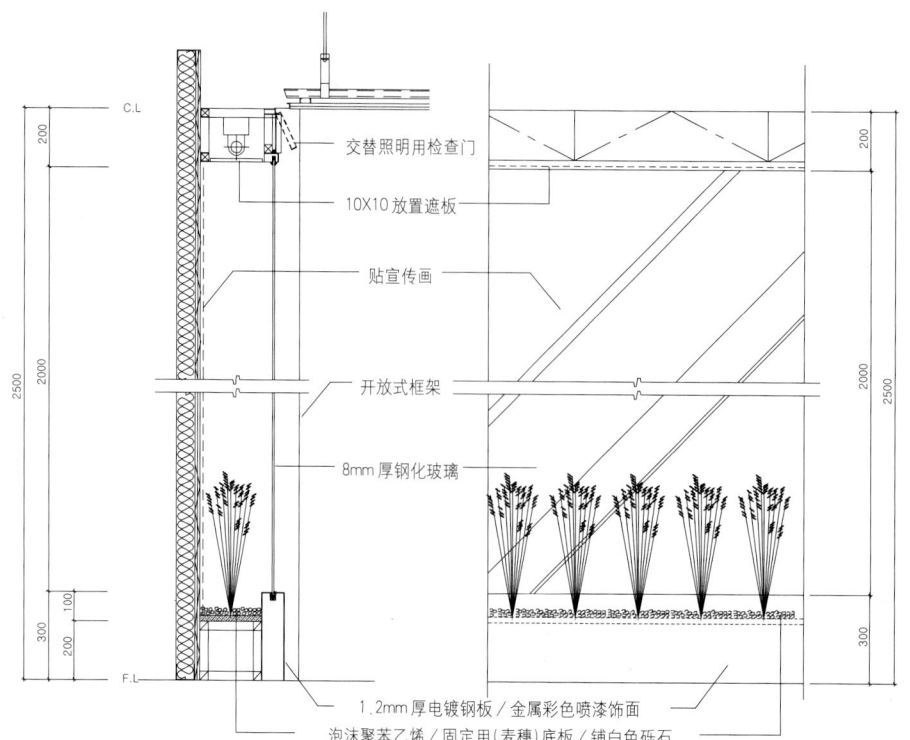

交替照明用检查门

10X10放置遮板

贴宣传画

开放式框架

8mm厚钢化玻璃

1.2mm厚电镀钢板／金属彩色喷漆饰面

泡沫聚苯乙烯／固定用(麦穗)底板／铺白色砾石

剖面图和正面图—D区（大麦田）

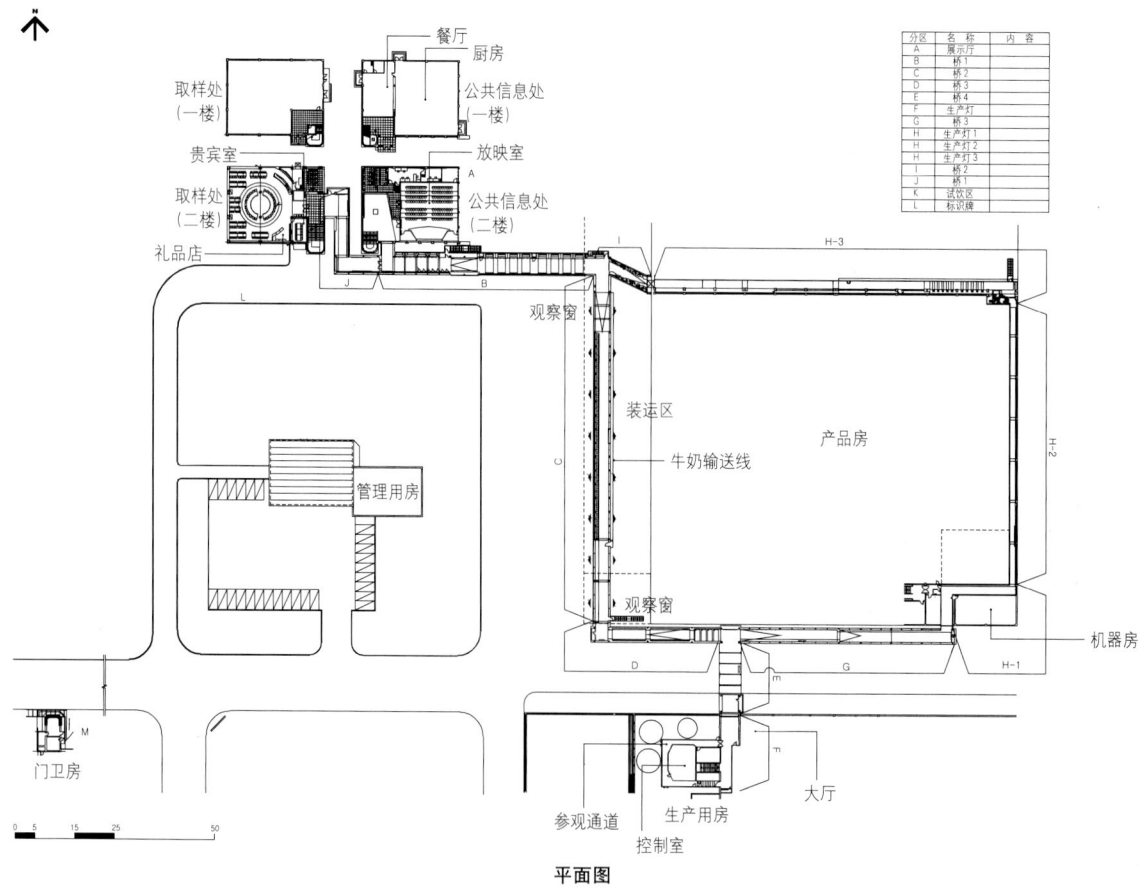

分区	名 称	内 容
A	展示厅	
B	桥1	
C	桥2	
D	桥3	
E	桥4	
F	生产灯	
G	桥3	
H	生产灯1	
H	生产灯2	
H	生产灯3	
I	桥2	
J	桥1	
K	试饮区	
L	标识牌	

餐厅

厨房

取样处（一楼）

公共信息处（一楼）

贵宾室

放映室

取样处（二楼）

公共信息处（二楼）

礼品店

观察窗

装运区

牛奶输送线

产品房

管理用房

观察窗

机器房

门卫房

参观通道

控制室

生产用房

大厅

平面图

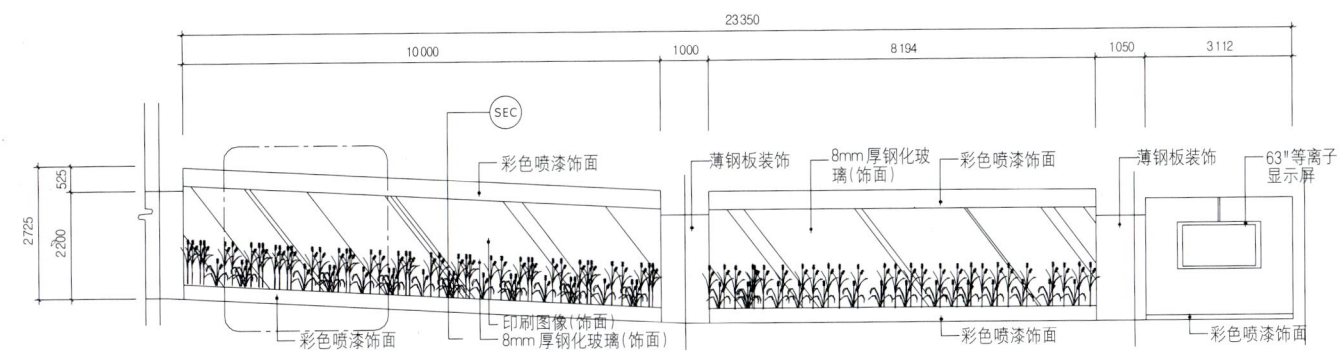

正面图—D区（大麦田）

位置：全罗北道完州郡勇金面新知里1256 | 设计单位：多又大公司 | 建设单位：多又大公司 | 建筑面积：2 804.4㎡ | 室内装饰：外部——复合铝板、SPG系统、花岗石（津巴布韦佛城石） 内部——地板/块状地毯、大理石 墙壁/胶合板、乙烯基漆、实景画、背涂玻璃、大理石（石灰石） 顶棚/乙烯基漆、乳白有机玻璃

Design：Multi & Max | Construction：Multi & Max | Built Area：2,804.4㎡ | Finish：Exterior – Aluminum Complex Panel, SPG System, Granite(Pocheon Stone, Zimbabwe) Interior – Floor / Carpet Tile, Marble Wall / Veneer, V.P, Real Picture, Back Painted Glass, Marble(Lime Stone, Cremo Bello) Ceiling / V.P, Milk White Acryl

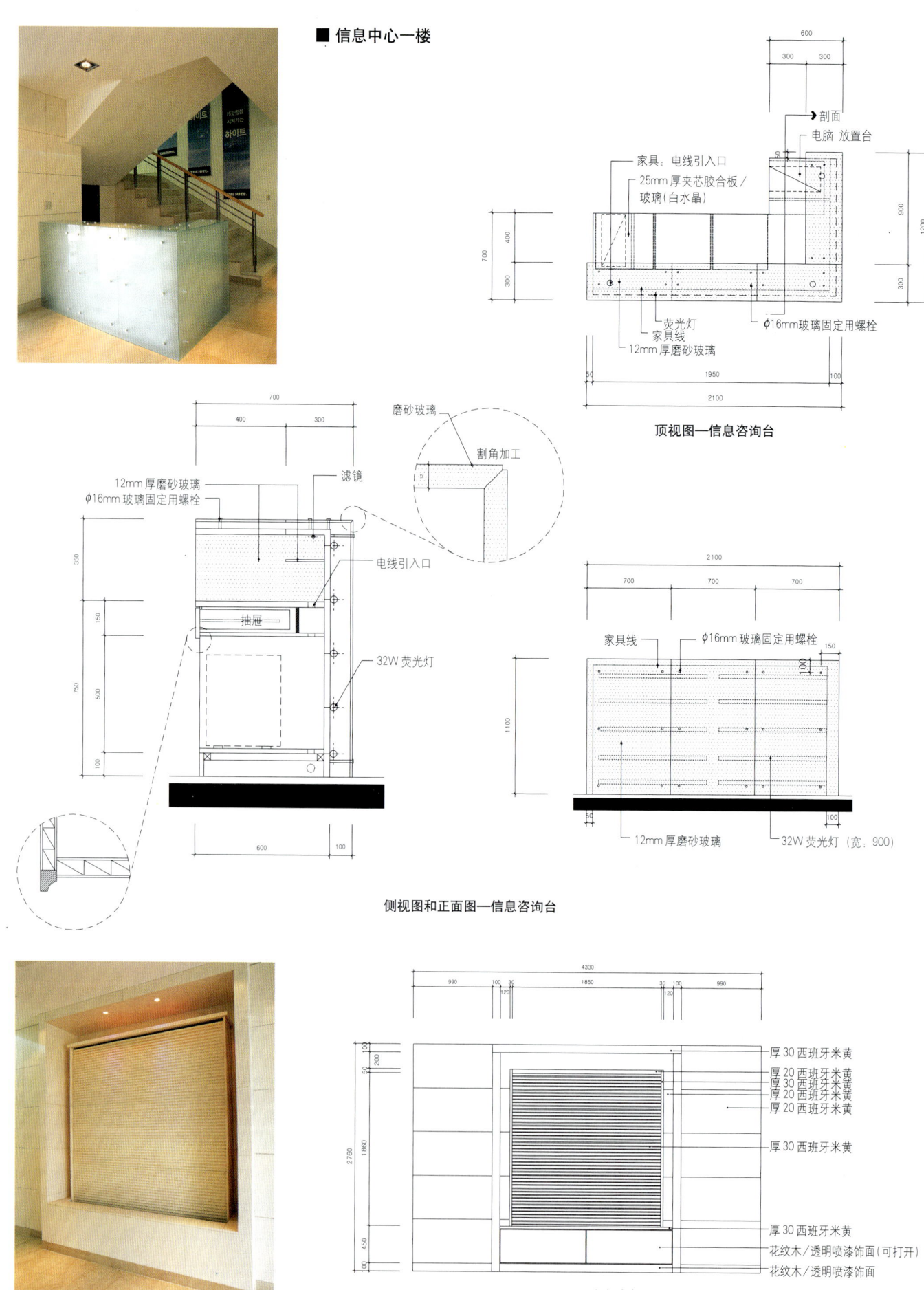

■ 信息中心一楼

顶视图—信息咨询台

600
300 300

剖面
电脑 放置台

家具: 电线引入口
25mm 厚夹芯胶合板 /
玻璃(白水晶)

900
1200
300

700
400
300

荧光灯
家具线
12mm 厚磨砂玻璃

φ16mm玻璃固定用螺栓

50
1950
100
2100

侧视图和正面图—信息咨询台

700
400 300

磨砂玻璃
割角加工

12mm 厚磨砂玻璃
φ16mm 玻璃固定用螺栓

滤镜

电线引入口

抽屉

32W 荧光灯

350
150
750
500
100

600
100

2100
700 700 700

家具线
φ16mm玻璃固定用螺栓
150

1100

12mm 厚磨砂玻璃
32W 荧光灯（宽: 900)

正面图—壁式喷泉

4330
990 100 30 1850 30 100 990
120 120

200
50

厚 30 西班牙米黄
厚 20 西班牙米黄
厚 30 西班牙米黄
厚 20 西班牙米黄
厚 20 西班牙米黄

厚 30 西班牙米黄

2760
1860

厚 30 西班牙米黄

花纹木/透明喷漆饰面（可打开）
花纹木/透明喷漆饰面

450

用了1年的时间，我们的设计队伍竭尽全力从设计中规划这一工程的建设。根据对海特公司江原工厂的成功革新所获得的经验和专门技术，我们试图展示全州工厂来作为优雅和舒适的空间。作为在中心城区中的一个新的魅力所在，它将会很知名。海特公司全州工厂结构分三个部分：重新改造的品尝大厅和公共信息中心，均来自现有的设施，新建的游展路线就设在该工厂的303600m²的绿色牧场上。品尝大厅和公共信息中心其基础铺设了浅褐色石灰石和鹅卵石，可以提高舒适优雅的形象，而且展厅、品尝大厅和贵宾室都贴满了由棕色织物和winzy式木材的混成品来提高其明朗化和排列点。尤其是为了避免重复性阶段游展的懈怠，展箱的自动屏幕系统和转换齿轮侧面的自动门的设计应考虑到游展者的利益。

For a year, our design team has put forth all our energy from design planning to construction for this project. With experience and know-how based on the successful renovation of Hite Gangwon Plant, we tried to display Jeonju Plant as refined and comfortable space. It will be renowned as a new attraction in the central districts. Hite Jeonju Plant is structured into three part; newly remodeled Tasting Hall and Public Information Center from its existing facility and newly built Factory Tour Route, on its 303,600 ㎡ of green pasture. Tasting Hall and Public Information Center are cased with beige limestone and marble to promote comfortable and refined image, and Presentation Room, Tasting Hall, and V.I.P Room are plastered with combination of brown fabric and wenzy patterned wood to heighten its lucidity and arrangement. Especially, to avoid idleness of repetitive sectional tour, the automatic screen system of the presentation case and automatic door of the switchgear section are considered for the tourists' benefit.

■ 信息中心二楼

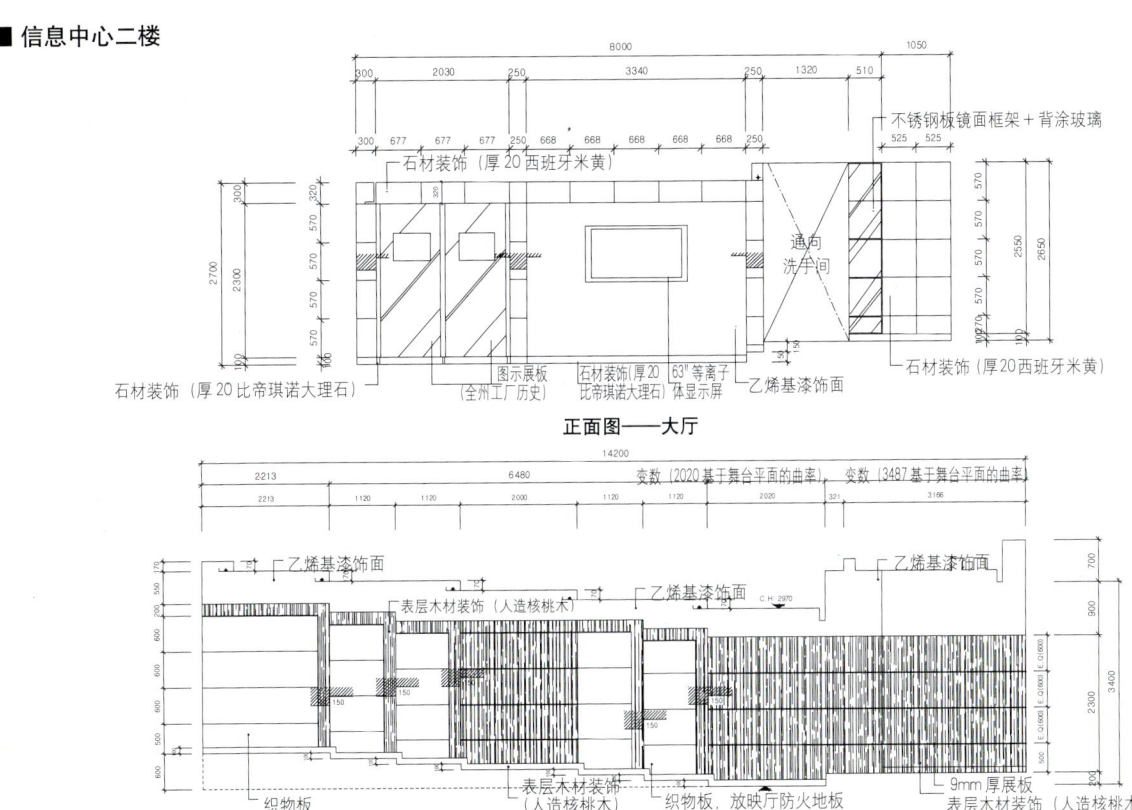

正面图——大厅

正面图—演奏厅

■ B区

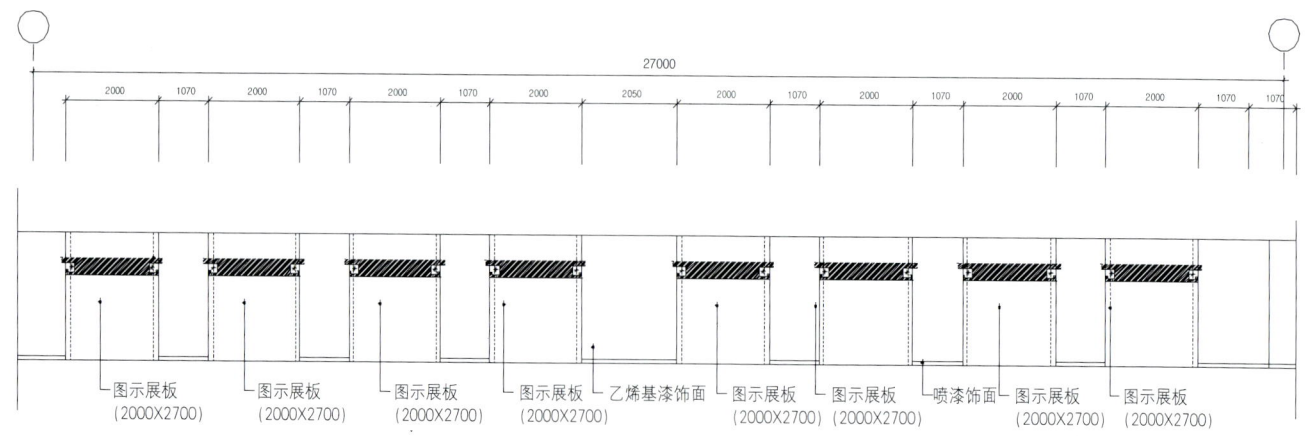

27000

2000　1070　2000　1070　2000　1070　2000　2050　2000　1070　2000　1070　2000　1070　2000　1070　1070

图示展板
(2000X2700)
图示展板
(2000X2700)
图示展板
(2000X2700)
图示展板
(2000X2700)
乙烯基漆饰面
图示展板
(2000X2700)
图示展板
(2000X2700)
喷漆饰面
图示展板
(2000X2700)
图示展板
(2000X2700)

正面图—产品陈列

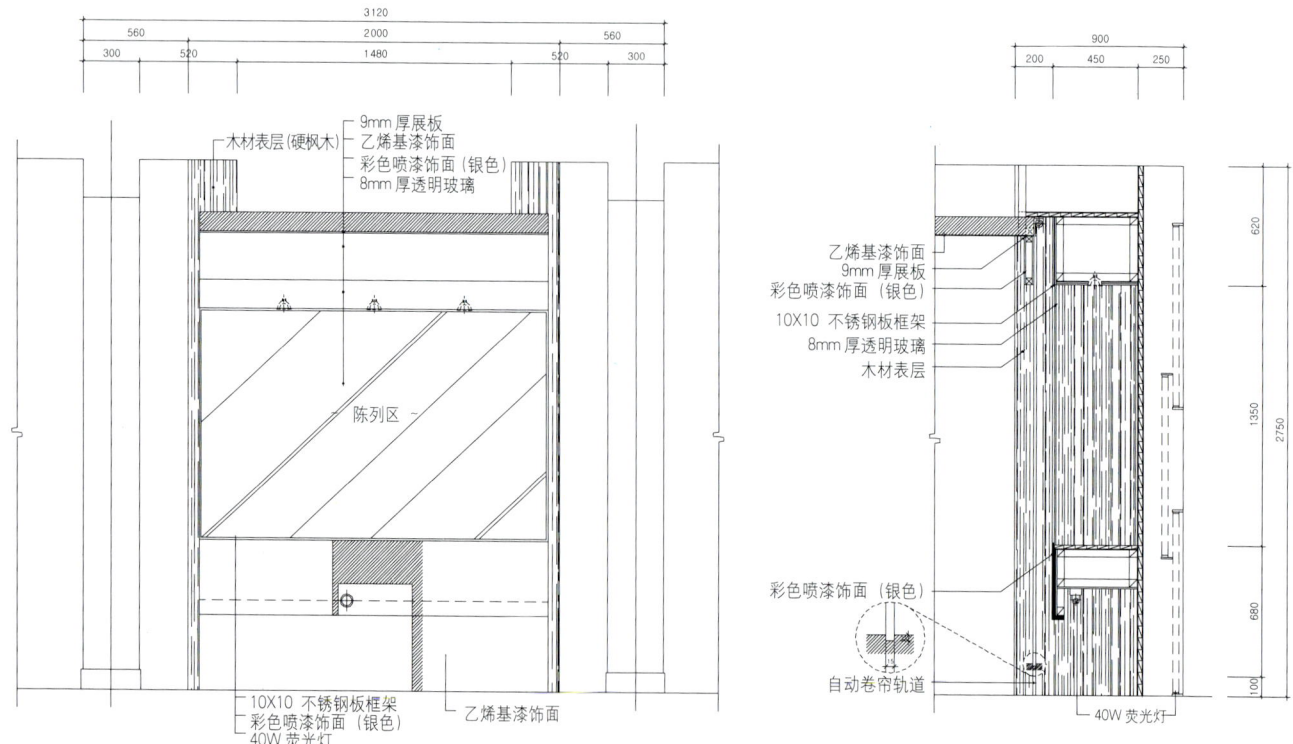

3120
560　　　2000　　　560
300　520　　1480　　520　300

900
200　450　250

木材表层(硬枫木)
9mm 厚展板
乙烯基漆饰面
彩色喷漆饰面 (银色)
8mm 厚透明玻璃

陈列区

乙烯基漆饰面
9mm 厚展板
彩色喷漆饰面 (银色)
10X10 不锈钢板框架
8mm 厚透明玻璃
木材表层

620

1350

2750

彩色喷漆饰面 (银色)

自动卷帘轨道

680

100

10X10 不锈钢板框架
彩色喷漆饰面 (银色)
40W 荧光灯

乙烯基漆饰面

40W 荧光灯

正面图和侧视图—展柜

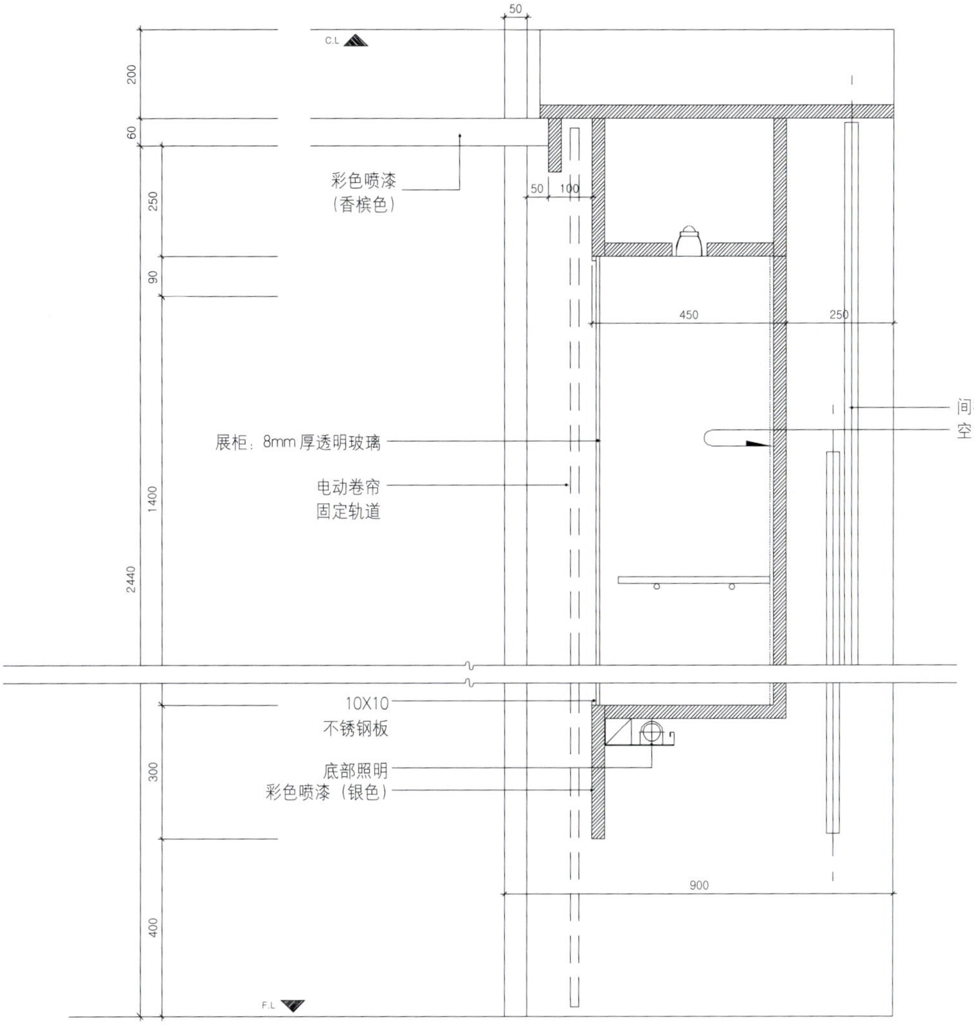
50
C.L
200
60
彩色喷漆
（香槟色）
250
50
100
90
450
250
间接照明
空间墙壁（白色）
展柜：8mm 厚透明玻璃
电动卷帘
固定轨道
1400
2440
10X10
不锈钢板
底部照明
彩色喷漆（银色）
300
900
400
F.L

剖面图一展柜

천년전설의 향
랜슬럿
"Good whisky needs no bush."
조지 클루니
Create My Style-Cutty Sark 12

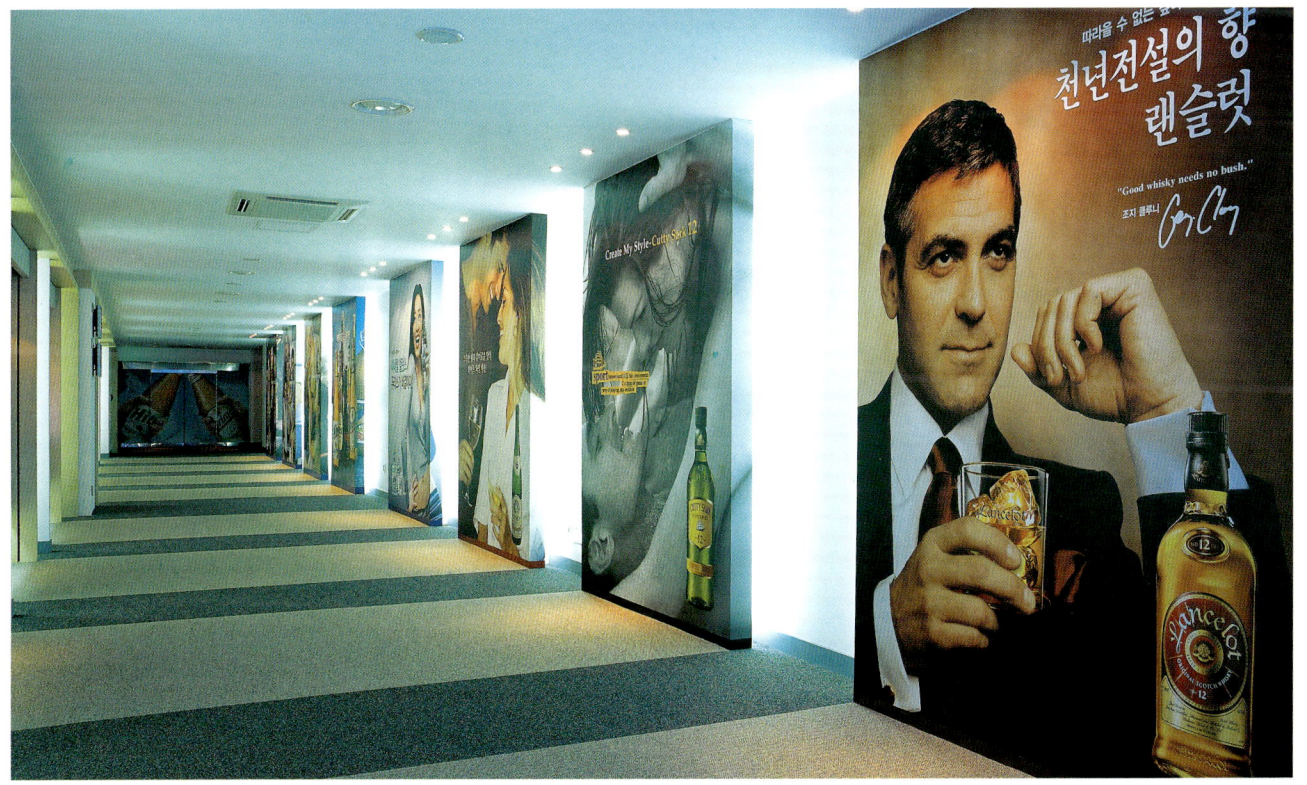

■ B区

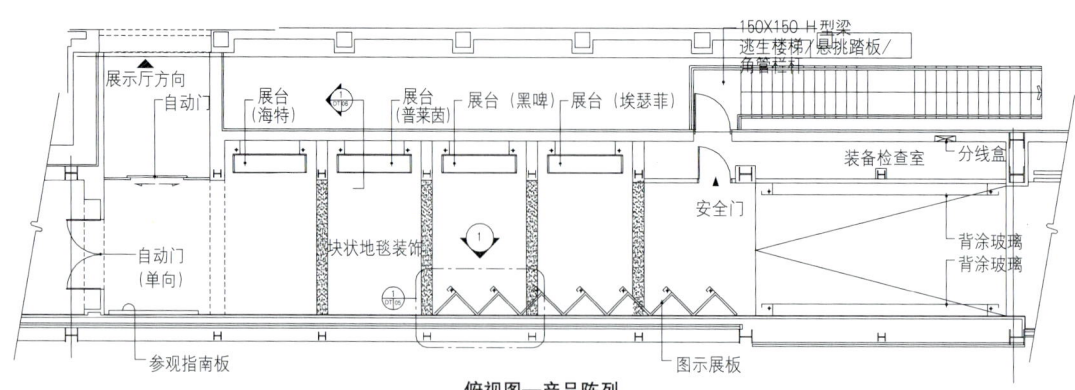

俯视图—产品陈列

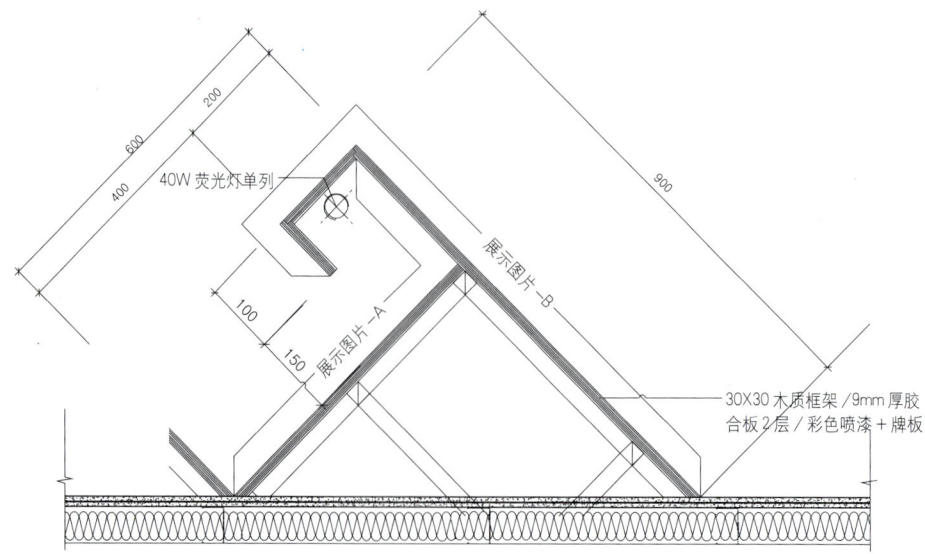

顶视图

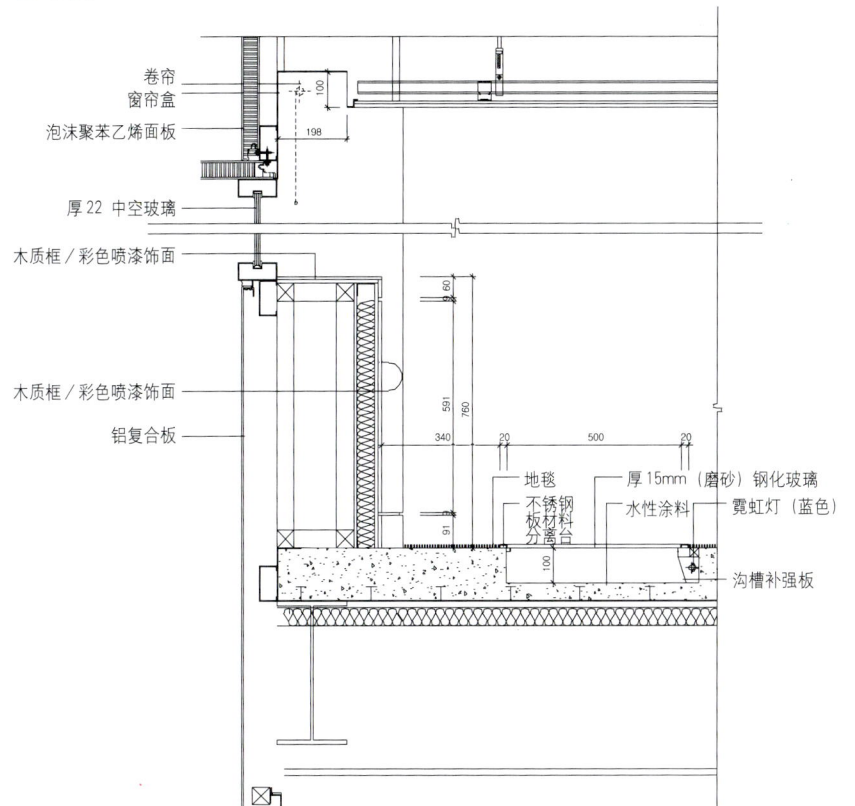

卷帘
窗帘盒

泡沫聚苯乙烯面板

厚22 中空玻璃

木质框／彩色喷漆饰面

木质框／彩色喷漆饰面

铝复合板

地毯
不锈钢
板材料
分离台
厚15mm（磨砂）钢化玻璃
水性涂料
霓虹灯（蓝色）
沟槽补强板

剖面图—橱窗

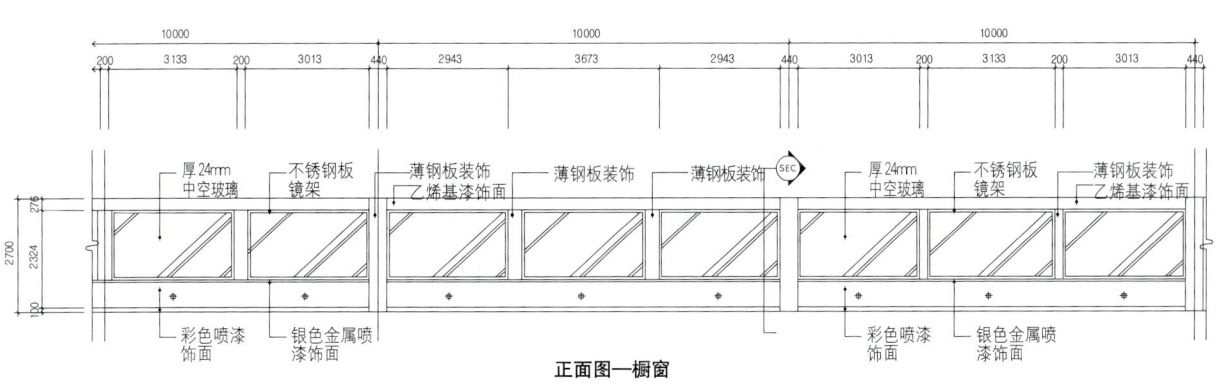

厚24mm
中空玻璃
不锈钢板
镜架
薄钢板装饰
乙烯基漆饰面
薄钢板装饰
薄钢板装饰
厚24mm
中空玻璃
不锈钢板
镜架
薄钢板装饰
乙烯基漆饰面

彩色喷漆
饰面
银色金属喷
漆饰面
彩色喷漆
饰面
银色金属喷
漆饰面

正面图—橱窗

■D区

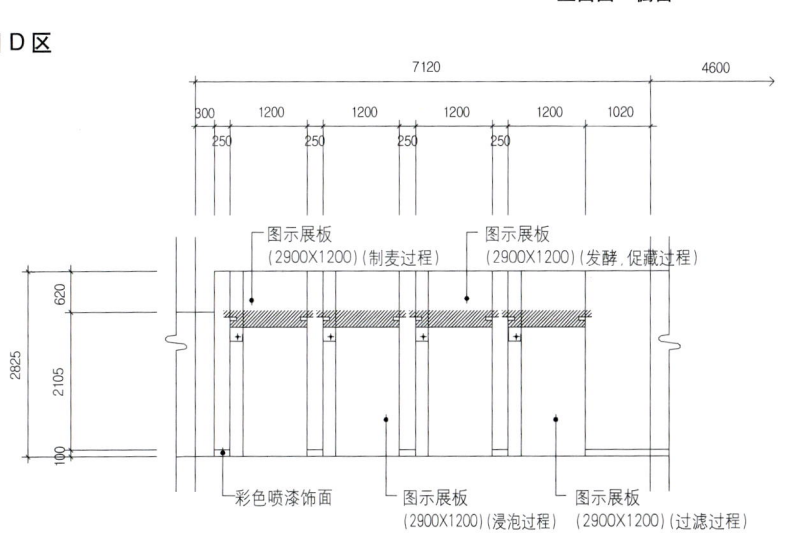

图示展板
（2900×1200）（制麦过程）
图示展板
（2900×1200）（发酵、促藏过程）

彩色喷漆饰面
图示展板
（2900×1200）（浸泡过程）
图示展板
（2900×1200）（过滤过程）

正面图—现制程序面板

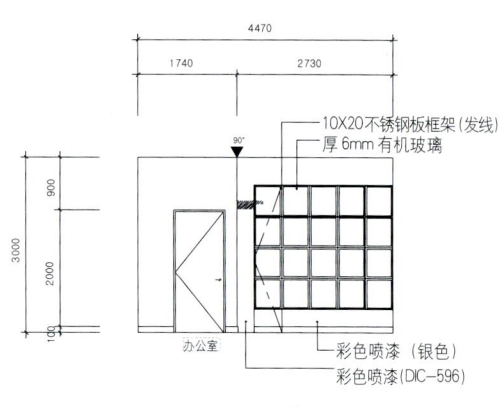

正面图—大厅

- 10X20不锈钢板框架（发线）
- 厚6mm有机玻璃
- 彩色喷漆（银色）
- 彩色喷漆（DIC-596）
- 办公室

■ 现制大楼—大厅

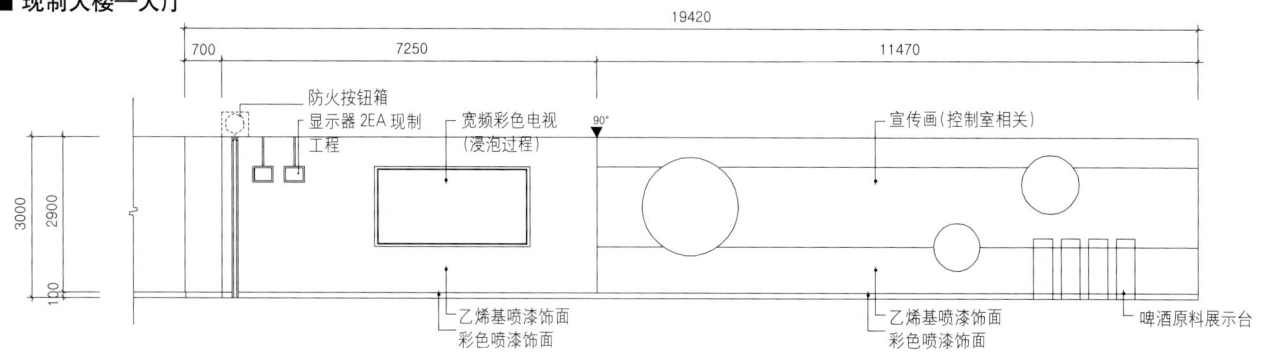

- 防火按钮箱
- 显示器 2EA 现制工程
- 宽频彩色电视（浸泡过程）
- 宣传画（控制室相关）
- 乙烯基喷漆饰面
- 彩色喷漆饰面
- 乙烯基喷漆饰面
- 彩色喷漆饰面
- 啤酒原料展示台

正面图

■ G区—广告陈列

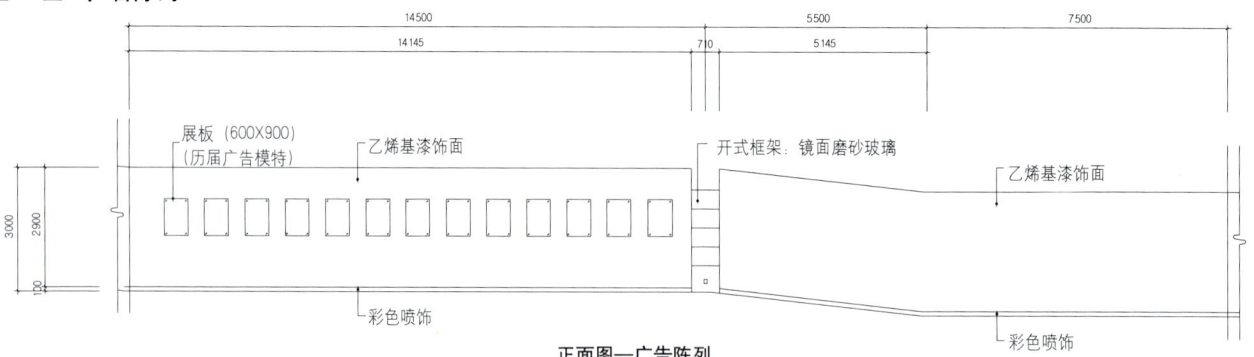

- 展板（600X900）（历届广告模特）
- 乙烯基漆饰面
- 开式框架：镜面磨砂玻璃
- 乙烯基漆饰面
- 彩色喷饰
- 彩色喷饰

正面图—广告陈列

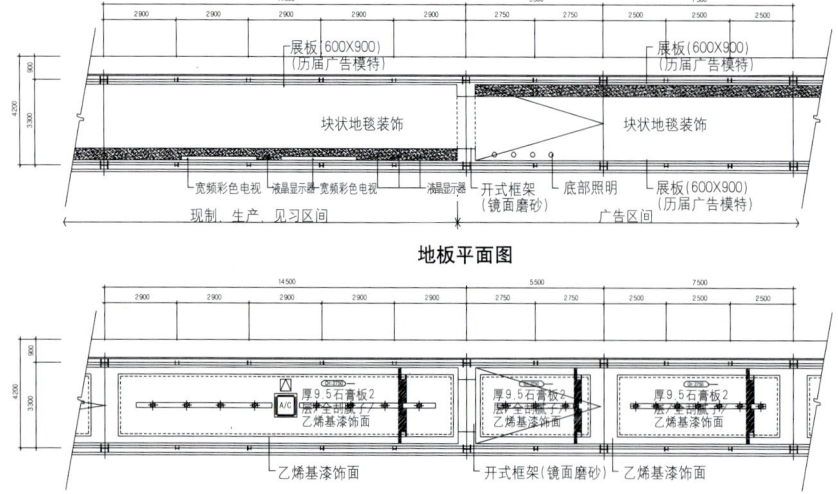

- 展板（600X900）（历届广告模特）
- 展板（600X900）（历届广告模特）
- 块状地毯装饰
- 块状地毯装饰
- 宽频彩色电视
- 液晶显示器-宽频彩色电视
- 液晶显示器
- 开式框架（镜面磨砂）
- 底部照明
- 展板（600X900）（历届广告模特）
- 现制、生产、见习区间
- 广告区间

地板平面图

- 厚9.5石膏板2
- 乙烯基漆饰面
- 厚9.5石膏板2
- 乙烯基漆饰面
- 厚9.5石膏板2
- 乙烯基漆饰面
- 乙烯基漆饰面
- 开式框架（镜面磨砂）
- 乙烯基漆饰面

顶棚平面图

■ H区

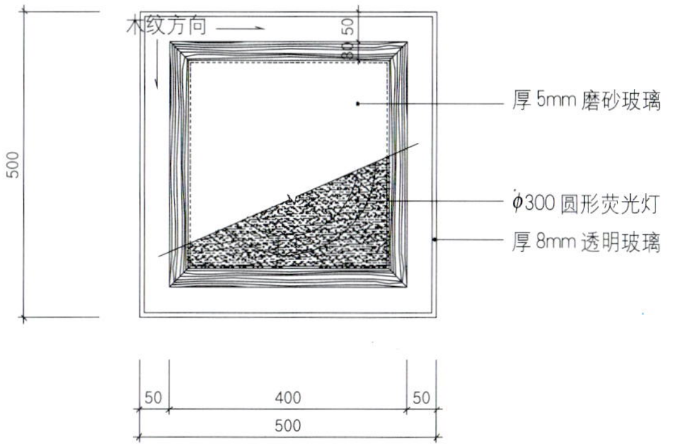

木纹方向 →

500

厚 5mm 磨砂玻璃

ϕ300 圆形荧光灯

厚 8mm 透明玻璃

50　　　400　　　50
500

顶视图

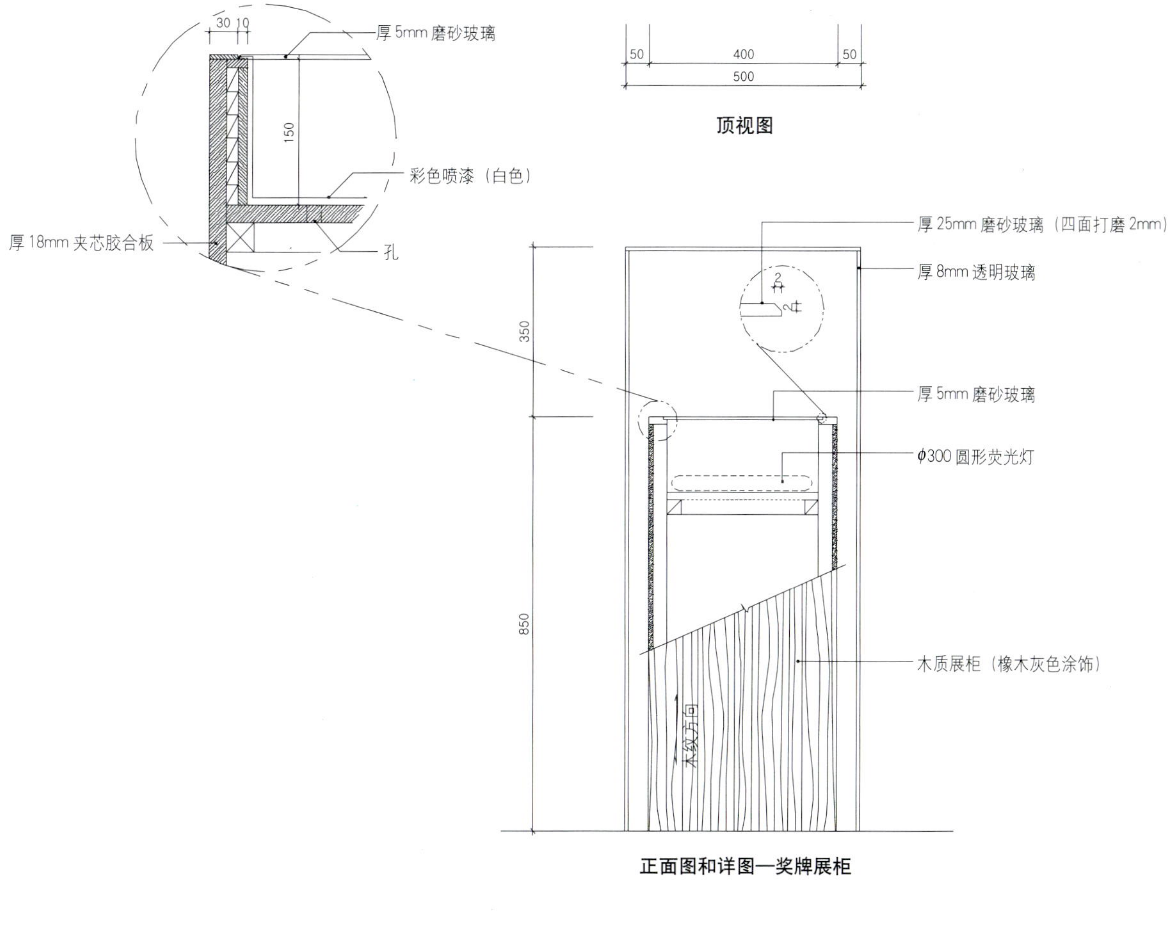

30 10

厚 5mm 磨砂玻璃

150

彩色喷漆（白色）

厚 18mm 夹芯胶合板

孔

厚 25mm 磨砂玻璃（四面打磨 2mm）

厚 8mm 透明玻璃

厚 5mm 磨砂玻璃

ϕ300 圆形荧光灯

350

850

木纹方向

木质展柜（橡木灰色涂饰）

正面图和详图—奖牌展柜

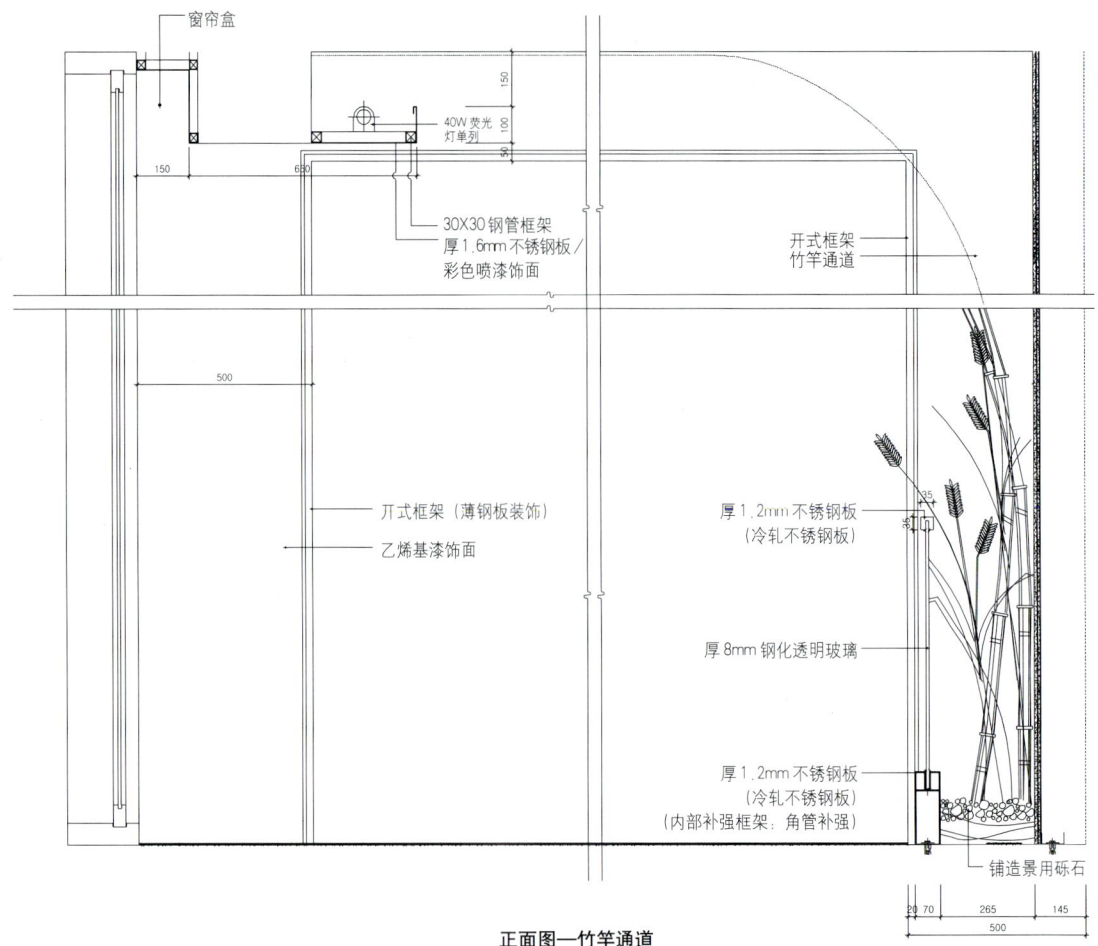

窗帘盒

150

40W 荧光
灯单列

100

50

150

680

30X30 钢管框架
厚1.6mm 不锈钢板/
彩色喷漆饰面

开式框架
竹竿通道

500

开式框架（薄钢板装饰）

乙烯基漆饰面

厚1.2mm 不锈钢板
（冷轧不锈钢板）

厚8mm 钢化透明玻璃

厚1.2mm 不锈钢板
（冷轧不锈钢板）
（内部补强框架：角管补强）

铺造景用砾石

20 70   265   145
500

正面图—竹竿通道

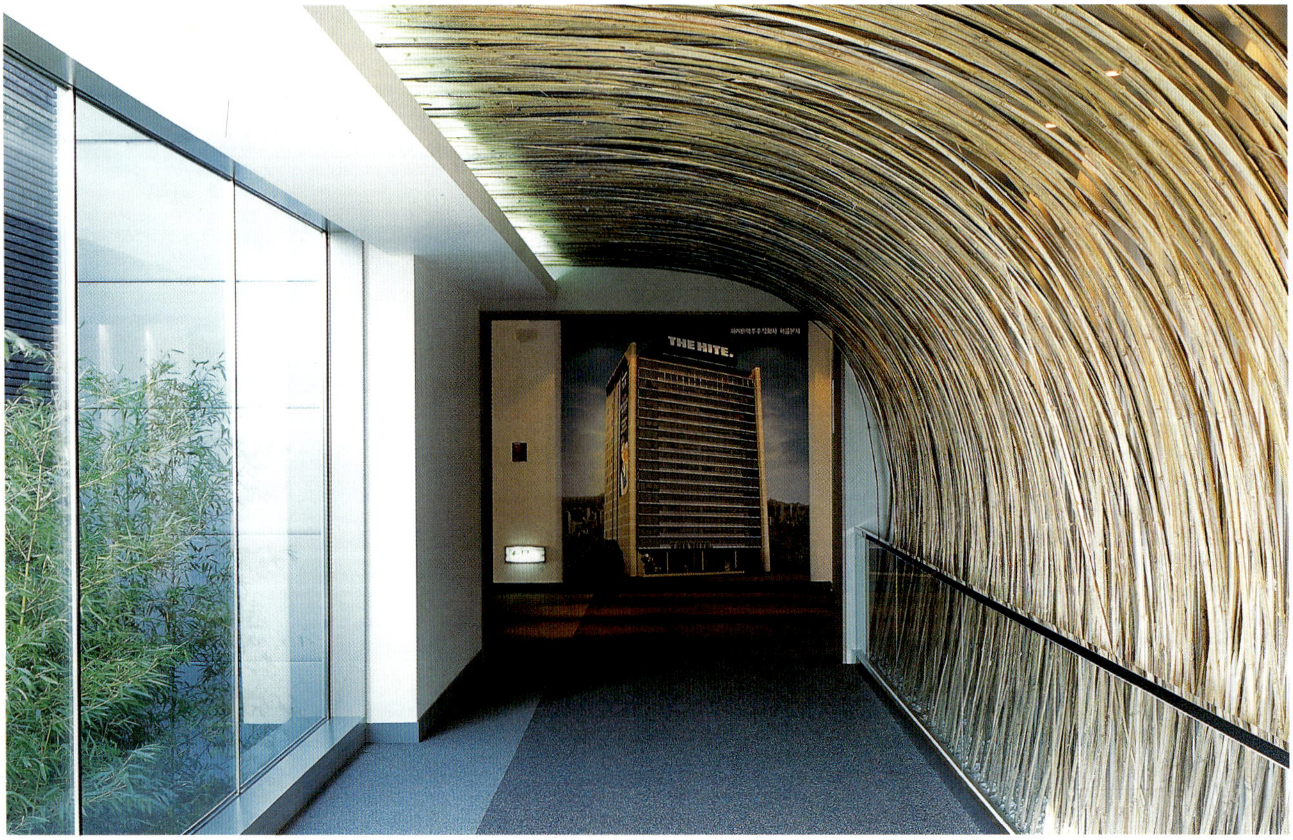

■ 取样处—圆形吧台

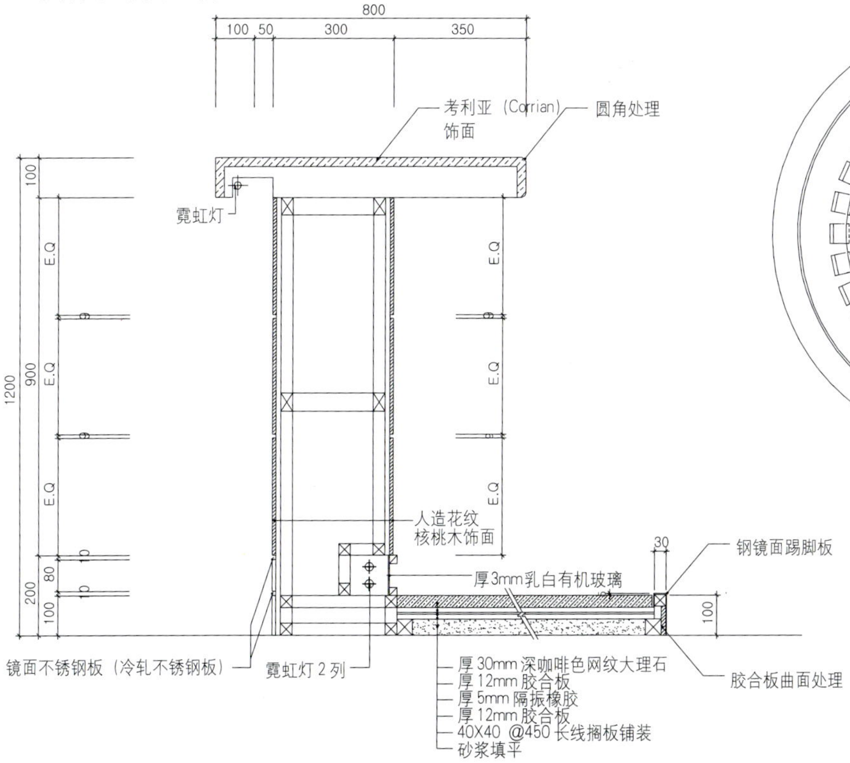

800
100 50 300 350

考利亚（Corrian）
饰面

圆角处理

霓虹灯

100

1200
900

E.Q
E.Q
E.Q
E.Q

200
80
100
100

人造花纹
核桃木饰面

镜面不锈钢板（冷轧不锈钢板）

霓虹灯2列

30

钢镜面踢脚板

厚3mm乳白有机玻璃

100

胶合板曲面处理

厚30mm深咖啡色网纹大理石
厚12mm胶合板
厚5mm隔振橡胶
厚12mm胶合板
40X40 @450 长线搁板铺装
砂浆填平

剖面图

包覆圆形柱
（Ø750）吧台

+100

石材装饰（水磨
抱川石）

设置作品

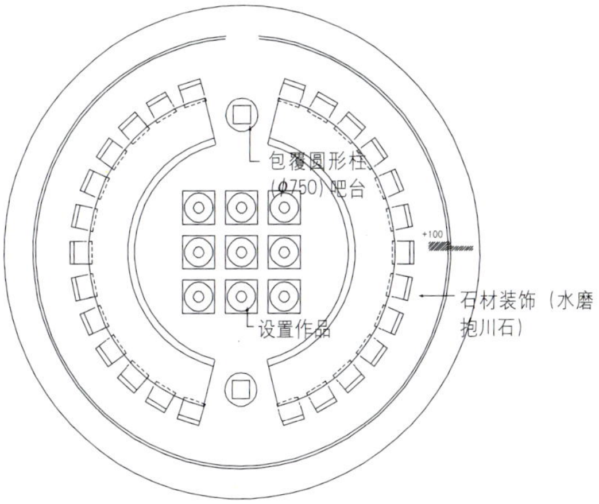

顶视图

■ 礼品店—收款台

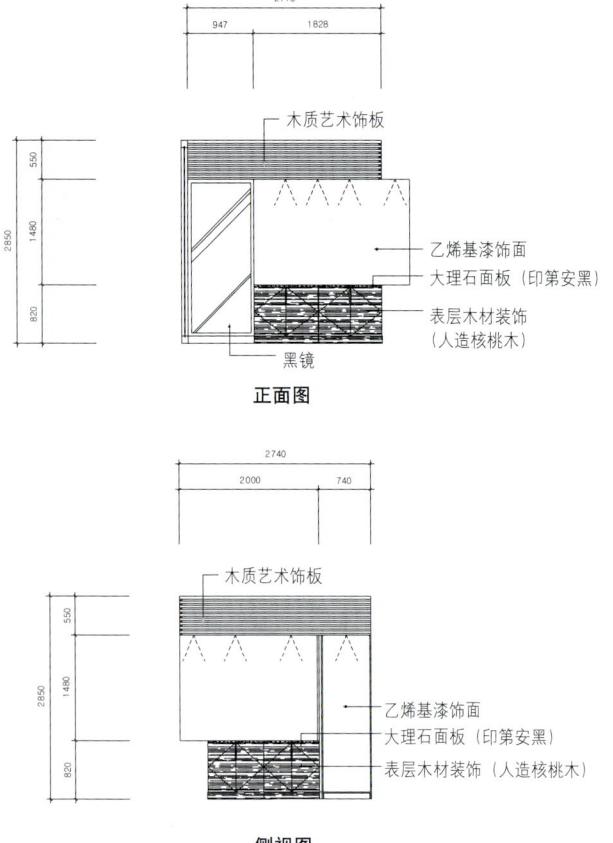

木质艺术饰板

乙烯基漆饰面
大理石面板（印第安黑）
表层木材装饰
（人造核桃木）

黑镜

正面图

木质艺术饰板

乙烯基漆饰面
大理石面板（印第安黑）
表层木材装饰（人造核桃木）

侧视图

■ 取样处贵宾室—墙壁

乙烯基漆饰面

厚6mm展板组成

表层木材装饰（人造核桃木）

正面图

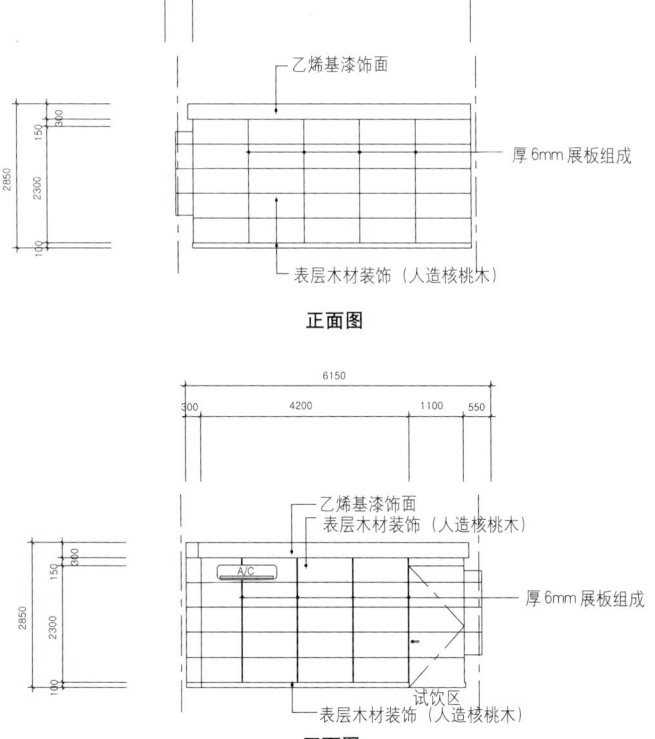

乙烯基漆饰面
表层木材装饰（人造核桃木）

A/C

厚6mm展板组成

试饮区

表层木材装饰（人造核桃木）

正面图

■ 取样处—吧台

厚13mm考利亚饰面
厚5mm胶合板
柳安木角材
厚12mm胶合板

厚18mm中密度纤维板／
人造核桃木花纹木
清漆饰面

厚13mm考利亚饰面
厚5mm胶合板
厚13mm考利亚饰面
厚5mm胶合板1层
柳安木角材
厚12mm胶合板1层

贮存空间

既有白色涂料面板(厨房用)
柳安木角材
厚5mm胶合板1层
厚18mm中密度纤维板／
橡木着色花纹木／
清漆饰面

既有白色涂料面板(厨房用)
厚5mm胶合板1层
柳安木角材
厚5mm胶合板

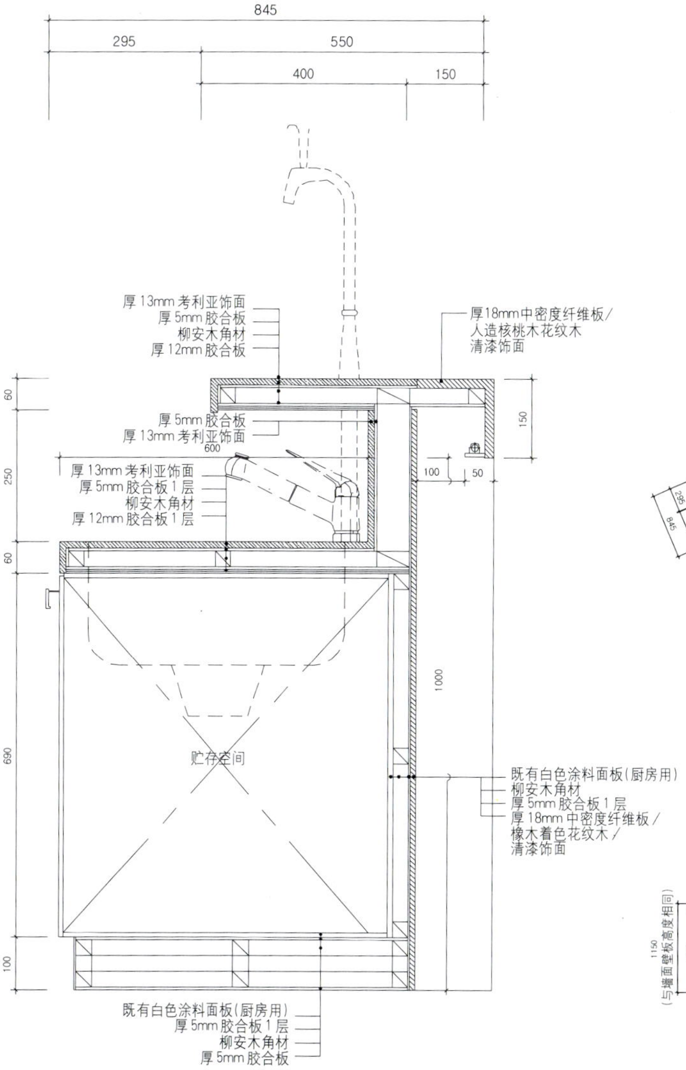

剖面图

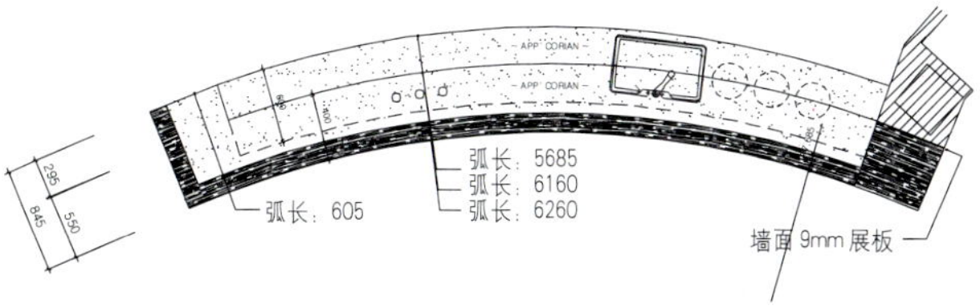

弧长：5685
弧长：6160
弧长：6260
弧长：605

墙面 9mm 展板

顶视图

花纹木饰面（人造核桃木）
间接照明（日光）
花纹木饰面（橡木着色）

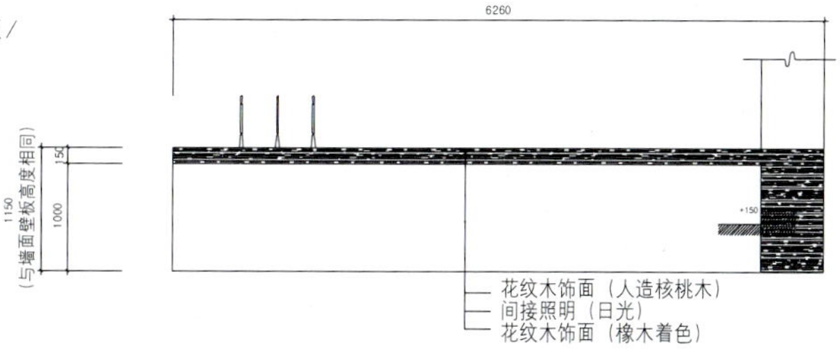

正面图

LG Insurance Ingenium Glass Hall

LG 保险公司覆膜玻璃大厅

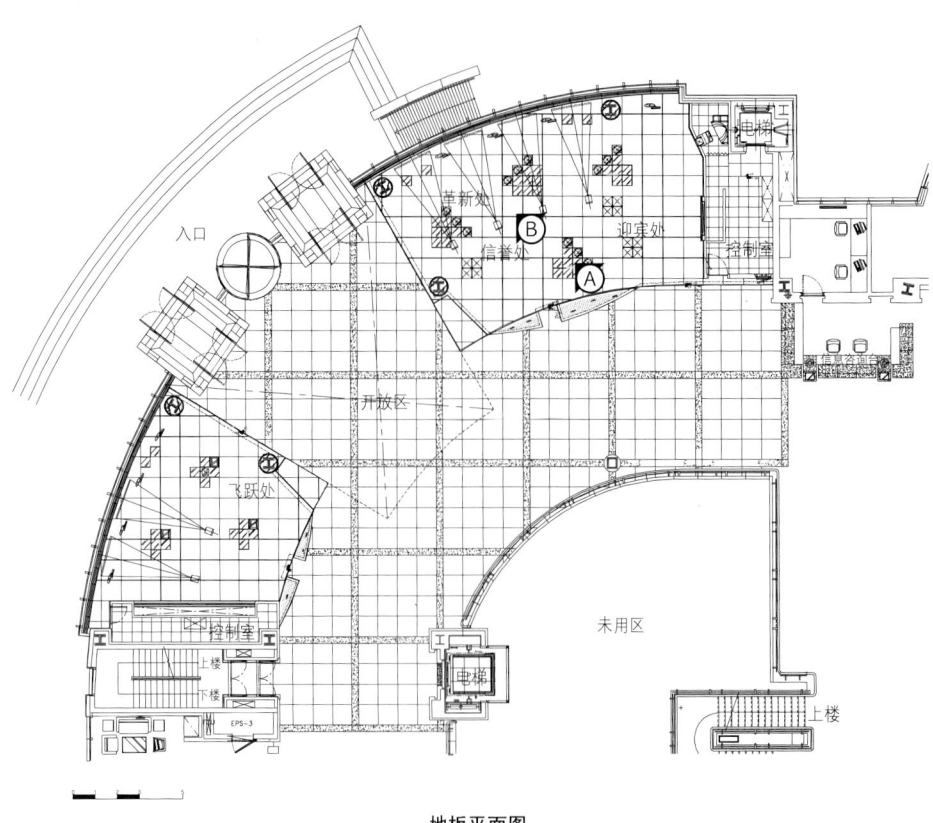

地板平面图

顶棚平面图

CH: 顶棚高度

图例		
符号	名称	分区
✦	U 形灯	建筑范围
▣	同等照明	14EA
✦	U 形灯 24W	46EA
·	喷水器	建筑范围

展览建筑　90

位置:京畿道水源市长安区永和洞171−1号　　|　　设计单位:博览会设计株式会社　　　设计单位:博览会设计株式会社　　|　　建筑面积:250m²　|　室
内装饰:地板/15mm厚彩色玻璃　墙壁/8mm厚彩色玻璃上方绘制图案　顶棚/8mm厚磨砂玻璃

Design : Expo Design Co., Ltd. **| Construction** : Expo Design Co., Ltd. **| Built Area** : 250㎡ **| Finish** : Floor / THK15㎜ Color Glass　Wall / Graphic over THK8㎜ Color Glass　Ceiling / THK8㎜ Frost Glass

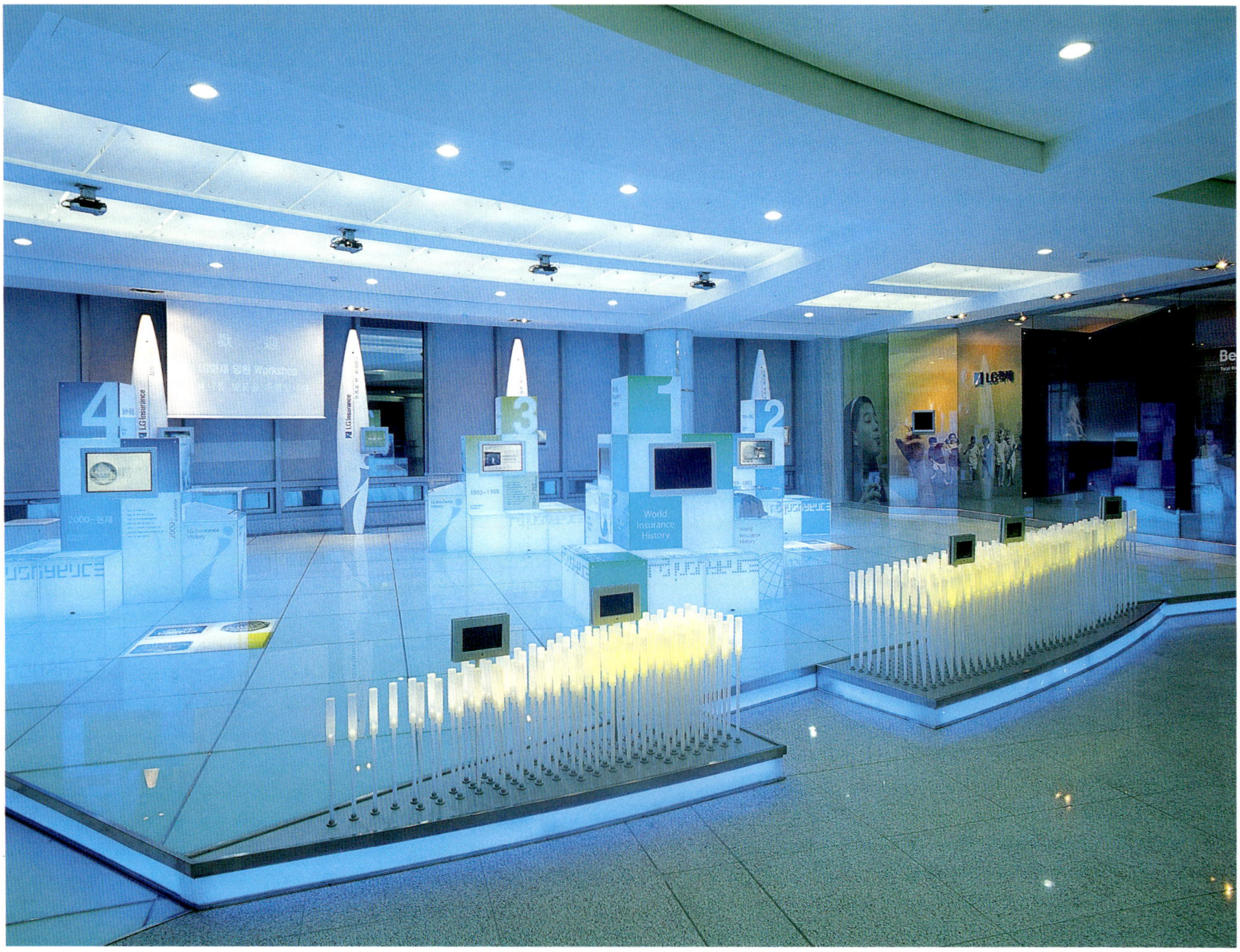

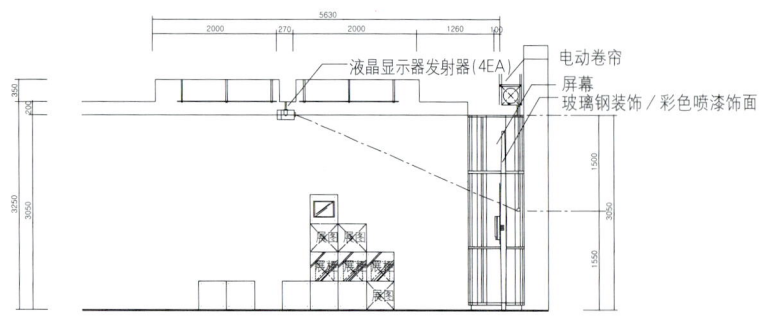

■ 信誉和革新展示处

5630
2000
270
2000
1260
100
液晶显示器发射器(4EA)
电动卷帘
屏幕
玻璃钢装饰 / 彩色喷漆饰面
350
200
3250
3050
1500
3050
1550

正面图 A

980
10263 (弧长)
980
2595 (弧长)
2631
2500
2500
2631
1253
1343
局部
厚 10mm 彩色玻璃装饰(φ850mm 曲面加工)
电动卷帘
图示装饰
图示装饰
玻璃钢装饰 / 彩色喷漆饰面
图示装饰
局部
屏幕 1800X1350
屏幕 1800X1350
屏幕 1800X1350
屏幕 1800X1350
3400
3050
200
50
200
1750
3250
1300
市民公益事业
涉及领域及服务
LG 火灾的现状及成果
15" 液晶显示器
LG 火灾光荣榜

正面图 B

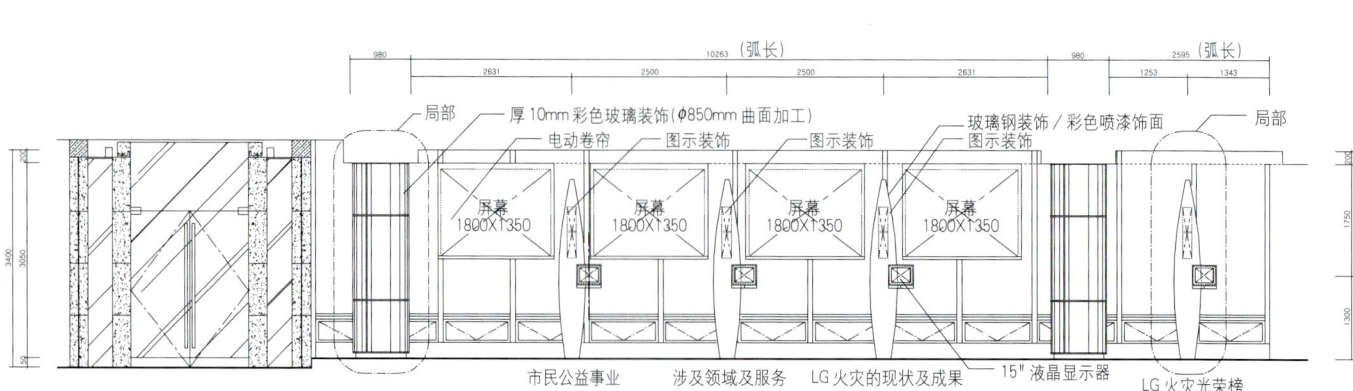

■ 展柱

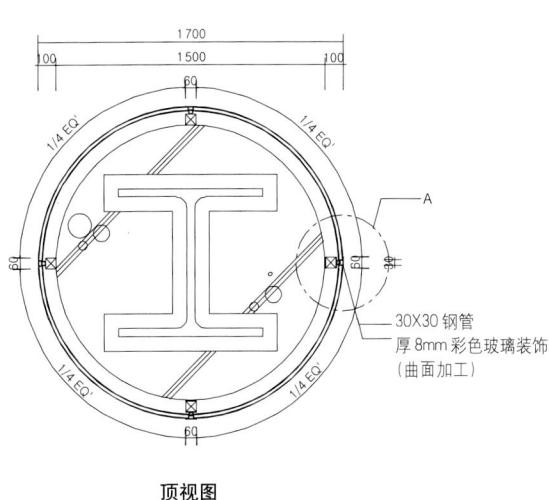

30X30 钢管
厚8mm彩色玻璃装饰
（曲面加工）

顶视图

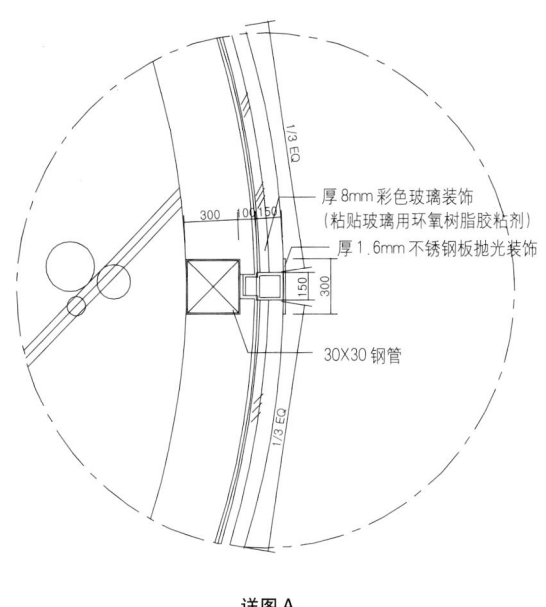

厚8mm彩色玻璃装饰
（粘贴玻璃用环氧树脂胶粘剂）
厚1.6mm不锈钢板抛光装饰

30X30 钢管

详图A

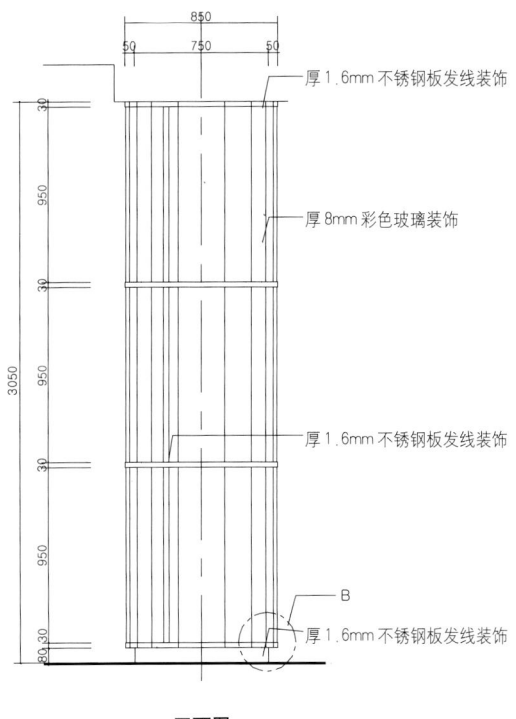

厚1.6mm不锈钢板发线装饰

厚8mm彩色玻璃装饰

厚1.6mm不锈钢板发线装饰

厚1.6mm不锈钢板发线装饰

正面图

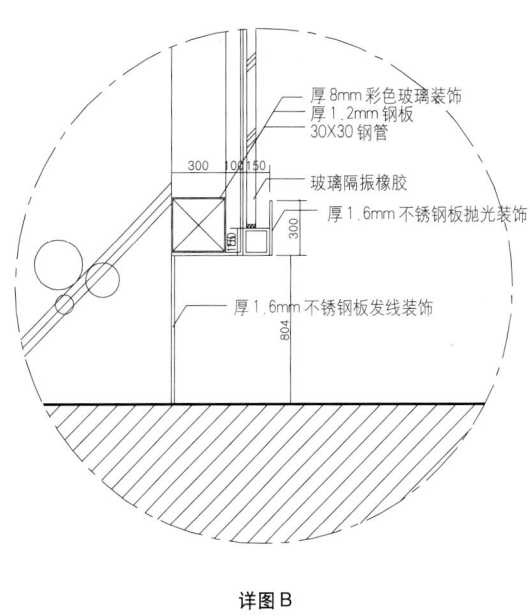

厚8mm彩色玻璃装饰
厚1.2mm钢板
30X30 钢管

玻璃隔振橡胶
厚1.6mm不锈钢板抛光装饰

厚1.6mm不锈钢板发线装饰

详图B

　　在LG公司保险金融研究所的一楼大厅里，展览厅引进了一种展览概念，其功能有开会和休息的场所，这样可以使人们很容易地走近。视觉媒体展示其内容。科技区和普通区的隔断可引起人们的兴趣。在展览大厅内部，此处利用了自然采光。展区分四个主题陈列：是一个迎宾、信誉、革新和飞跃之地。通过这些，它展示了以信誉为本面向未来的飞跃。

The exhibition introduced a exhibit concept in the 1st floor lobby of LG insurance Financial Institute, functioning as a place of meeting and resting, thus making people to approach easily. Visual media shows the contents, and the separation of technical and general area brings out the interests. The place utilizes natural lighting inside the exhibition hall. The exhibit is laid out in four themes: A place of welcome, trust, innovation and leap. Through this, it exhibits take-off toward the future based on trust.

■ 液晶显示器—成型艺术

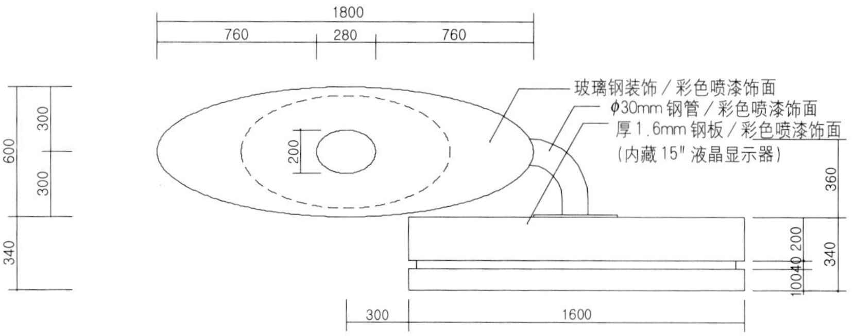

玻璃钢装饰／彩色喷漆饰面
φ30mm 钢管／彩色喷漆饰面
厚1.6mm 钢板／彩色喷漆饰面
（内藏15"液晶显示器）

顶视图

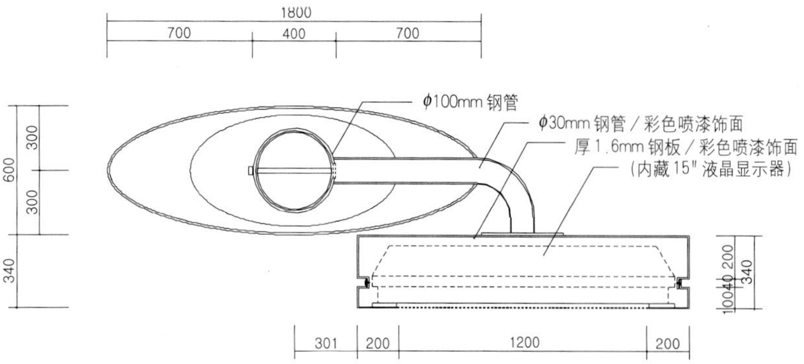

φ100mm 钢管
φ30mm 钢管／彩色喷漆饰面
厚1.6mm 钢板／彩色喷漆饰面
（内藏15"液晶显示器）

剖面图

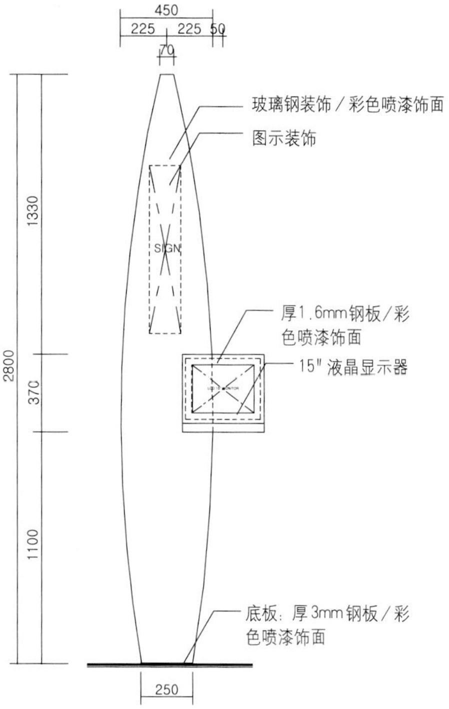

玻璃钢装饰／彩色喷漆饰面
图示装饰

SIGN

厚1.6mm 钢板／彩
色喷漆饰面
15"液晶显示器

底板：厚3mm 钢板／彩
色喷漆饰面

正面图

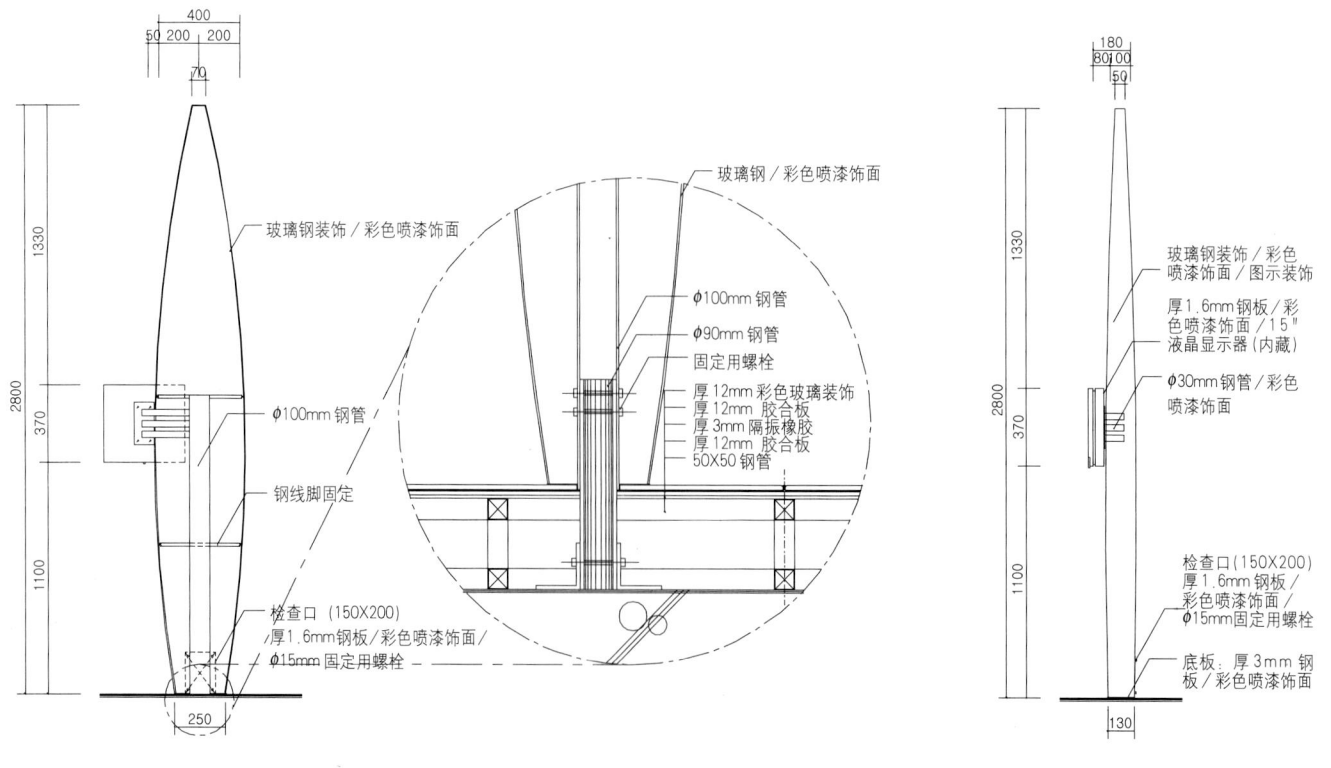

玻璃钢／彩色喷漆饰面

玻璃钢装饰／彩色喷漆饰面
φ100mm 钢管
φ100mm 钢管
φ90mm 钢管
固定用螺栓
厚12mm 彩色玻璃装饰
厚12mm 胶合板
厚3mm 隔振橡胶
厚12mm 胶合板
50X50 钢管
钢线脚固定
检查口（150X200）
厚1.6mm 钢板／彩色喷漆饰面／
φ15mm 固定用螺栓

后视图和详图

玻璃钢装饰／彩色
喷漆饰面／图示装饰
厚1.6mm 钢板／彩
色喷漆饰面／15"
液晶显示器（内藏）
φ30mm 钢管／彩色
喷漆饰面

检查口（150X200）
厚1.6mm 钢板／
彩色喷漆饰面／
φ15mm 固定用螺栓
底板：厚3mm 钢
板／彩色喷漆饰面

右视图

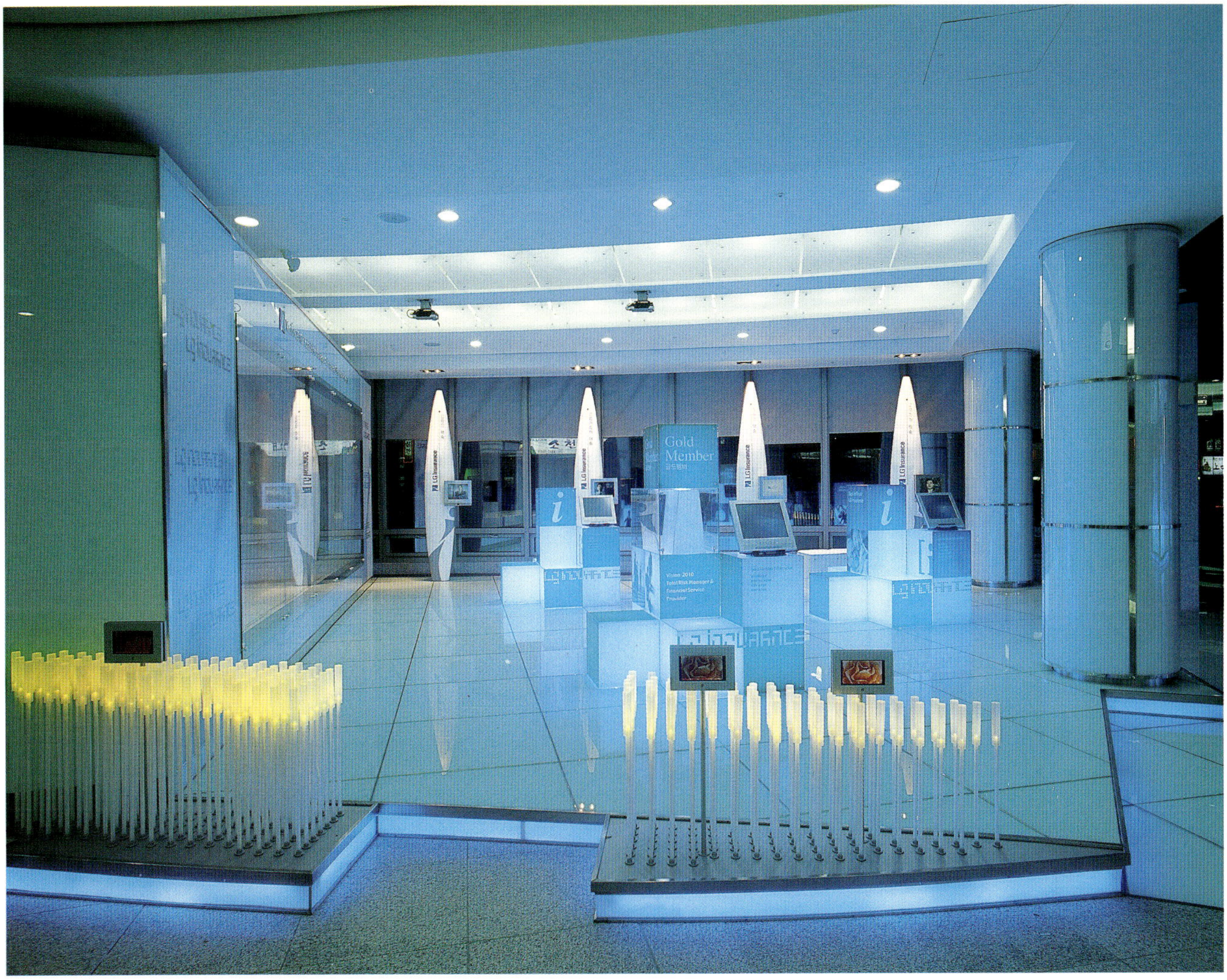

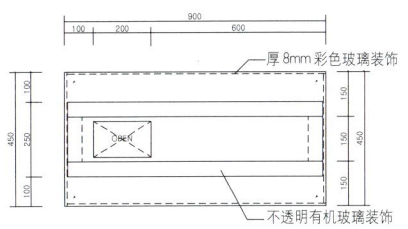

■ 展柜

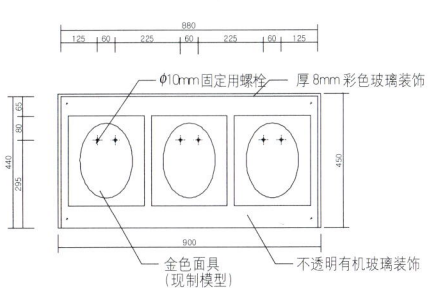

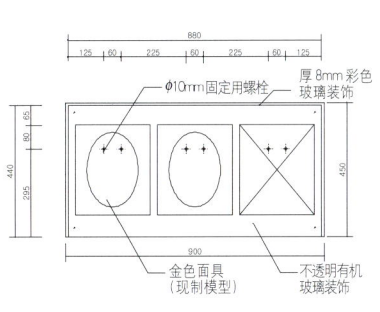

厚 8mm 彩色玻璃装饰

不透明有机玻璃装饰

顶视图

φ10mm固定用螺栓　厚 8mm 彩色玻璃装饰

金色面具
（现制模型）　不透明有机玻璃装饰

正面图

φ10mm固定用螺栓　厚 8mm 彩色玻璃装饰

金色面具
（现制模型）　不透明有机玻璃装饰

后视图

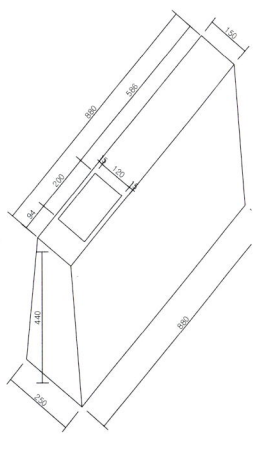

透视图

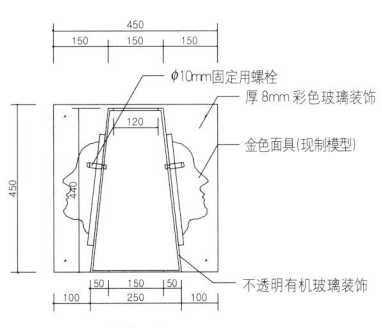

φ10mm固定用螺栓

厚 8mm 彩色玻璃装饰

金色面具(现制模型)

不透明有机玻璃装饰

侧视图

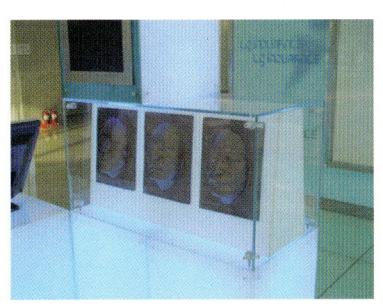

■ 立方体—A型

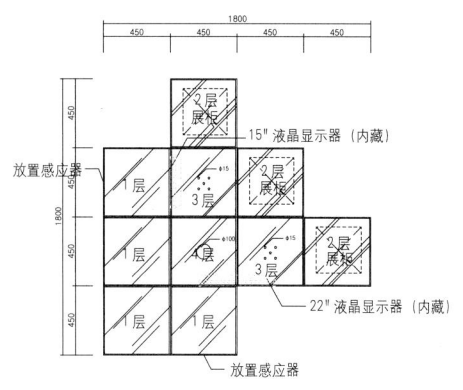

顶视图

放置感应器
15" 液晶显示器（内藏）
22" 液晶显示器（内藏）
放置感应器
1层 2层 3层

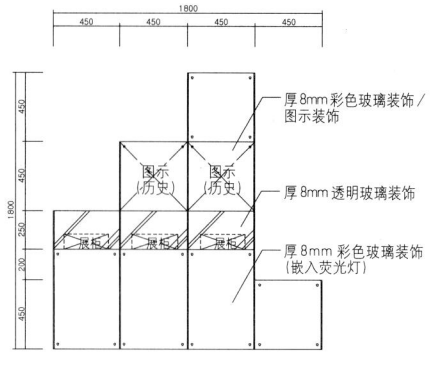

厚8mm彩色玻璃装饰／
图示装饰
厚8mm透明玻璃装饰
厚8mm彩色玻璃装饰
（嵌入荧光灯）
图示（历史） 图示（历史）
展柜

后视图

分区	规　　格	数量
1层	450 x 450 x H:450	4EA
2层	450 x 450 x H:900	3EA
3层	450 x 450 x H:1350	2EA
4层	450 x 450 x H:1800	1EA

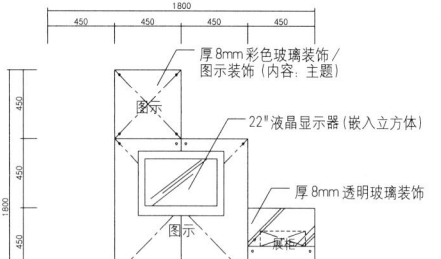

厚8mm彩色玻璃装饰／
图示装饰(内容：主题)
22" 液晶显示器（嵌入立方体）
厚8mm透明玻璃装饰
图示

正面图

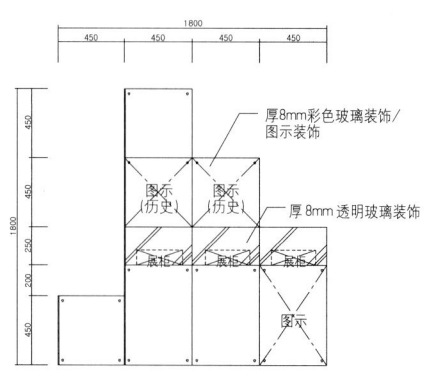

厚8mm彩色玻璃装饰／
图示装饰
厚8mm透明玻璃装饰
图示（历史） 图示（历史）
展柜
图示

右视图

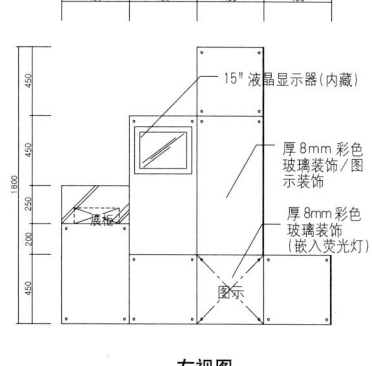

15" 液晶显示器（内藏）
厚8mm彩色玻璃装饰／图示装饰
厚8mm彩色玻璃装饰（嵌入荧光灯）
展柜
图示

左视图

■ 立方体—B型

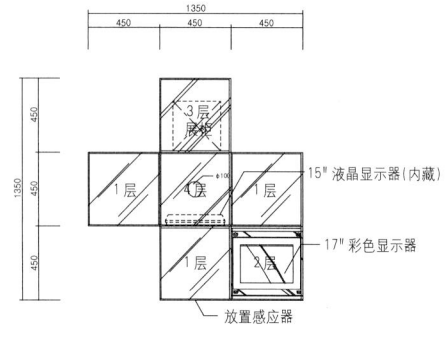

放置感应器
15" 液晶显示器(内藏)
17" 彩色显示器
1层 2层 3层

顶视图

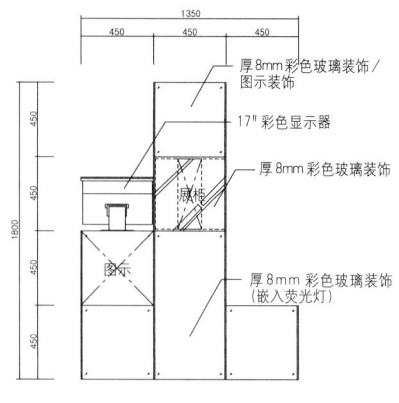

厚8mm彩色玻璃装饰／
图示装饰
17" 彩色显示器
厚8mm彩色玻璃装饰
厚8mm彩色玻璃装饰（嵌入荧光灯）
展柜
图示

后视图

分区	规　　格	数量
1层	450 x 450 x H:450	3EA
2层	450 x 450 x H:900	1EA
3层	450 x 450 x H:1350	1EA
4层	450 x 450 x H:1800	1EA

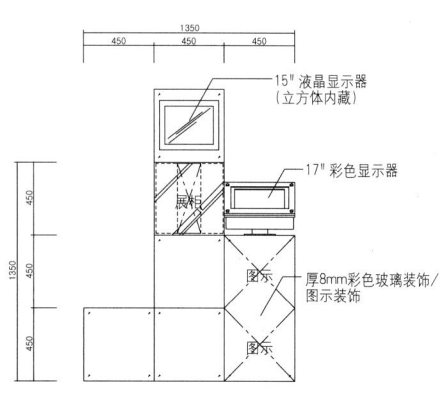

15" 液晶显示器
（立方体内藏）
17" 彩色显示器
展柜
图示
厚8mm彩色玻璃装饰／
图示装饰

正面图

厚8mm彩色玻璃装饰／
图示装饰
17" 彩色显示器
厚8mm透明玻璃装饰
展柜
图示

右视图

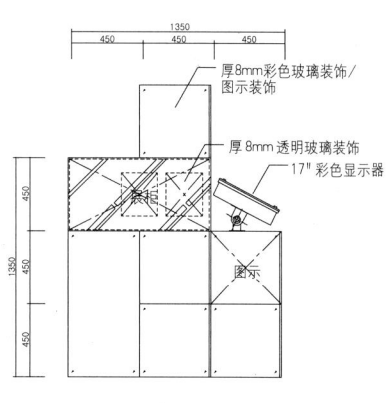

厚8mm彩色玻璃装饰／
图示装饰
厚8mm透明玻璃装饰
17" 彩色显示器
展柜

左视图

■ 立方体—基础图

厚8mm透明玻璃／附着装饰带

详图 A

厚12mm磨砂玻璃

450 顶板／地板玻璃宽度

[玻璃打孔] [玻璃打孔]

白色铁氟龙加工
厚12mm磨砂玻璃
白色铁氟龙加工
硬铝成型加工

顶视图

现场调整
现场调整

硬铝成型加工

详图

橡胶海绵／皮饰面

厚12mm磨砂玻璃

450 顶板／地板玻璃宽度

[玻璃打孔] [玻璃打孔]

正面图

厚8mm透明玻璃／附着装饰带

硬铝成型加工

详图

■ 立方体监视器

厚8mm彩色玻璃装饰／附着装饰带

厚1.6mm 钢板
φ25 固定用螺栓

22" 液晶显示器

顶视图

22" 液晶显示器
厚1.6mm 钢板
φ25 固定用螺栓

厚8mm彩色玻璃装饰／附着装饰带

φ50 打孔

侧视图

厚8mm彩色玻璃装饰／
背面：附着装饰带／
正面：宣传画饰面

22" 液晶显示器

正面图

厚8mm彩色玻璃装饰／
背面：附着装饰带／
正面：宣传画饰面

22" 液晶显示器
厚1.6mm 钢板
φ15 固定用螺栓

后视图

■ 光学纤维—塑料艺术

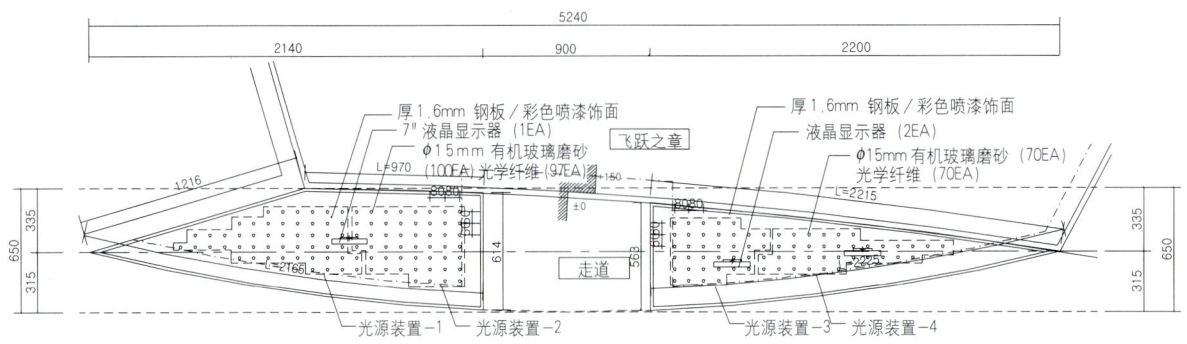

厚1.6mm 钢板／彩色喷漆饰面
7" 液晶显示器 (1EA)
φ15mm 有机玻璃磨砂 (100EA) 光学纤维 (97EA)

厚1.6mm 钢板／彩色喷漆饰面
液晶显示器 (2EA)
φ15mm 有机玻璃磨砂 (70EA) 光学纤维 (70EA)

飞跃之章

走道

光源装置-1   光源装置-2   光源装置-3   光源装置-4

顶视图

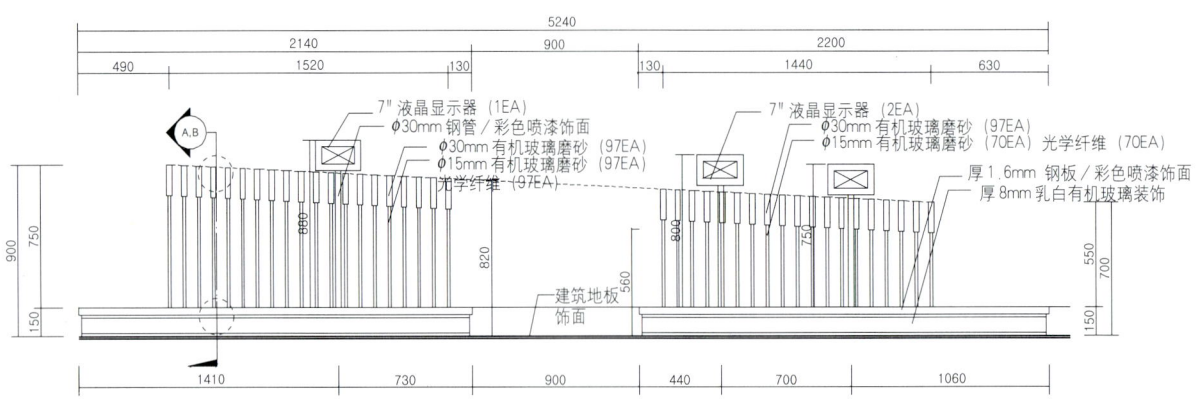

7" 液晶显示器 (1EA)
φ30mm 钢管／彩色喷漆饰面
φ30mm 有机玻璃磨砂 (97EA)
φ15mm 有机玻璃磨砂 (97EA) 光学纤维 (97EA)

7" 液晶显示器 (2EA)
φ30mm 有机玻璃磨砂 (97EA)
φ15mm 有机玻璃磨砂 (70EA) 光学纤维 (70EA)
厚1.6mm 钢板／彩色喷漆饰面
厚8mm 乳白有机玻璃装饰

建筑地板饰面

正面图

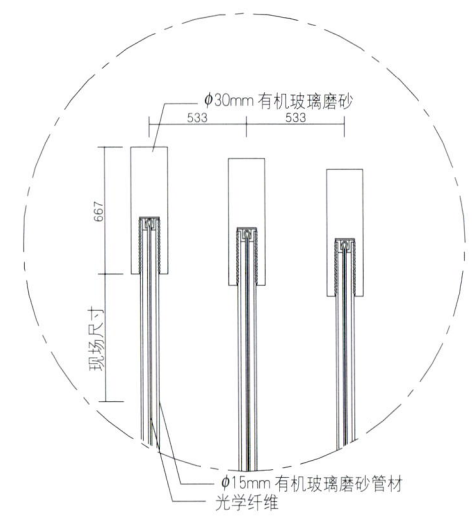

φ30mm 有机玻璃磨砂

现场尺寸

φ15mm 有机玻璃磨砂管材
光学纤维

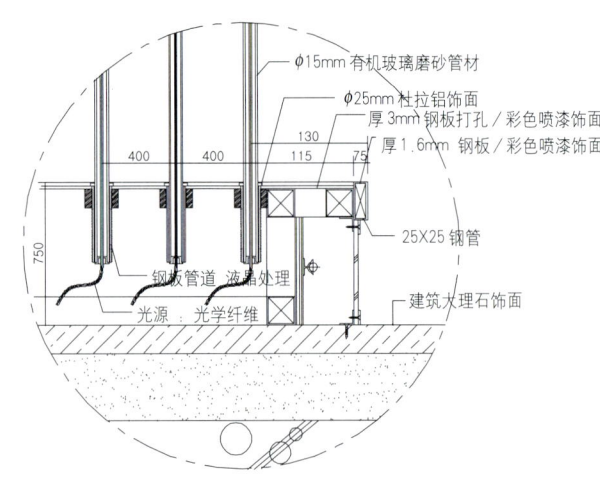

φ15mm 有机玻璃磨砂管材
φ25mm 杜拉铝饰面
厚3mm 钢板打孔／彩色喷漆饰面
厚1.6mm 钢板／彩色喷漆饰面

25X25 钢管

建筑大理石饰面

钢板管道 液晶处理
光源：光学纤维

详图A、B

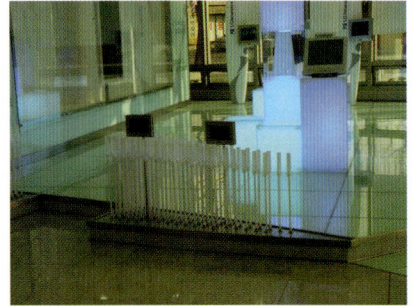

■ 地板

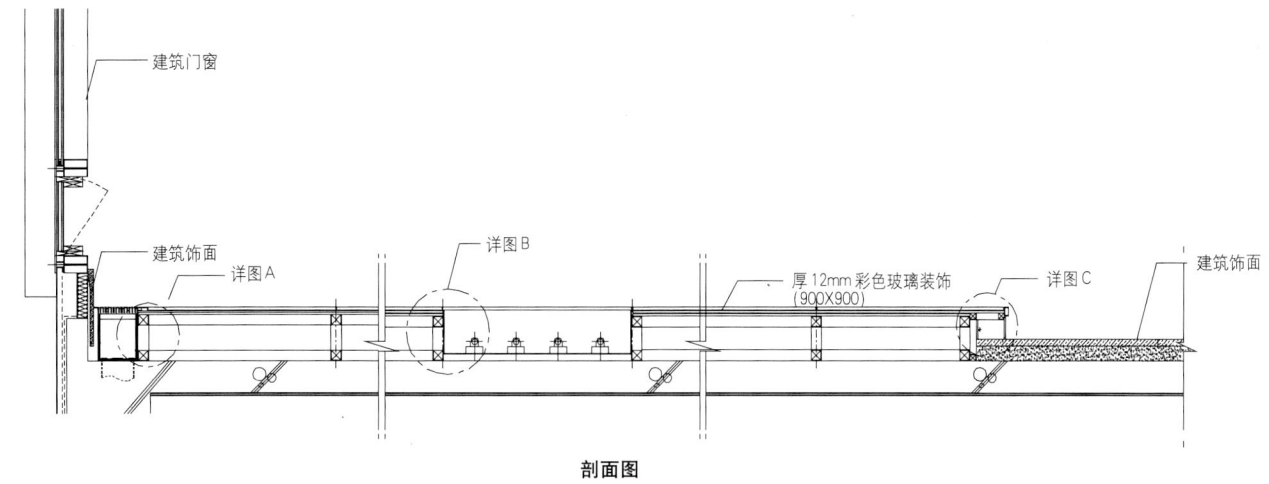

剖面图

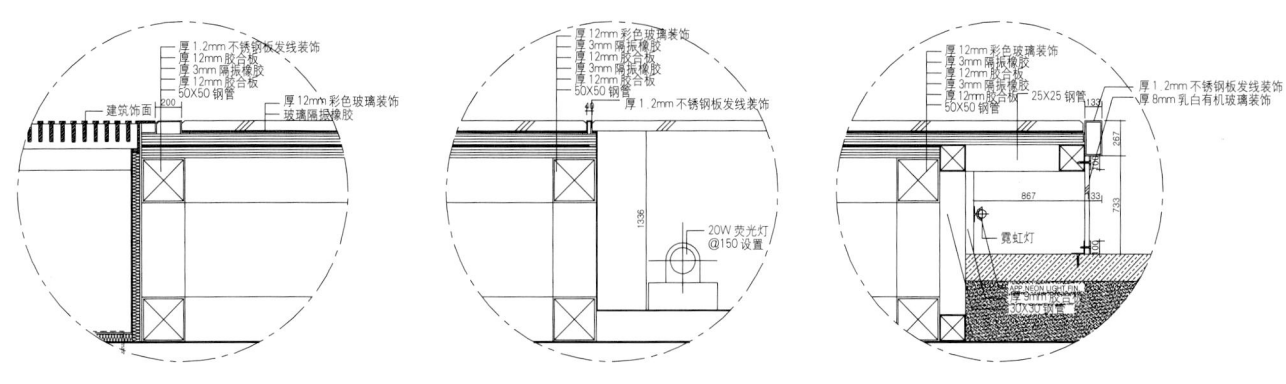

详图A、B、C

■ 顶棚

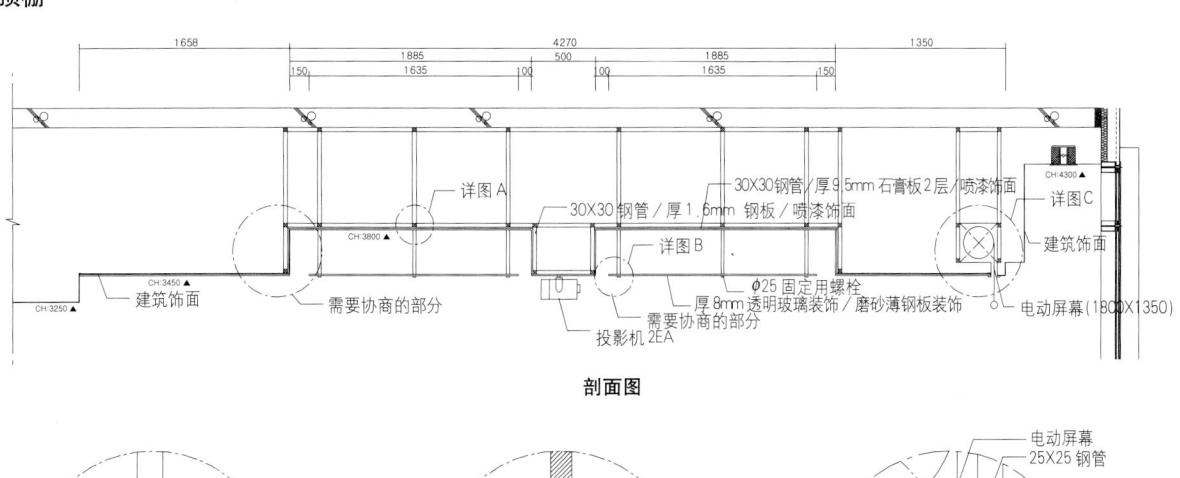

剖面图

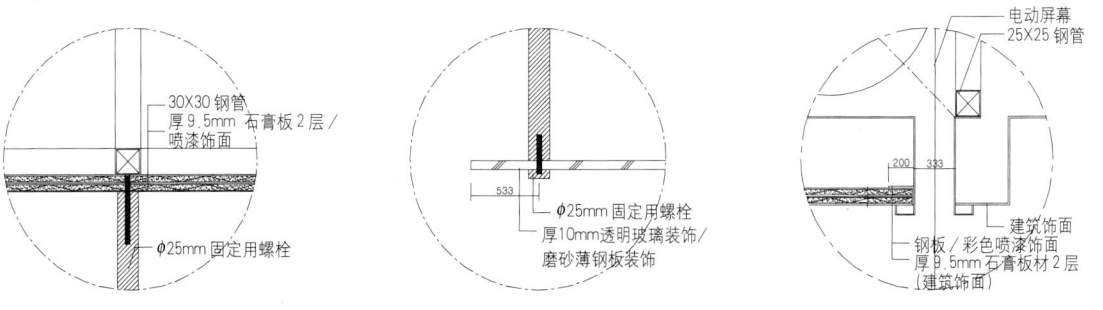

详图A、B、C

■ 迎宾场所

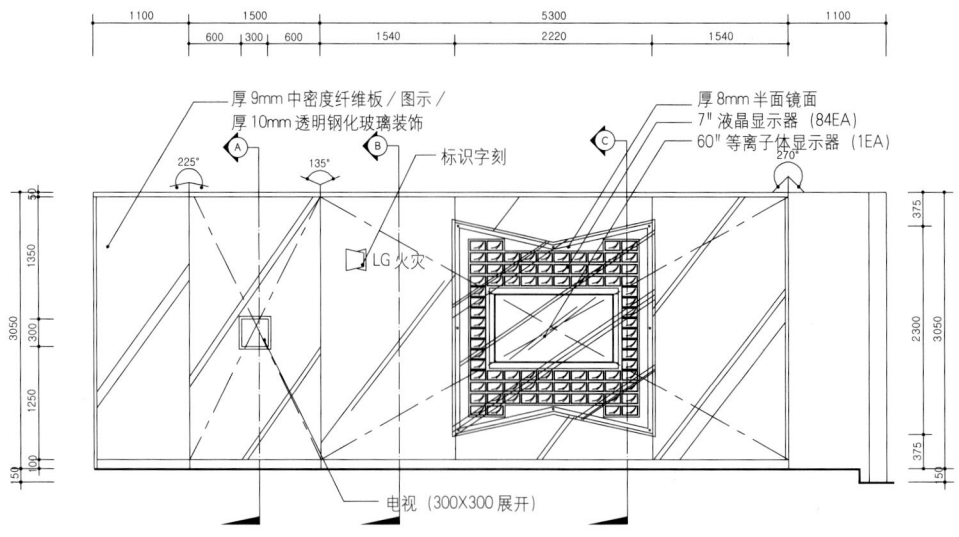

厚 9mm 中密度纤维板／图示／
厚 10mm 透明钢化玻璃装饰

标识字刻

LG 火灾

电视（300X300 展开）

厚 8mm 半面镜面
7" 液晶显示器（84EA）
60" 等离子体显示器（1EA）

正面图 C

■ P.D.A 显示器

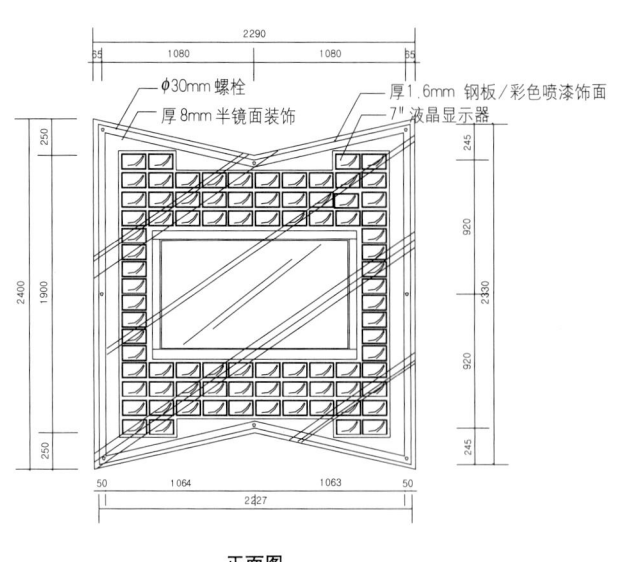

φ30mm 螺栓
厚 8mm 半镜面装饰

厚 1.6mm 钢板／彩色喷漆饰面
7" 液晶显示器

正面图

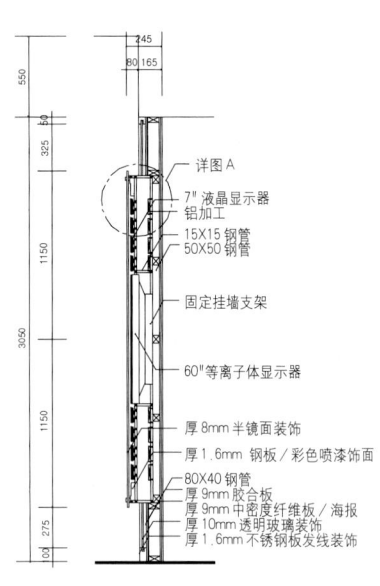

详图 A
7" 液晶显示器
铝加工
15X15 钢管
50X50 钢管

固定挂墙支架

60" 等离子体显示器

厚 8mm 半镜面装饰
厚 1.6mm 钢板／彩色喷漆饰面
80X40 钢管
厚 9mm 胶合板
厚 9mm 中密度纤维板／海报
厚 10mm 透明玻璃装饰
厚 1.6mm 不锈钢板发线装饰

剖面图 C

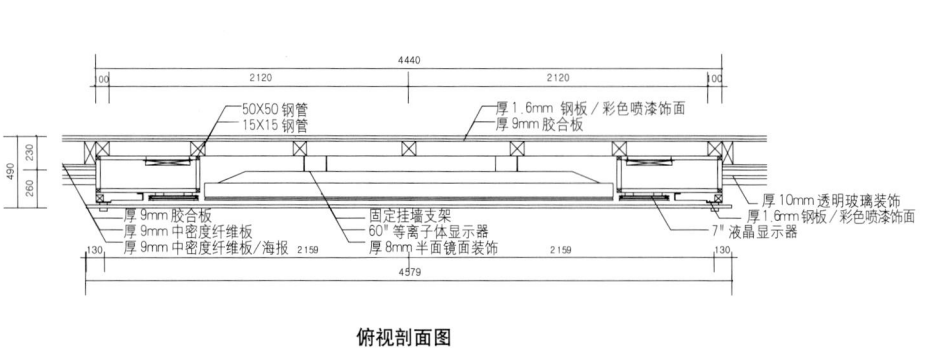

50X50 钢管
15X15 钢管

厚 1.6mm 钢板／彩色喷漆饰面
厚 9mm 胶合板

固定挂墙支架
60" 等离子体显示器

厚 9mm 胶合板
厚 9mm 中密度纤维板
厚 9mm 中密度纤维板／海报

厚 8mm 半面镜面装饰

厚 10mm 透明玻璃装饰
厚 1.6mm 钢板／彩色喷漆饰面
7" 液晶显示器

俯视剖面图

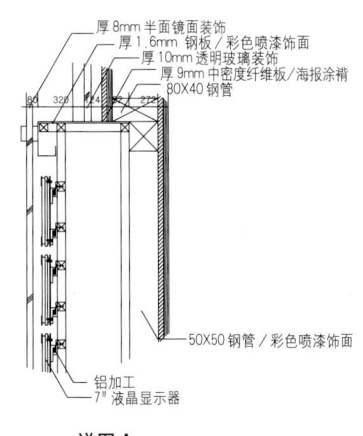

厚 8mm 半面镜面装饰
厚 1.6mm 钢板／彩色喷漆饰面
厚 10mm 透明玻璃装饰
厚 9mm 中密度纤维板／海报涂裱
80X40 钢管

50X50 钢管／彩色喷漆饰面

铝加工
7" 液晶显示器

详图 A

■ 陈列—墙壁

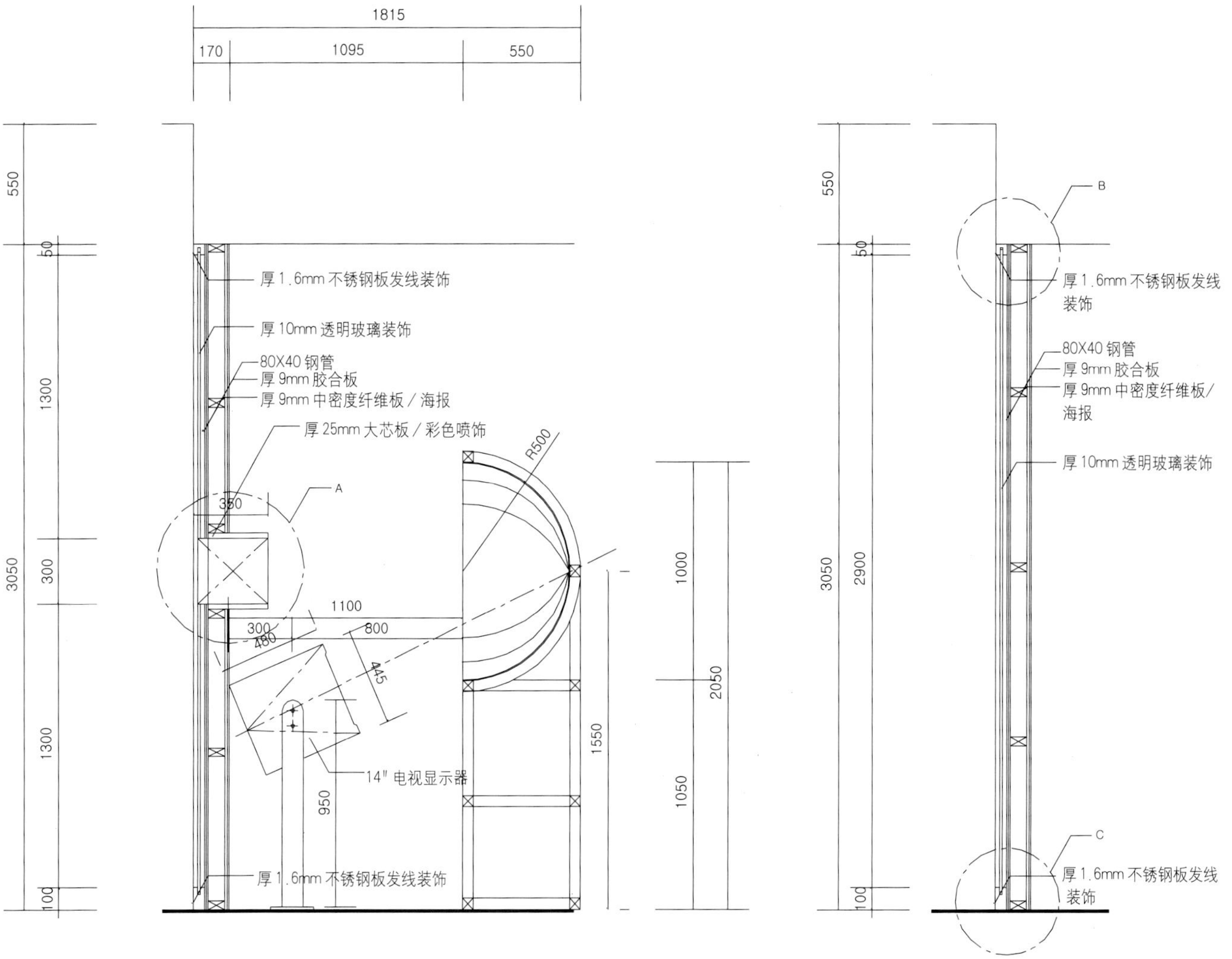

1815
170　1095　550

厚1.6mm不锈钢板发线装饰
厚10mm透明玻璃装饰
80X40钢管
厚9mm胶合板
厚9mm中密度纤维板／海报
厚25mm大芯板／彩色喷饰
R500
A
350
1100
300 800
480
445
14″电视显示器
950
厚1.6mm不锈钢板发线装饰

550
50
1300
3050
1300
100

1000
2050
1550
1050

B
厚1.6mm不锈钢板发线装饰
80X40钢管
厚9mm胶合板
厚9mm中密度纤维板／海报
厚10mm透明玻璃装饰
C
厚1.6mm不锈钢板发线装饰

550
50
3050
2900
100

剖面图 A、B

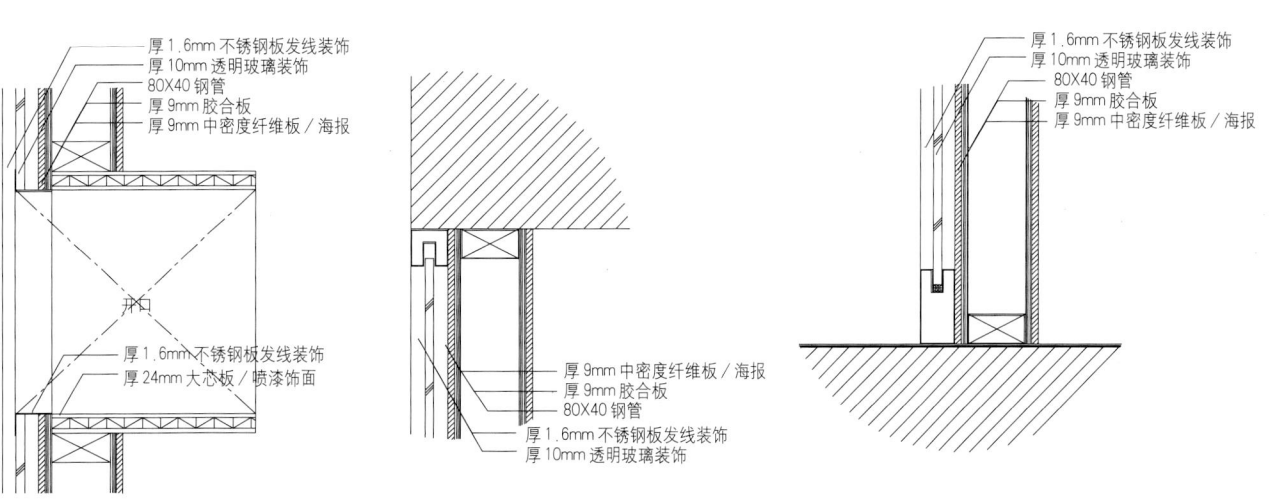

厚1.6mm不锈钢板发线装饰
厚10mm透明玻璃装饰
80X40钢管
厚9mm胶合板
厚9mm中密度纤维板／海报

开口

厚1.6mm不锈钢板发线装饰
厚24mm大芯板／喷漆饰面

厚9mm中密度纤维板／海报
厚9mm胶合板
80X40钢管
厚1.6mm不锈钢板发线装饰
厚10mm透明玻璃装饰

厚1.6mm不锈钢板发线装饰
厚10mm透明玻璃装饰
80X40钢管
厚9mm胶合板
厚9mm中密度纤维板／海报

详图 A、B、C

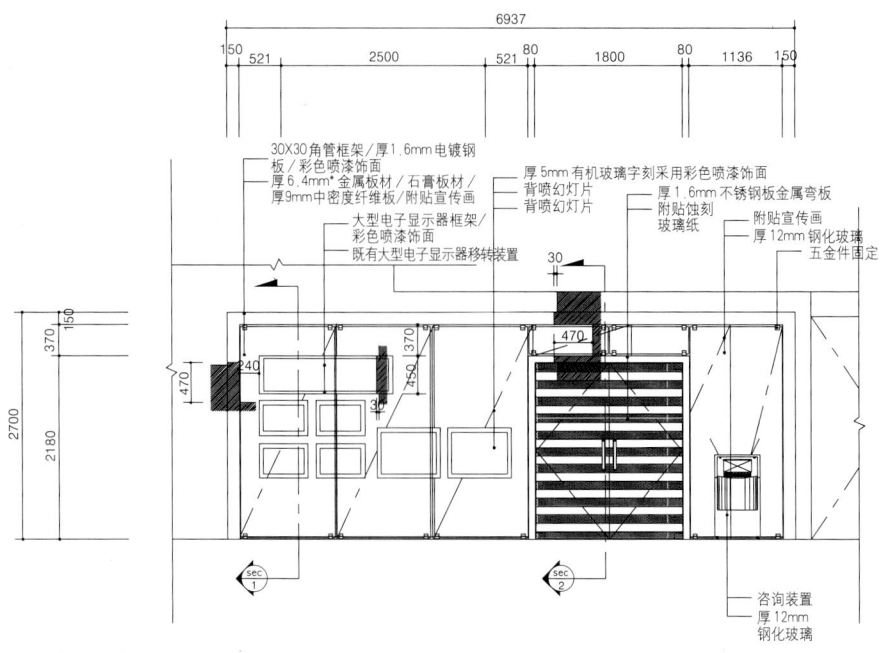

6937

150 521 2500 521 80 1800 80 1136 150

30X30角管框架/厚1.6mm电镀钢板/彩色喷漆饰面
厚6.4mm*金属板材/石膏板材/厚9mm中密度纤维板/附贴宣传画
大型电子显示器框架/彩色喷漆饰面
既有大型电子显示器移转装置

厚5mm有机玻璃字刻采用彩色喷漆饰面
背喷幻灯片
背喷幻灯片
厚1.6mm不锈钢板金属弯板
附贴蚀刻玻璃纸

附贴宣传画
厚12mm钢化玻璃
五金件固定

咨询装置
厚12mm
钢化玻璃

2700 150 370 470 2180

240 470 450 370 30 470

sec 1   sec 2

* 原文为64厚，疑误。下同——译注

正面图B

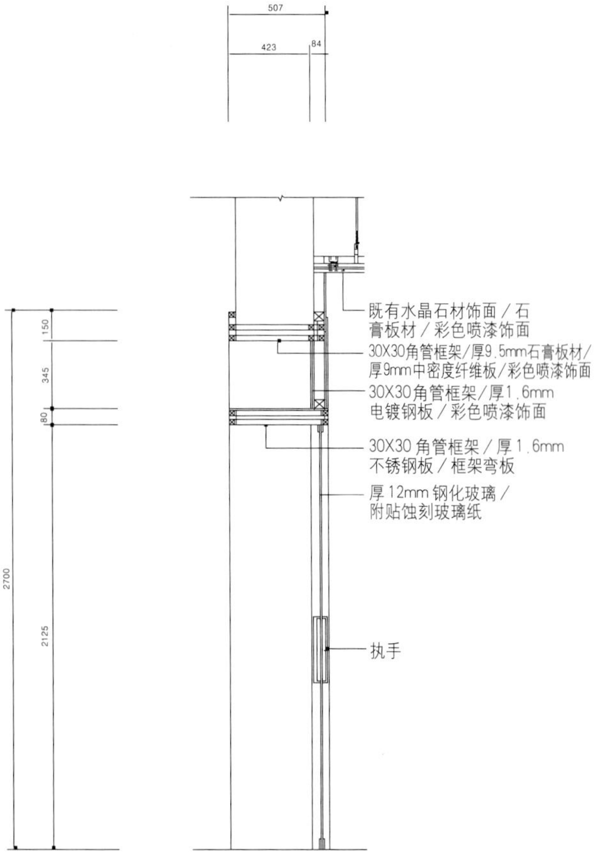

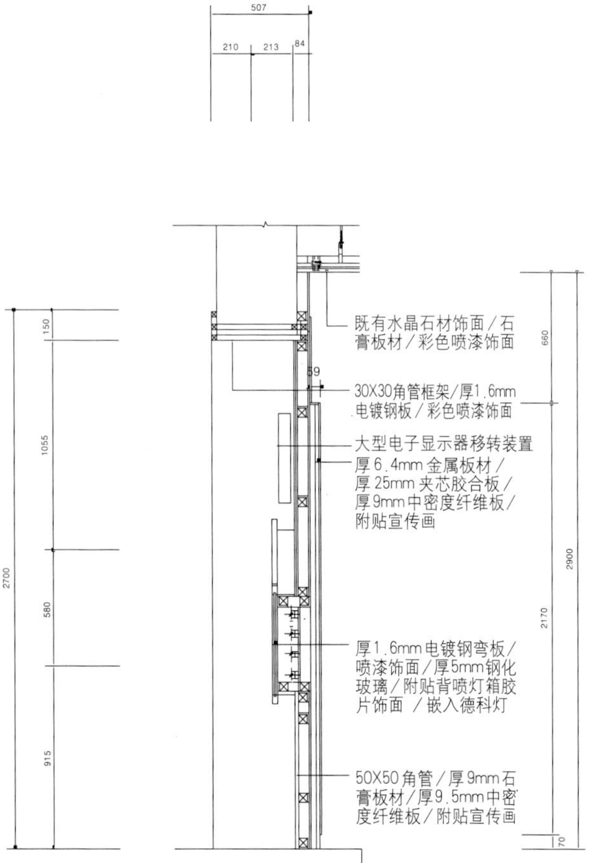

507
423 84

既有水晶石材饰面/石膏板材/彩色喷漆饰面
30X30角管框架/厚9.5mm石膏板材/厚9mm中密度纤维板/彩色喷漆饰面
30X30角管框架/厚1.6mm电镀钢板/彩色喷漆饰面
30X30角管框架/厚1.6mm不锈钢板/框架弯板
厚12mm钢化玻璃/附贴蚀刻玻璃纸

执手

150 345 80 2700 2125

墙壁剖面图 1

507
210 213 84

既有水晶石材饰面/石膏板材/彩色喷漆饰面
30X30角管框架/厚1.6mm电镀钢板/彩色喷漆饰面
大型电子显示器移转装置
厚6.4mm金属板材/厚25mm夹芯胶合板/厚9mm中密度纤维板/附贴宣传画

厚1.6mm电镀钢板弯板/喷漆饰面/厚5mm钢化玻璃/附贴背喷灯箱胶片饰面/嵌入德科灯

50X50角管/厚9mm石膏板材/厚9.5mm中密度纤维板/附贴宣传画

150 660 59 1055 2700 580 2900 2170 915 70

墙壁剖面图 2

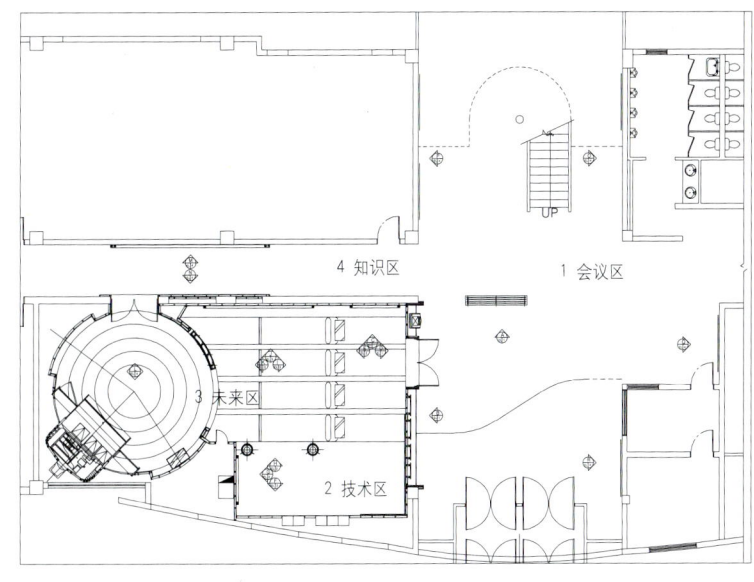

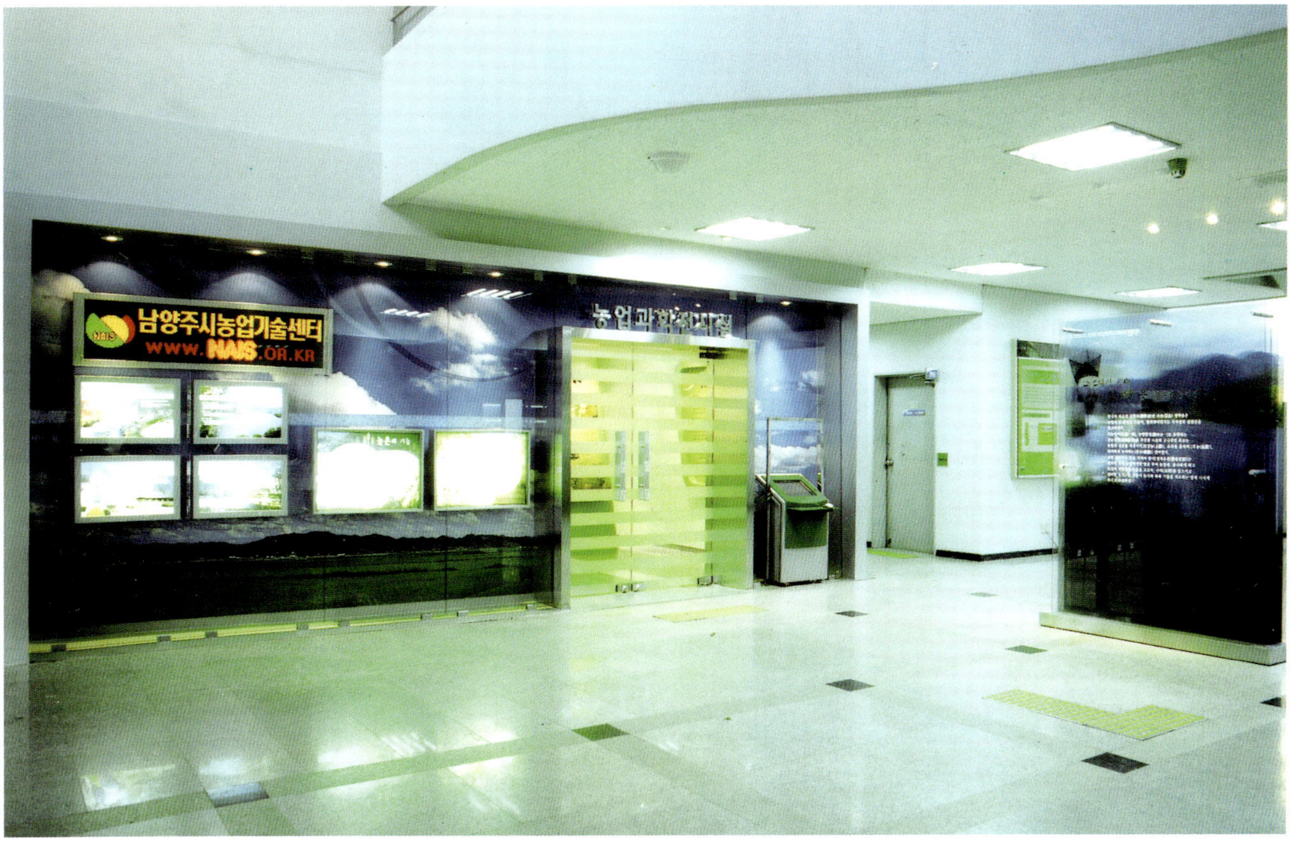

4 知识区
1 会议区
3 未来区
2 技术区
UP

地板平面图

남양주시농업기술센터
WWW.NAIS.OR.KR

位置：京畿道南阳州市津建邑思能里92–1 南阳州市农业科学展示厅 | **设计单位**：佳旺展览与主题公园株式会社 | **建设单位**：佳旺展览与主题公园株式会社 | **展览方案**：佳旺展览与主题公园株式会社 | **建筑面积**：276.98m² | **室内装饰**：地板／P型砖 墙壁／彩色喷漆 顶棚／乙烯基漆、黑色镜面

Design：Gawon Exhibition & Themepark Co., Ltd. · Bae, Yong seok / Kang, Seong yun / Kim, Se mi | **Construction**：Gawon Exhibition & Themepark Co., Ltd. · Kim, Hyeon woo | **Exhibition Plan**：Gawon Exhibition & Themepark Co., Ltd. · Park, Chang sik / Mun, Ji a | **Built Area**：276.98㎡ | **Finish**：Floor / P–Tile Wall / Color Lacquer Ceiling / V.P, Black Mirror

■ 会议区—玻璃墙壁

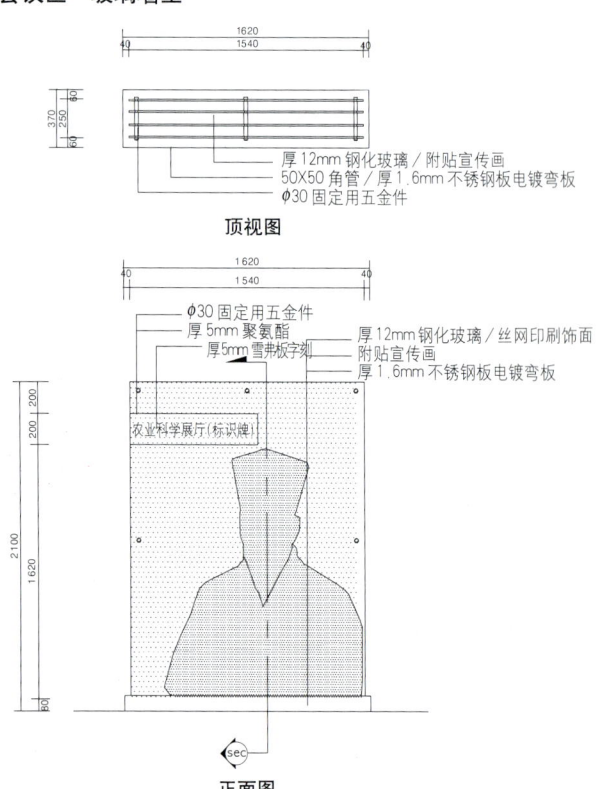

厚12mm钢化玻璃／附贴宣传画
50X50角管／厚1.6mm不锈钢板电镀弯板
φ30固定用五金件

顶视图

φ30固定用五金件
厚5mm聚氨酯
厚5mm雪弗板字刻

厚12mm钢化玻璃／丝网印刷饰面
附贴宣传画
厚1.6mm不锈钢板电镀弯板

农业科学展厅（标识牌）

sec

正面图

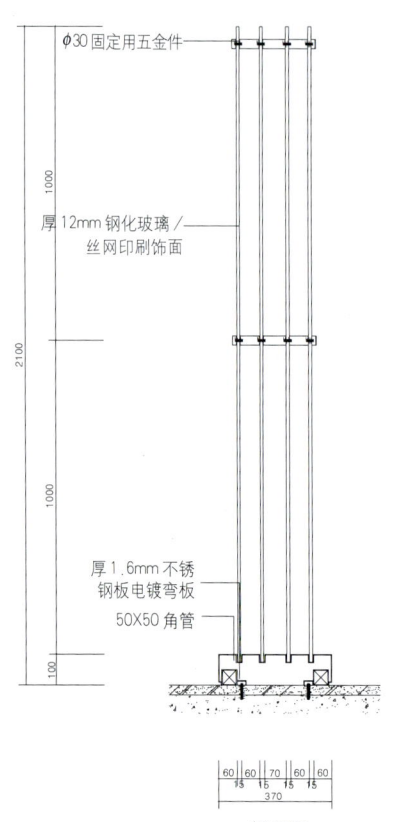

φ30固定用五金件

厚12mm钢化玻璃／
丝网印刷饰面

厚1.6mm不锈
钢板电镀弯板
50X50角管

剖面图

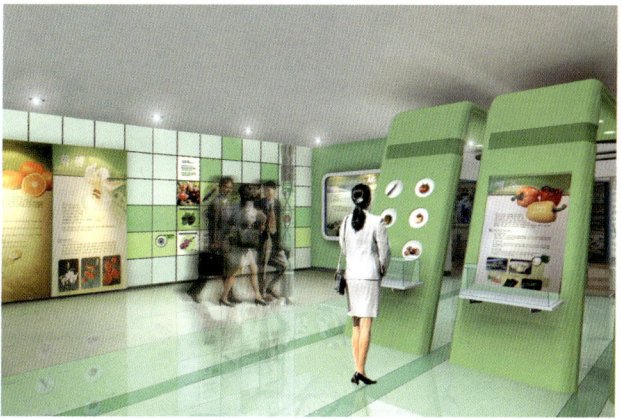

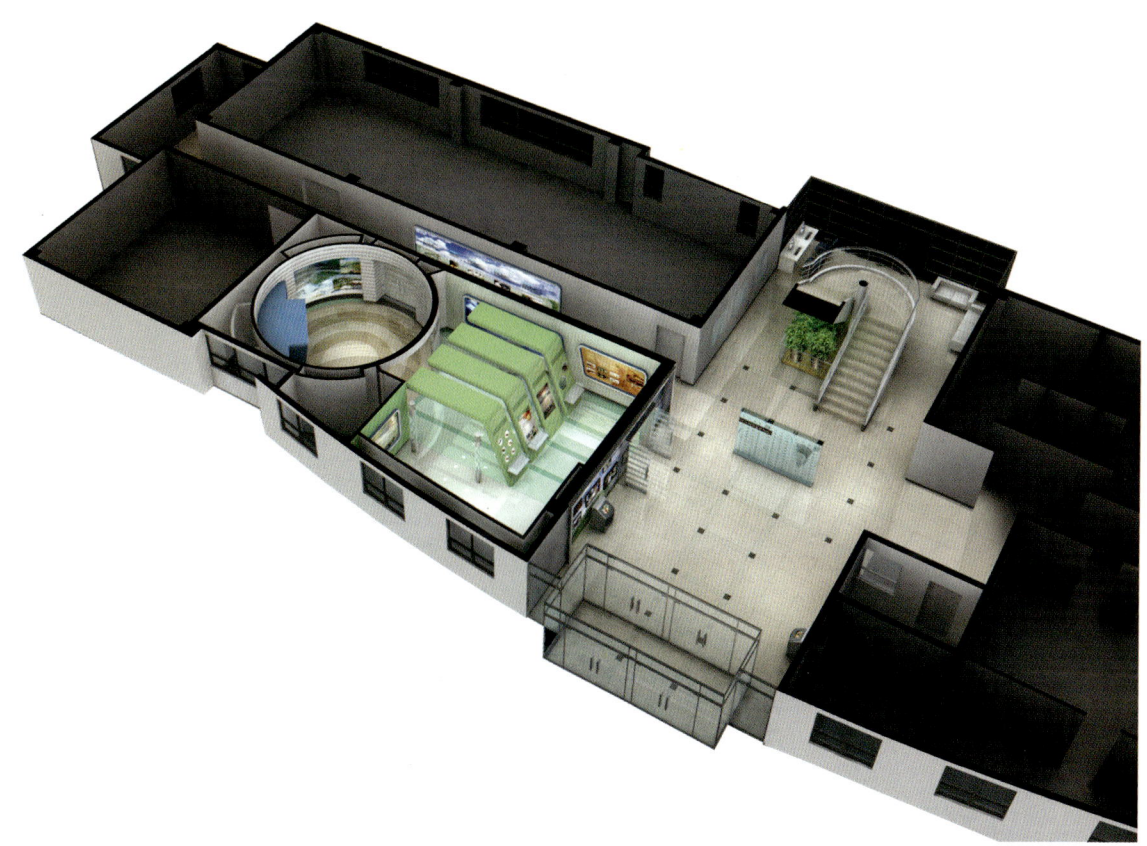

农业科学展厅位于南阳州的农业发展与技术中心,它所组织的展品注重于对农业科学技术的利用,介绍了南阳州最新的令人叹为观止的农业技术。作为农业经验的一个空间,它通过一种魔幻视觉可显示该配套工厂的视觉图像。这样甚至连那些对农业信息听熟于耳的市民们也都能参与。它还利用经验展览媒体可以诱发像"打开"、"窥视"等动作。沿着参观者的通行路线安排了一些情节,叫做"过去的农业科学"、"南阳州现在的农业技术"、"未来的农业梦幻"等,而大厅和走廊则用于展览,将狭小的展区视觉化地放大了。

Agricultural Science Exhibit Hall, which is located in Agricultural Development & Technology Center in Namyangju, is organized of exhibits focused on the utility of agricultural science technology, and introduces up-to-date, echo-friendly agricultural technologies of Namyangju.

As a space of agricultural experience, it presents visuals of the plant factory through a magic vision, so that even the citizens who aren't well informed of agriculture can participate. It also adopted experience exhibition media that induces actions like 'opening', 'peeping'. Arranged along the traffic line of visitors were scenarios called 'Agricultural Science of the Past', 'Present Agricultural Technology of Namyangju', 'Visions of Future Agriculture', lobby and hallway utilized as exhibit, visually enlarging the small, narrow exhibition area.

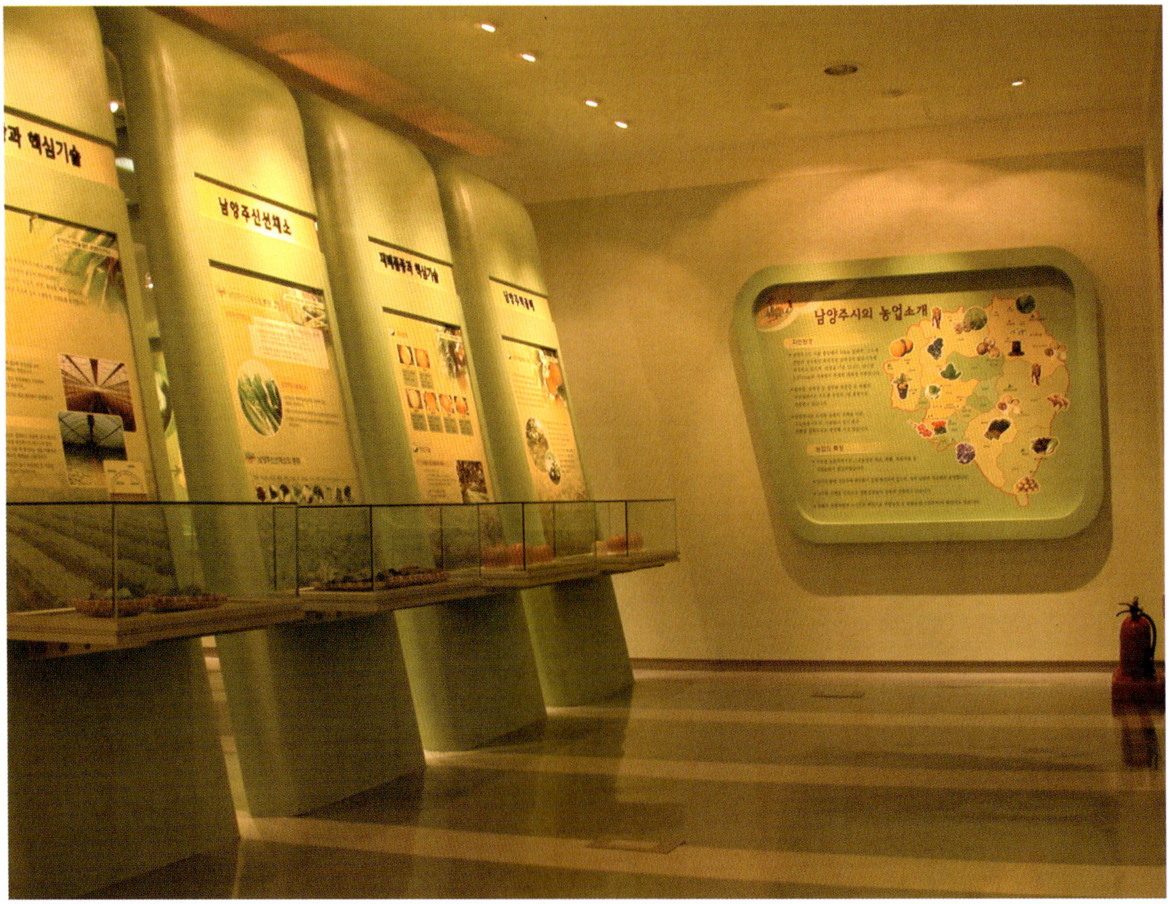

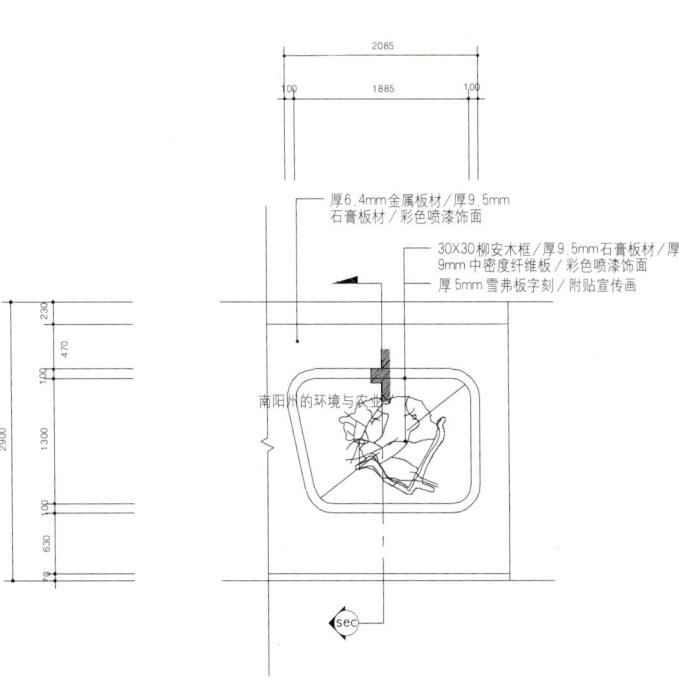

남양주시의 농업소개

■ 技术区

2085
100
1885
100
厚6.4mm金属板材／厚9.5mm
石膏板材／彩色喷漆饰面
30X30柳安木框／厚9.5mm石膏板材／厚
9mm 中密度纤维板／彩色喷漆饰面
厚 5mm 雪弗板字刻／附贴宣传画
南阳州的环境与农业
sec
230
470
100
1300
100
630
70
2900

正面图 C

164
500
80 84
50W 聚光灯
既有水晶石材饰面／厚9.5mm石
膏板材／彩色喷漆饰面
30X30柳安木框／厚9.5mm石膏
板材／厚9mm中密度纤维板／彩
色喷漆饰面
厚6.4mm金属板材／厚9.5mm
石膏板材／厚9mm中密度纤维
板／彩色喷漆饰面
厚5mm雪弗板字刻／附贴宣传画
230
470
1500
630
70
2900

剖面图

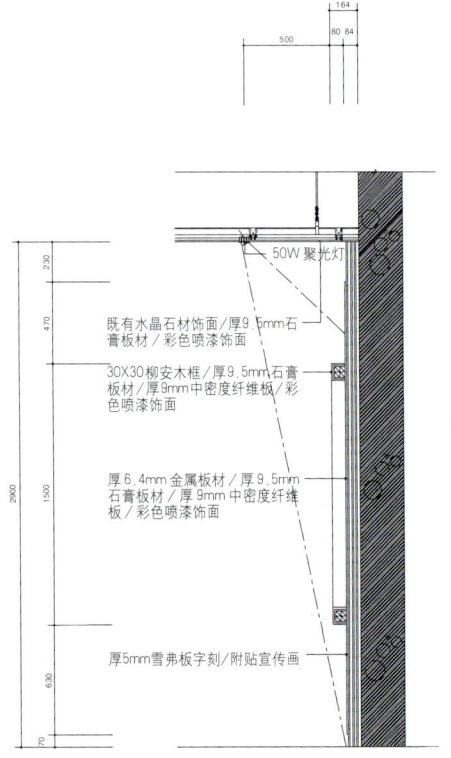

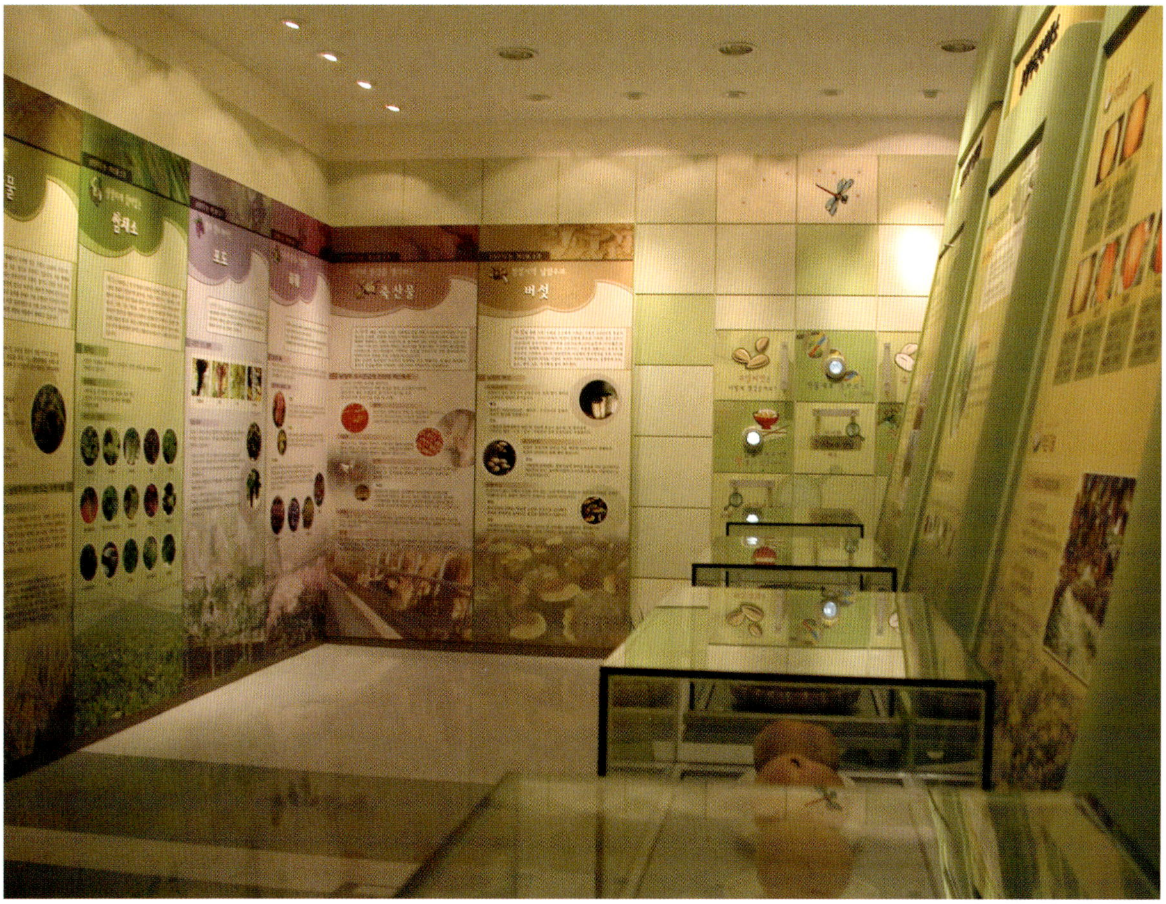

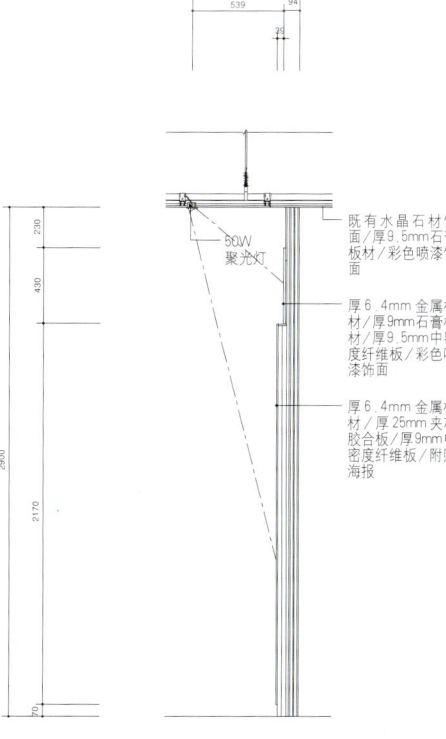

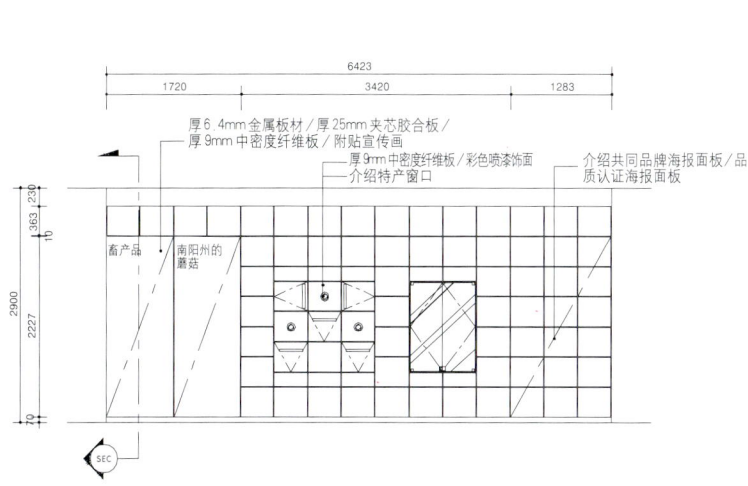

■ 展柜

6423
1720
3420
1283
厚6.4mm金属板材／厚25mm夹芯胶合板／
厚9mm中密度纤维板／附贴宣传画
厚9mm中密度纤维板／彩色喷漆饰面
介绍特产窗口
介绍共同品牌海报面板／品
质认证海报面板
畜产品
南阳州的
蘑菇
2900
230
363
10
2227
70
SEC

正面图 F

633
539
94
39
50W
聚光灯
既有水晶石材饰
面／厚9.5mm石膏
板材／彩色喷漆饰
面
厚6.4mm金属板
材／厚9mm石膏板
材／厚9.5mm中密
度纤维板／彩色喷
漆饰面
厚6.4mm金属板
材／厚25mm夹芯
胶合板／厚9mm中
密度纤维板／附贴
海报
2900
230
430
2170
70

剖面图

■ 展柜

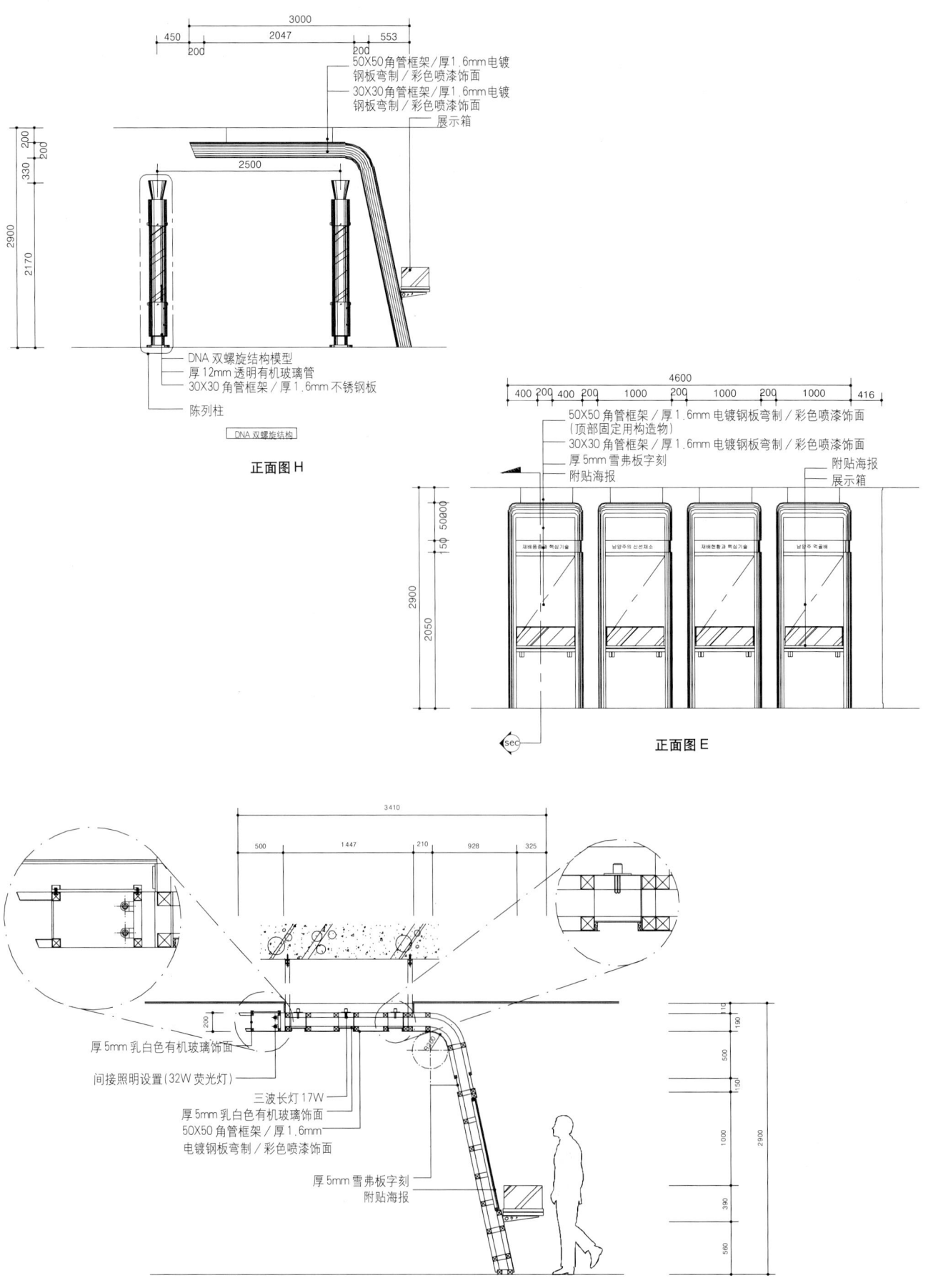

3000
450 2047 553
200   200

50X50角管框架／厚1.6mm电镀
钢板弯制／彩色喷漆饰面
30X30角管框架／厚1.6mm电镀
钢板弯制／彩色喷漆饰面
展示箱

2500

200
330 200 200

2900
2170

DNA 双螺旋结构模型
厚12mm透明有机玻璃管
30X30角管框架／厚1.6mm不锈钢板
陈列柱

DNA 双螺旋结构

正面图 H

4600
400 200 400 200 1000 200 1000 200 1000 416

50X50角管框架／厚1.6mm电镀钢板弯制／彩色喷漆饰面
（顶部固定用构造物）
30X30角管框架／厚1.6mm电镀钢板弯制／彩色喷漆饰面
厚5mm雪弗板字刻
附贴海报
附贴海报
展示箱

150 50 200

2900
2050

sec

正面图 E

3410
500 1447 210 928 325

200

厚5mm乳白色有机玻璃饰面
间接照明设置(32W 荧光灯)
三波长灯 17W
厚5mm乳白色有机玻璃饰面
50X50角管框架／厚1.6mm
电镀钢板弯制／彩色喷漆饰面
厚5mm雪弗板字刻
附贴海报

110
190
500
150
1000 2900
390
560

剖面图

■ 陈列柱

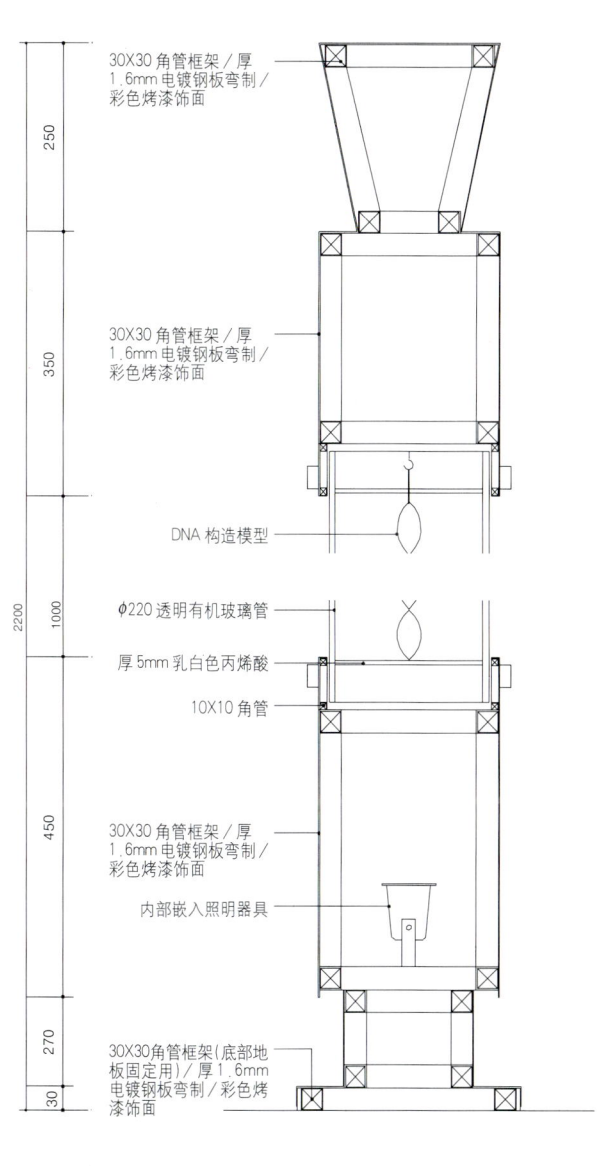

正面图

250
53 145 53

30X30角管框架/厚1.6mm电镀钢板弯制/彩色烤漆饰面

30X30角管框架/厚1.6mm电镀钢板弯制/彩色烤漆饰面

φ220透明有机玻璃管(厚8mm)插入模型

厚10mm钢板/烤漆饰面

五金件固定

检查门

30X30角管框架/厚1.6mm电镀钢板弯制/彩色烤漆饰面

30X30角管框架(底部地板固定用)/厚1.6mm电镀钢板弯制/彩色烤漆饰面

250 350 1000 450 150
2200
30 120
310

剖面图

250
53 145 53

30X30角管框架/厚1.6mm电镀钢板弯制/彩色烤漆饰面

30X30角管框架/厚1.6mm电镀钢板弯制/彩色烤漆饰面

DNA 构造模型

φ220透明有机玻璃管

厚5mm乳白色丙烯酸

10X10角管

30X30角管框架/厚1.6mm电镀钢板弯制/彩色烤漆饰面

内部嵌入照明器具

30X30角管框架(底部地板固定用)/厚1.6mm电镀钢板弯制/彩色烤漆饰面

250 350 1000 450 270 30
2200

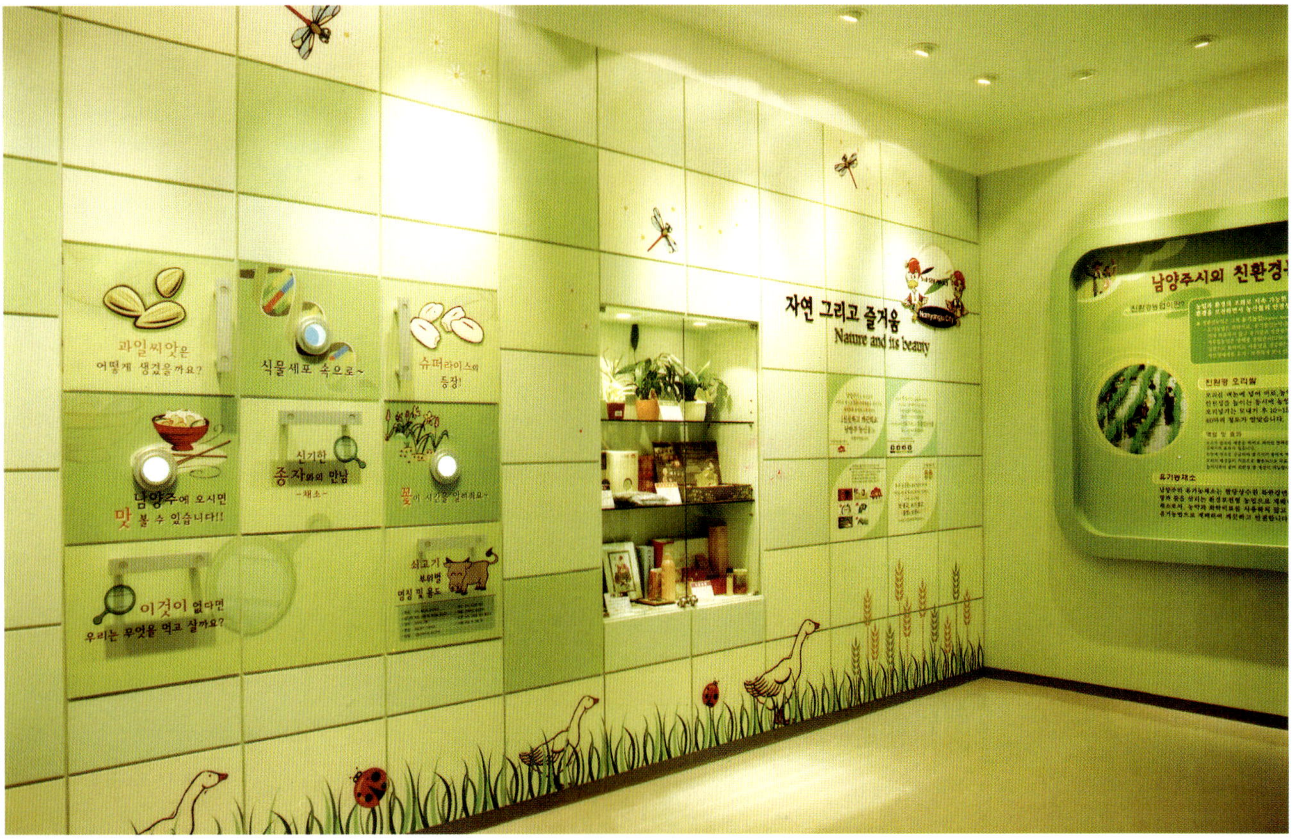

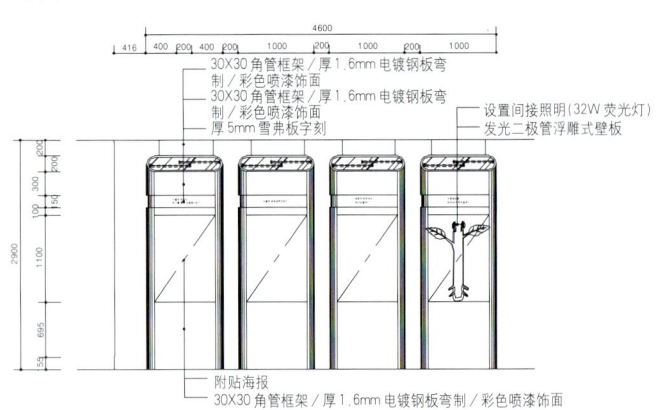

■ 技术

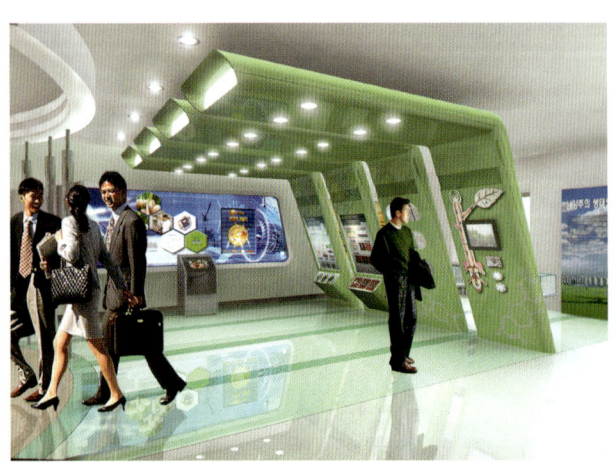

4600
416 400 200 400 200 1000 200 1000 200 1000
30X30 角管框架／厚1.6mm 电镀钢板弯制／彩色喷漆饰面
30X30 角管框架／厚1.6mm 电镀钢板弯制／彩色喷漆饰面
厚5mm 雪弗板字刻
设置间接照明(32W 荧光灯)
发光二极管浮雕式壁板
2900
1100
695
附贴海报
30X30 角管框架／厚1.6mm 电镀钢板弯制／彩色喷漆饰面

正面图 I

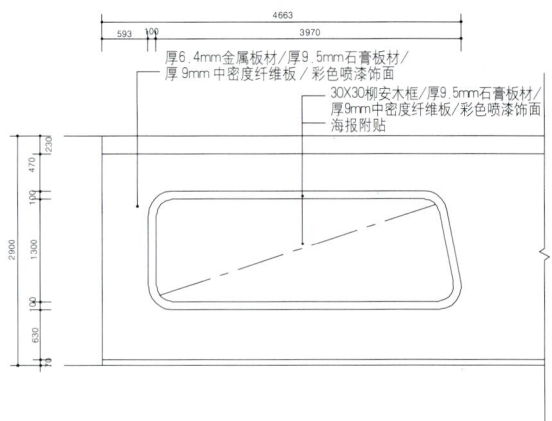

4663
593 100 3970
厚6.4mm金属板材／厚9.5mm石膏板材／厚9mm中密度纤维板／彩色喷漆饰面
30X30柳安木框／厚9.5mm石膏板材／厚9mm中密度纤维板/彩色喷漆饰面
海报附贴
2900 230 470 100 1300 100 630 70

正面图 J

5060
400 2520 430 430 430 250 600
厚6.4mm金属板材／厚9.5mm石膏板材／厚9mm中密度纤维板／彩色喷漆饰面
30X30柳安木框／厚9.5mm石膏板材／厚9mm中密度纤维板／彩色喷漆饰面
2900 230 400 200 1260 740 70
未来的生命科学
开放区
sec

正面图 K

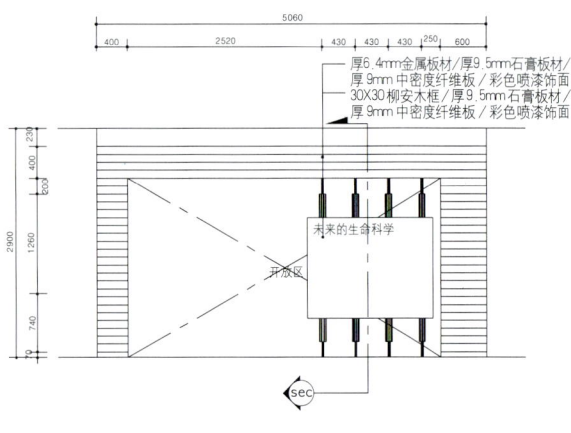

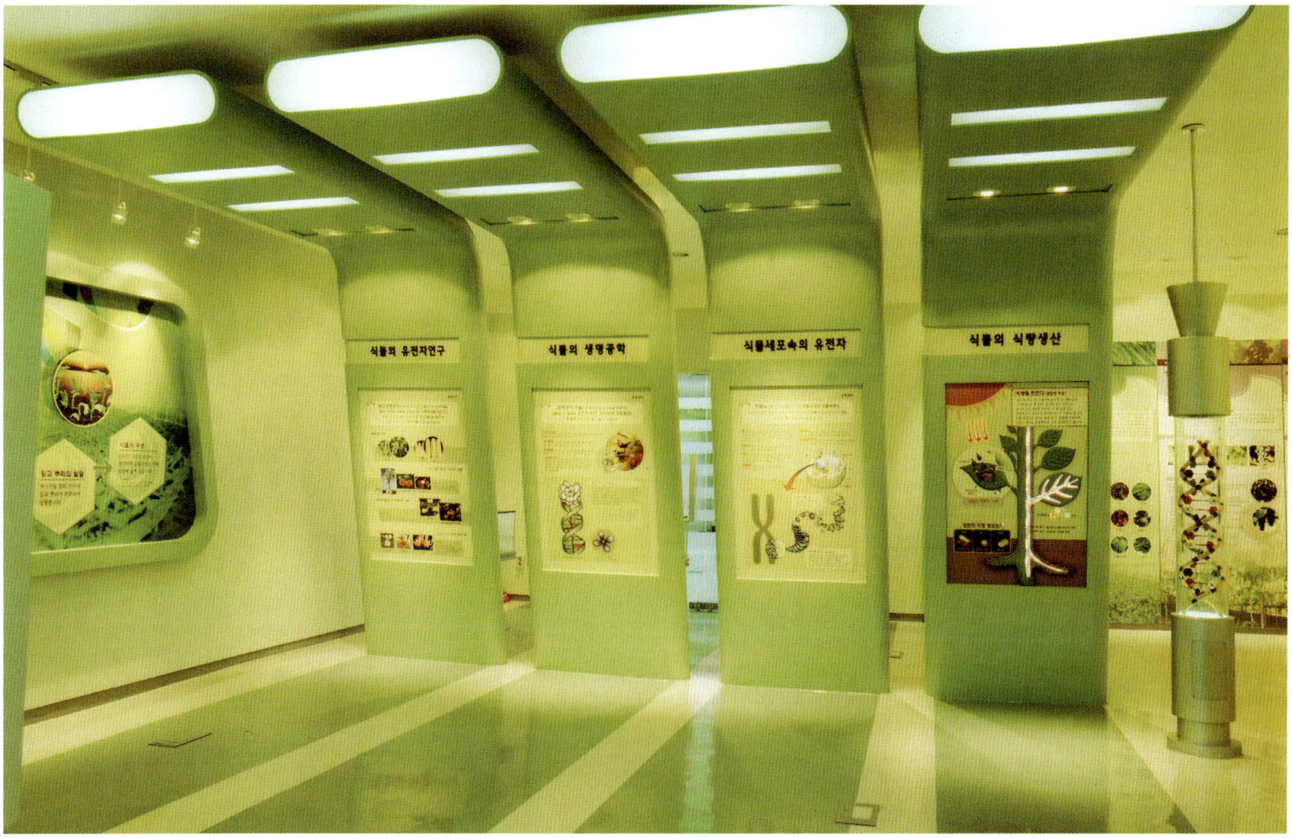

식물의 유전자연구
식물의 생명공학
식물세포속의 유전자
식물의 식량생산

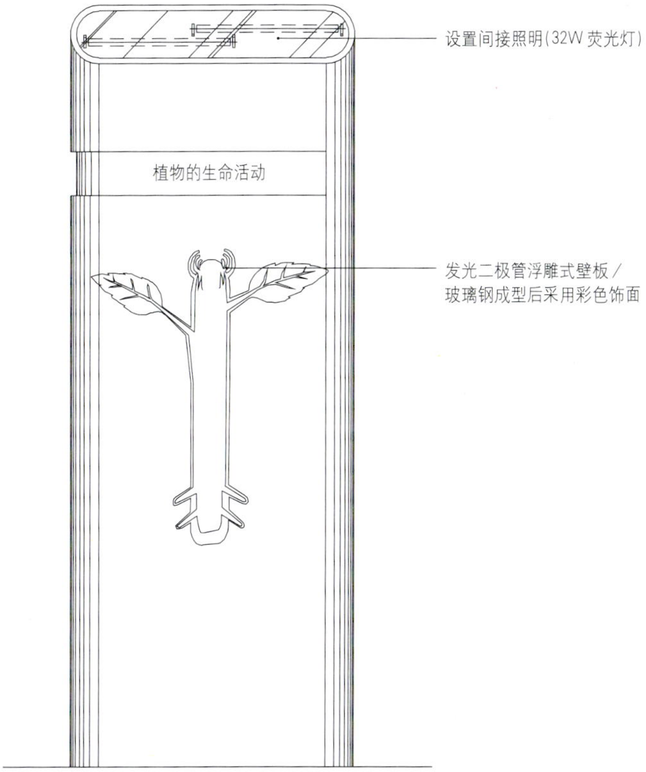

设置间接照明(32W 荧光灯)
植物的生命活动
发光二极管浮雕式壁板/
玻璃钢成型后采用彩色饰面

正面图

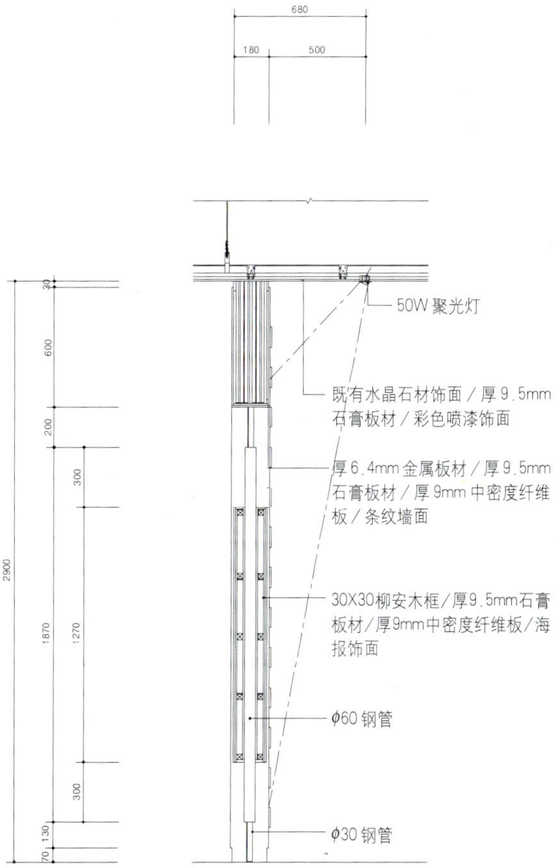

680
180
500
50W 聚光灯
既有水晶石材饰面/厚9.5mm
石膏板材/彩色喷漆饰面
厚6.4mm金属板材/厚9.5mm
石膏板材/厚9mm中密度纤维
板/条纹墙面
30X30柳安木框/厚9.5mm石膏
板材/厚9mm中密度纤维板/海
报饰面
φ60 钢管
φ30 钢管
30
600
200
300
2900
1870
1270
300
130
70

剖面图

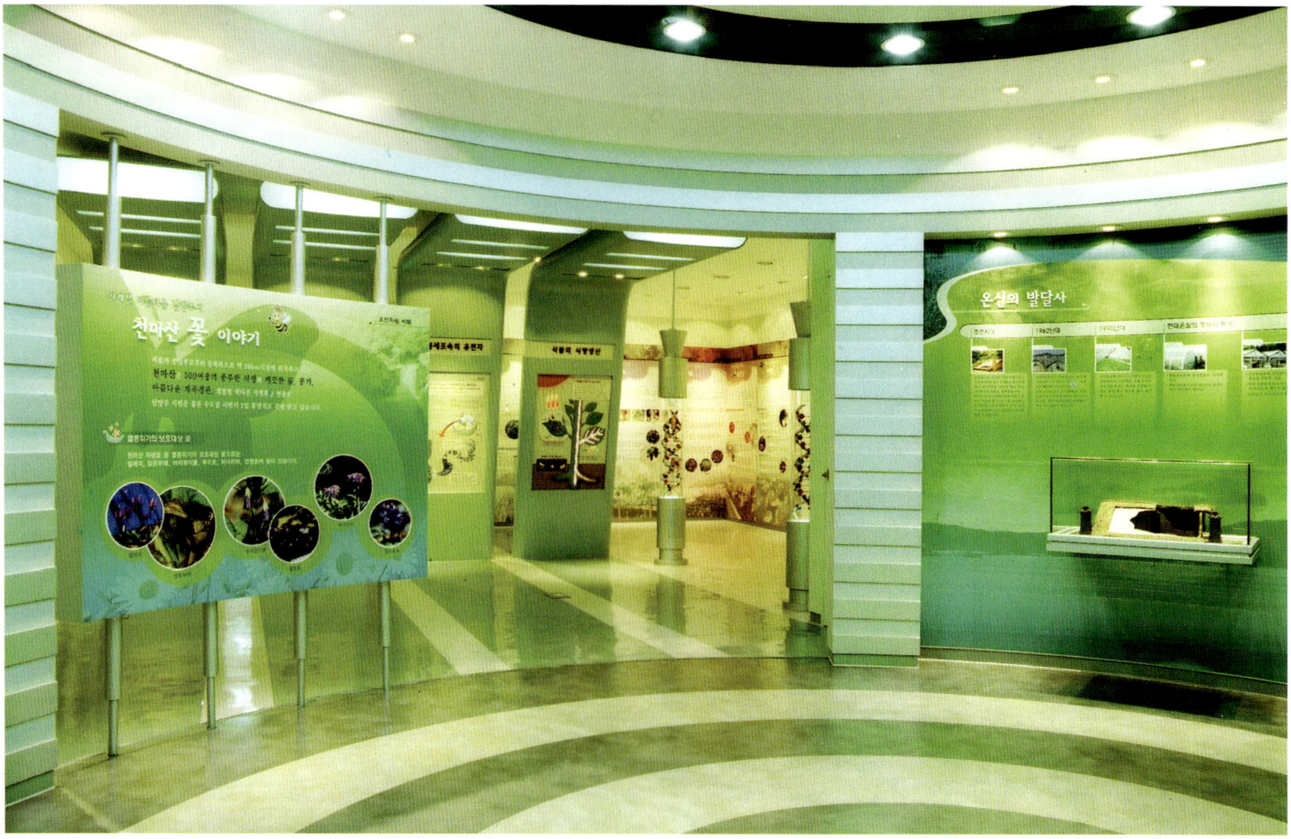

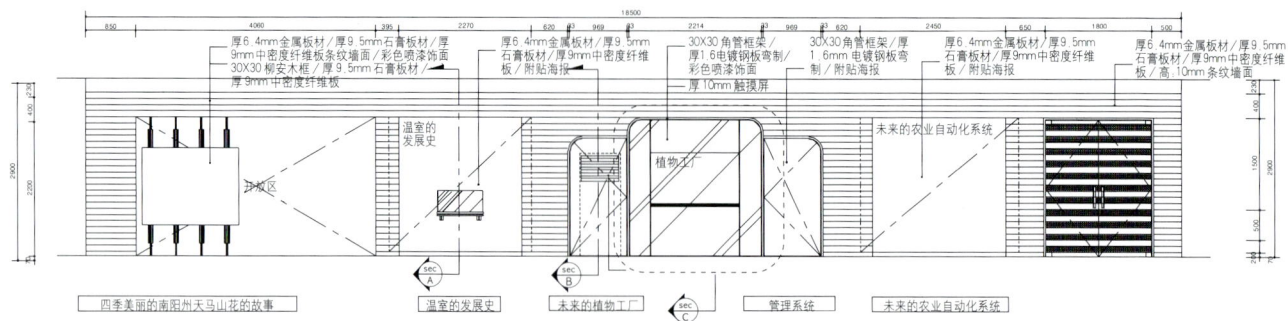

천마산 꽃 이야기
온실의 발달사

■ 未来区

18500
850
4060
395
2270
620
33
969
33
2214
33
969
33
620
2450
650
1800
500
厚6.4mm金属板材／厚9.5mm石膏板材／厚9mm中密度纤维板条纹墙面／彩色喷漆饰面
30X30柳安木框／厚9.5mm石膏板材／厚9mm中密度纤维板
厚6.4mm金属板材／厚9.5mm石膏板材／厚9mm中密度纤维板／附贴海报
30X30角管框架／厚1.6电镀钢板弯制／彩色喷漆饰面
厚10mm触摸屏
30X30角管框架／厚1.6mm电镀钢板弯制／附贴海报
厚6.4mm金属板材／厚9.5mm石膏板材／厚9mm中密度纤维板／附贴海报
厚6.4mm金属板材／厚9.5mm石膏板材／厚9mm中密度纤维板／高:10mm条纹墙面
2900
230
400
2200
1500
500
开放区
温室的发展史
植物工厂
未来的农业自动化系统
sec A
sec B
sec C
四季美丽的南阳州天马山花的故事
温室的发展史
未来的植物工厂
管理系统
未来的农业自动化系统

正面图 L

미래의 생명공학

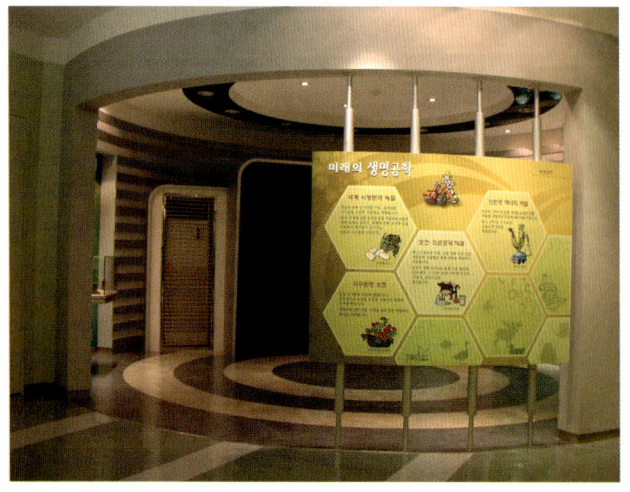

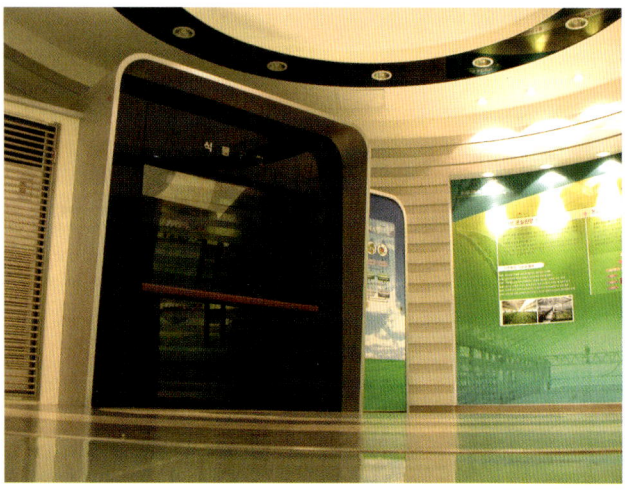

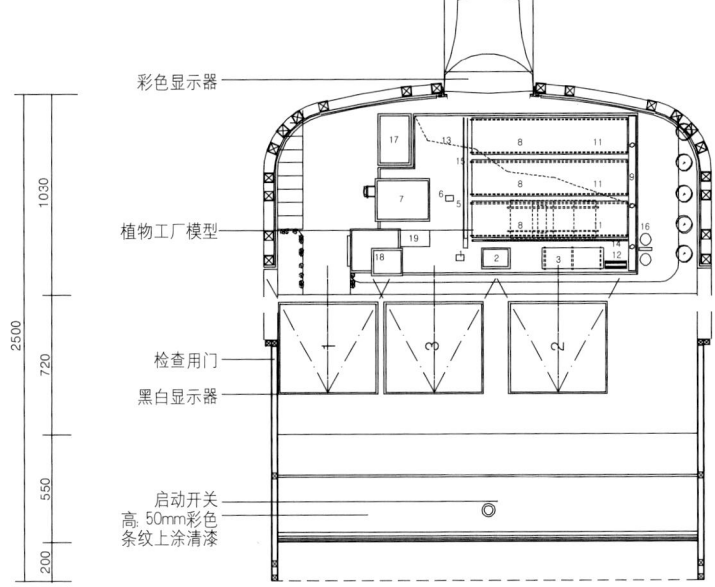

彩色显示器

植物工厂模型

检查用门

黑白显示器

启动开关
高; 50mm彩色
条纹上涂清漆

魔幻视觉—公共平面布局图

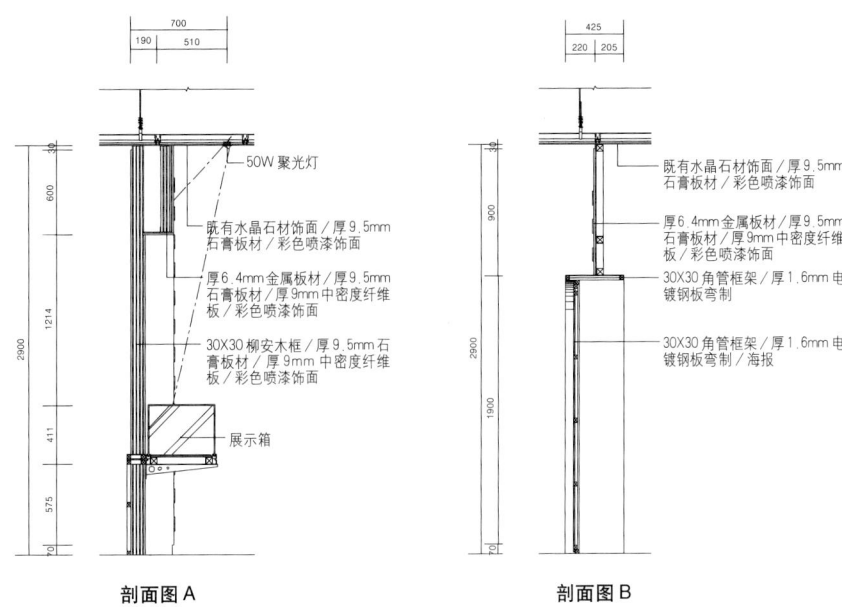

50W聚光灯

既有水晶石材饰面／厚9.5mm
石膏板材／彩色喷漆饰面

厚6.4mm金属板材／厚9.5mm
石膏板材／厚9mm中密度纤维
板／彩色喷漆饰面

30X30柳安木框／厚9.5mm石
膏板材／厚9mm中密度纤维
板／彩色喷漆饰面

展示箱

剖面图A

既有水晶石材饰面／厚9.5mm
石膏板材／彩色喷漆饰面

厚6.4mm金属板材／厚9.5mm
石膏板材／厚9mm中密度纤维
板／彩色喷漆饰面

30X30角管框架／厚1.6mm电
镀钢板弯制

30X30角管框架／厚1.6mm电
镀钢板弯制／海报

剖面图B

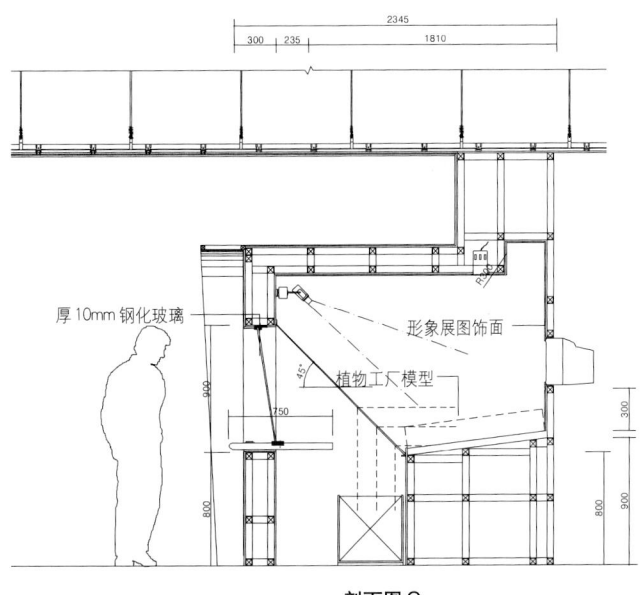

厚10mm钢化玻璃

形象展图饰面

植物工厂模型

剖面图C

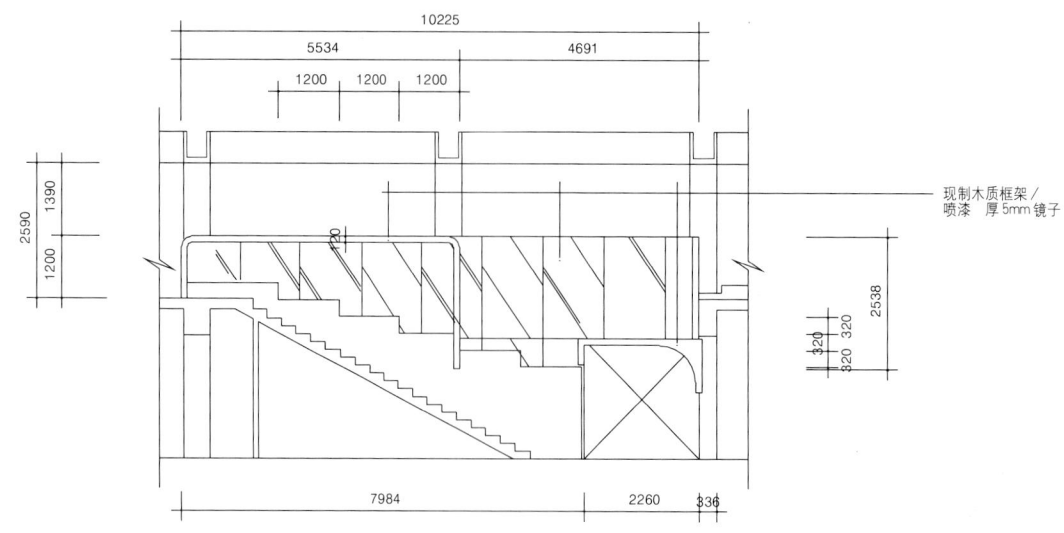

现制木质框架 /
喷漆 厚 5mm 镜子

B 座一层正面图 A

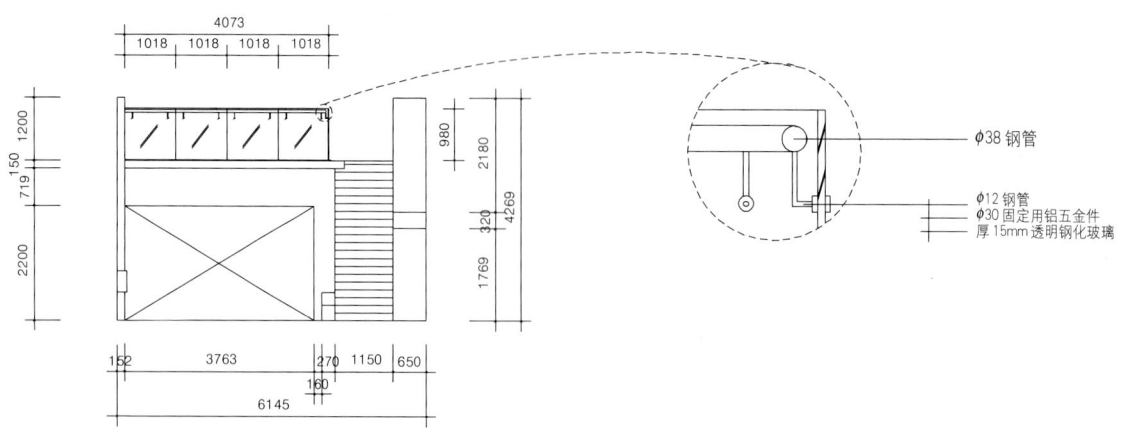

φ38 钢管

φ12 钢管
φ30 固定用铝五金件
厚 15mm 透明钢化玻璃

B 座一层正面图 B 和详图

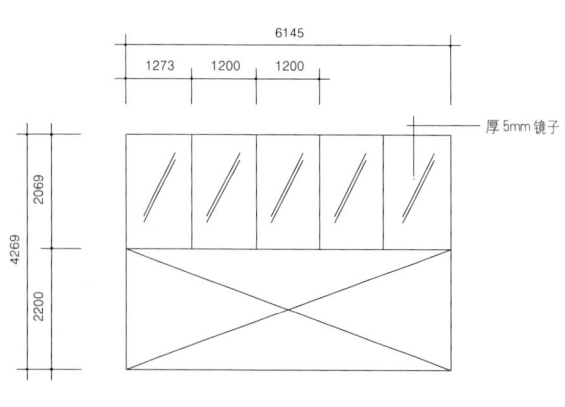

厚 5mm 镜子

B 座一层正面图 C

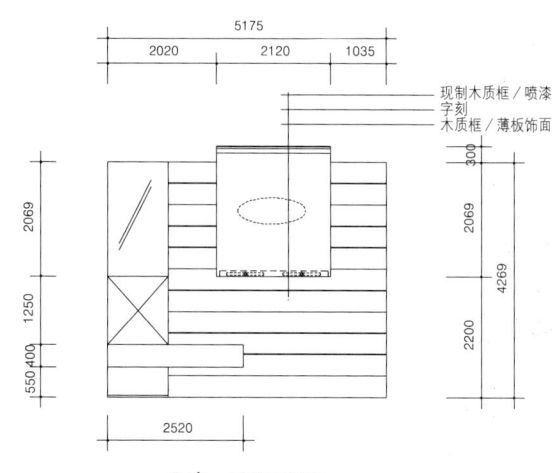

现制木质框 / 喷漆
字刻
木质框 / 薄板饰面

B 座一层正面图 D

位置: 首尔特别市江南区亦三洞641-2 ｜ 设计单位: GL协作 ｜ 建设单位: GL协作 ｜ 用地面积: 828.3m² ｜ 室内总面积: 2465.1m² ｜ 室内装饰: 地板／饰面砖、木质地板、基础板、陶瓷砖 墙壁／彩色玻璃、内用塑膜、玻璃 顶棚／网板、镜子、喷漆

Design : GL Associates | **Construction** : GL Associates | **Site Area** : 828.3㎡ | **Total Floor Area** : 2,465.1㎡ | **Finish** : Floor / Deco Tile, Wood Flooring, Base Panel, Ceramic Tile Wall / Color Glass, Interior Film, Glass Ceiling / Mesh, Mirror, Painting

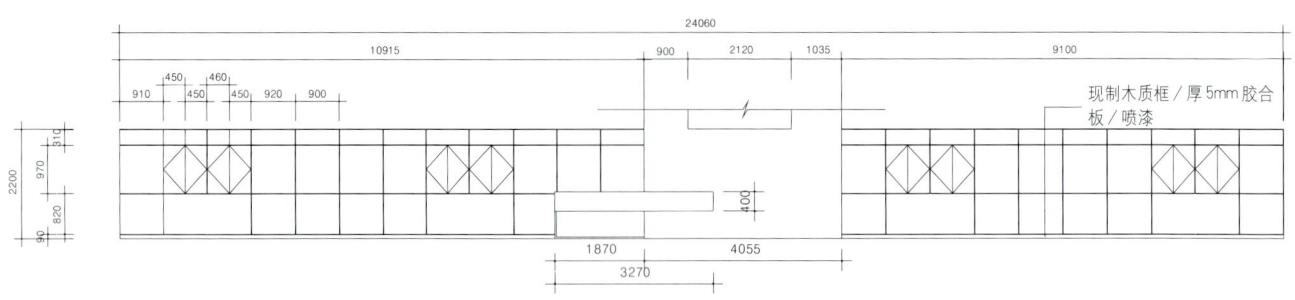

現制木质框 / 厚5mm胶合板 / 喷漆

24060
10915
900　2120　1035
9100

450　460
910　450　450　920　900

2200
310
970
820
90

400

1870　4055
3270

B座一层正面图 E

有一种展览模式正在步入文化与信息时代，它尝试的是一种以文化形式来给参观者提供有关社会、文化和历史因素的和谐，它跨越了硬件时代（即主要依赖视觉化并提供固定顺序的景观的被动模式）和软件时代（即增加了可以唤起积极参与并通过互动而强调知识性理解的辅助功能）。作为注重于通过向公众展示互动性的一个展览空间，韩国文化与信息中心就是这样的一个错综复杂的空间和持续永存的市场。这是一个创造性空间，平易近人而又自然清纯，在这里用户可以通过直接参与、展示和观看即可获得灵感和自信。而且我们还布置了一个与自然相吻合的永久市场以此来确保相关的幻想家和俱乐部拥有娱乐空间和研究小组的教育设施空间，仅仅在一个空间中就可以给他们带来各种不同文化方面的体验。

An exhibition space form is stepping into the culture-contents age, which attempts a cultural approach to provide visitors with harmonious agreement of social, cultural and historical elements, beyond the hardware age (Passive form of information transmission that mainly depends on visibility and offers a view of fixed order) and software age (Added a subsidiary function that educes an active participation, focusing on the intellectual understanding through interaction). As an exhibit space which weighs on the interaction by appealing the public, Korea Culture & Contents Center is a complex space, where information is joined with visuals · mobile, educational space and standing market. It's a creative space with accessibility and simplicity in which the user attains to inspiration and self-confidence by the direct participation, demonstration and viewing. And we arranged a standing market that fits naturally, to ensure spaces of entertainment and of seminar education facility for related fanciers and clubs, bringing them experiences of variegated culture in a single space.

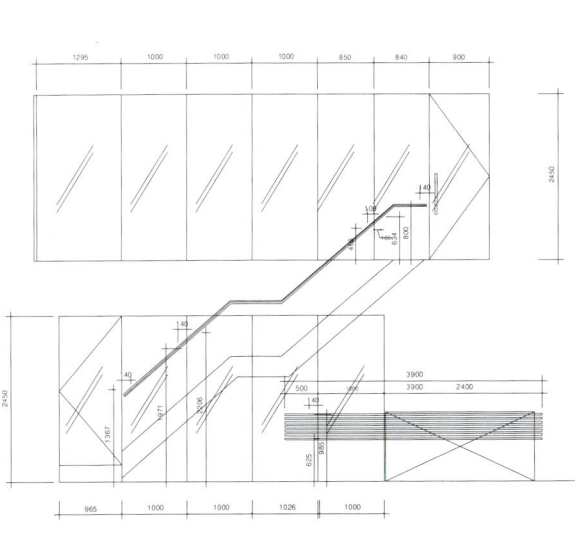

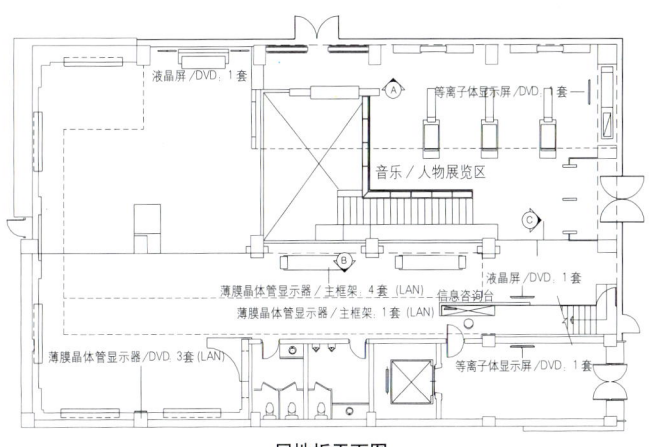

一层地板平面图

一层楼梯正面图

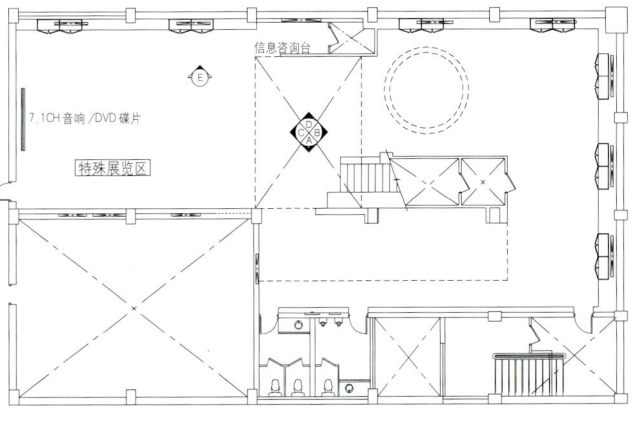

B 座一层地板平面图

■ 展柜（A型）

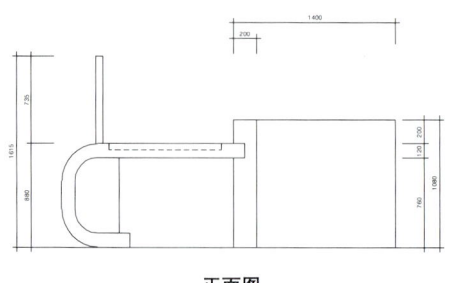

正面图

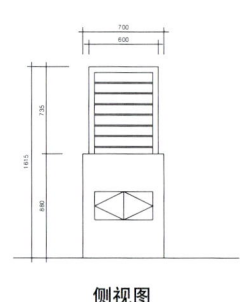

侧视图

■ 展柜（B型）

顶视图

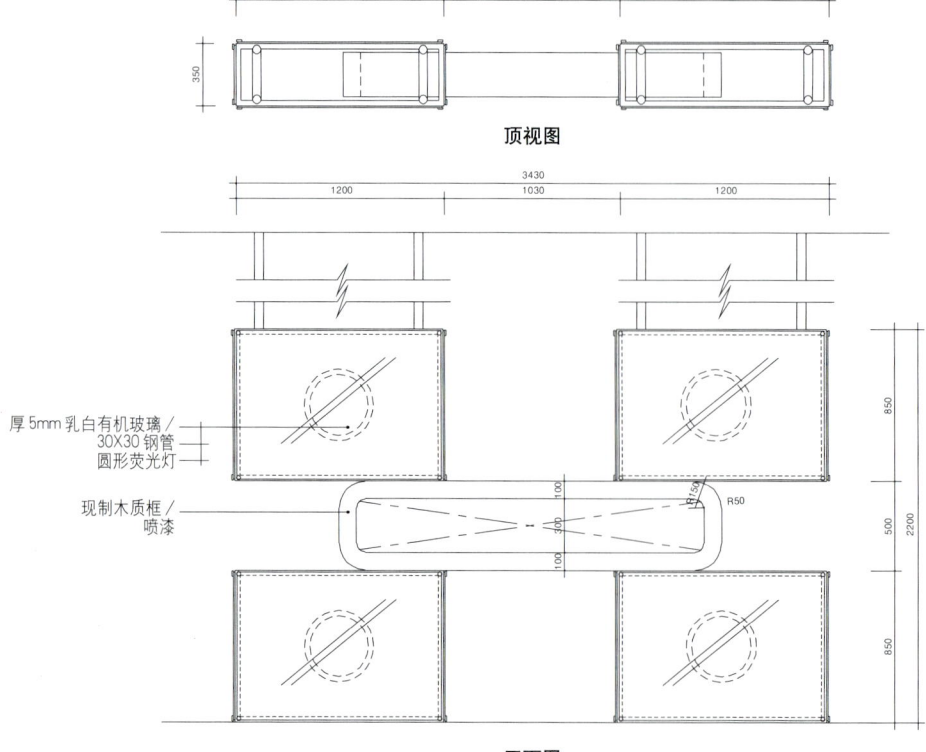

厚5mm乳白有机玻璃/
30X30钢管
圆形荧光灯

现制木质框/
喷漆

正面图

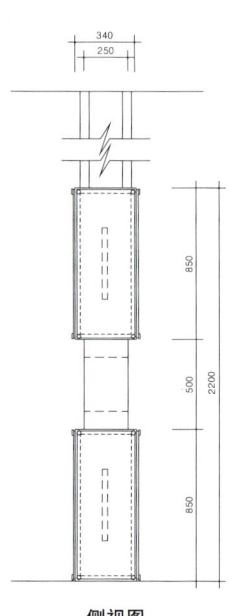

侧视图

■ 一层

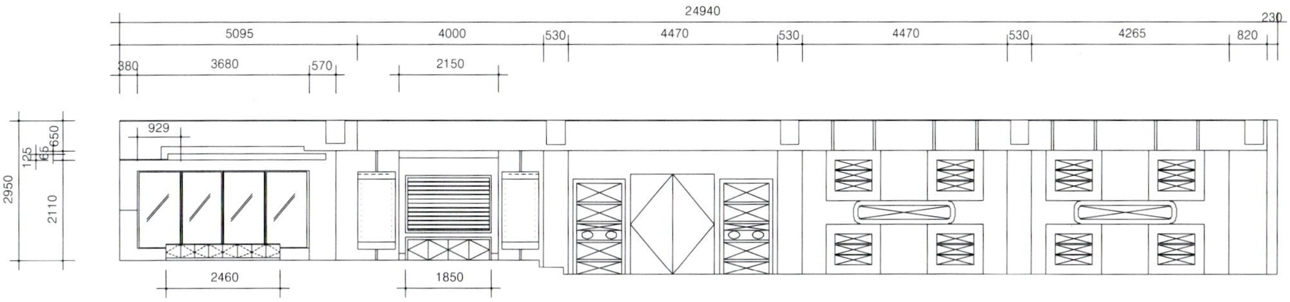
24940
5095
4000
530
4470
530
4470
530
4265
820
230
380
3680
570
2150
929
650
125
65
2950
2110
2460
1850

正面图 A

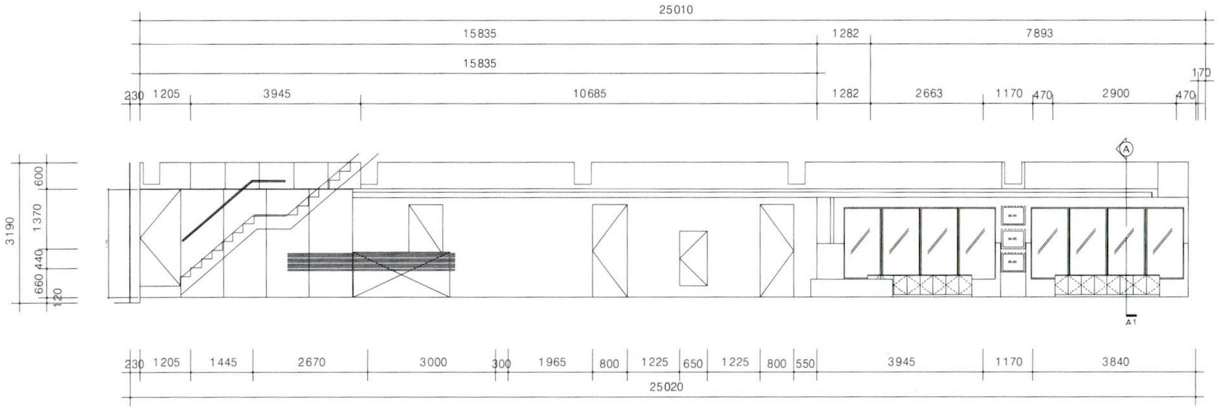
25010
15835
1282
7893
15835
170
230
1205
3945
10685
1282
2663
1170
470
2900
470
A
3190
600
1370
440
660
120
A1
230
1205
1445
2670
3000
300
1965
800
1225
650
1225
800
550
3945
1170
3840
25020

正面图 B

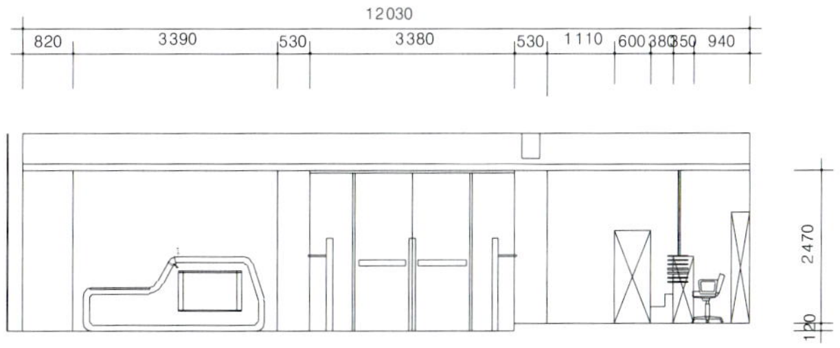
12030
820
3390
530
3380
530
1110
600
380
350
940
2470
120

正面图 C

1F
B1
Contents
Mall

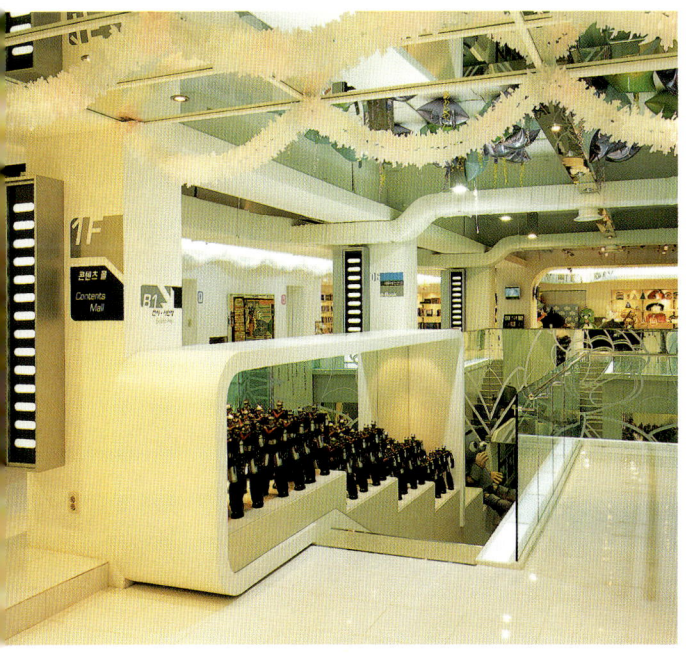

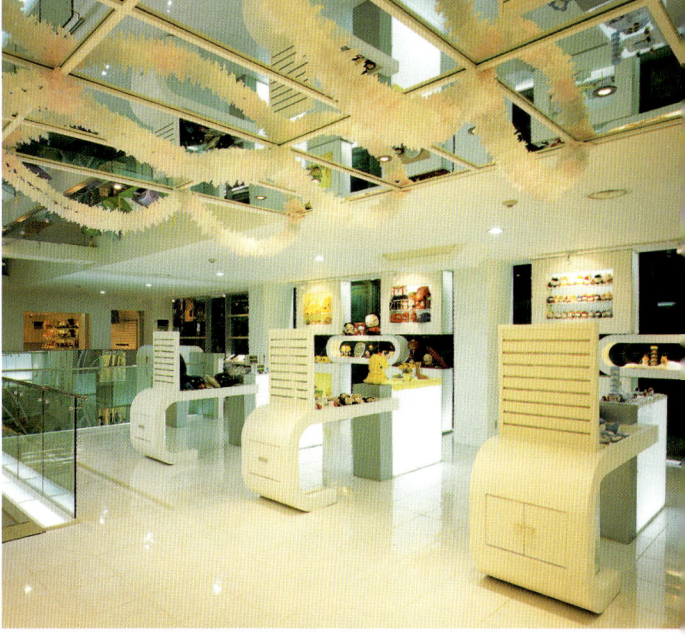

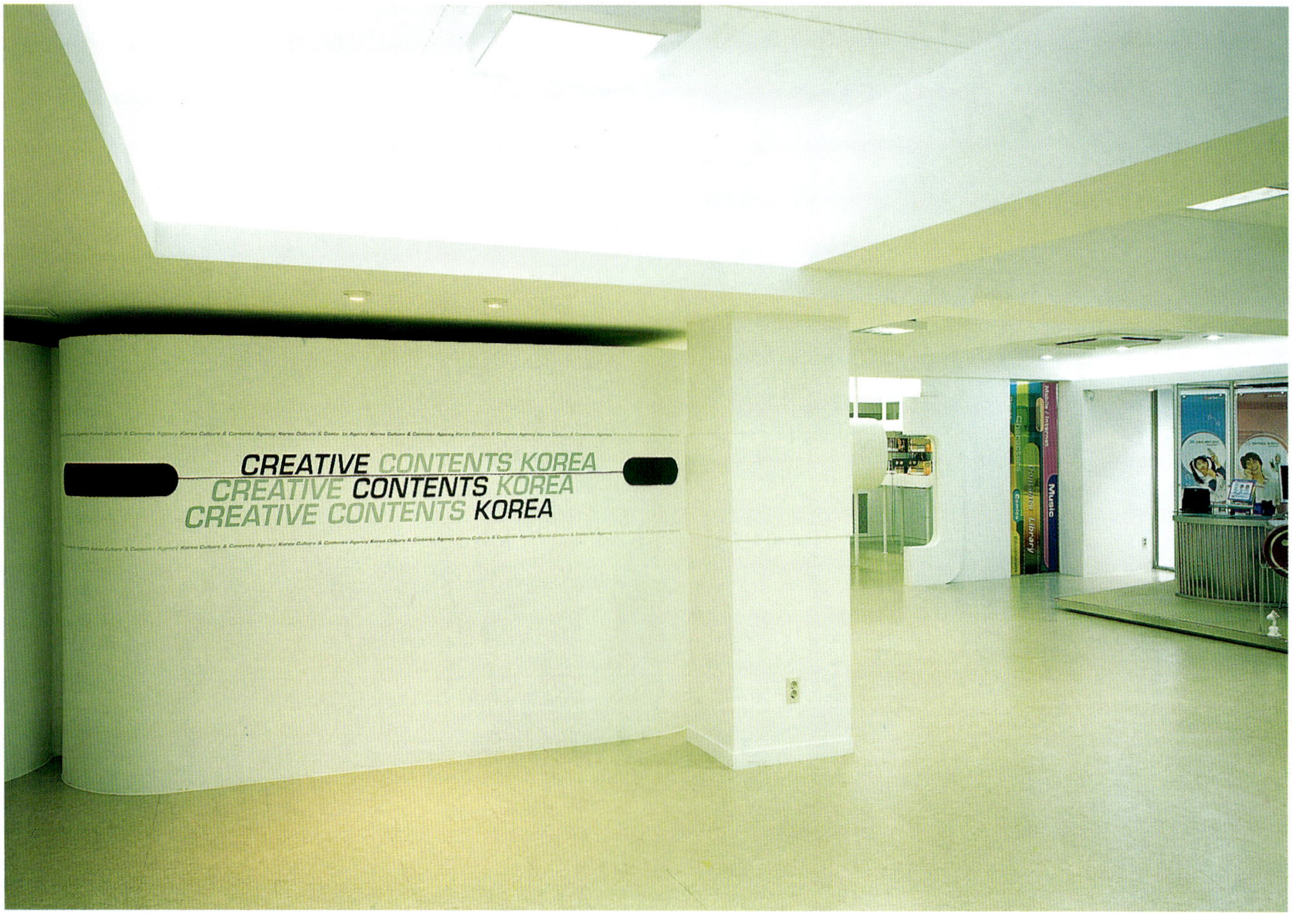

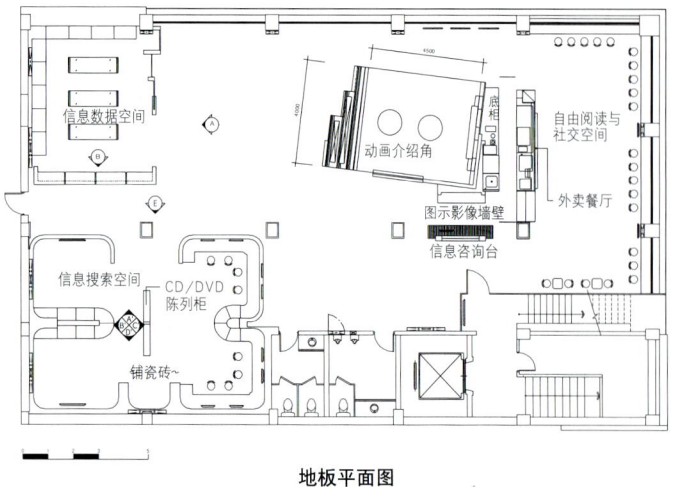

CREATIVE CONTENTS KOREA
CREATIVE CONTENTS KOREA
CREATIVE CONTENTS KOREA

■ 二层

信息数据空间
动画介绍角
自由阅读与
社交空间
外卖餐厅
图示影像墙壁
信息咨询台
信息搜索空间
CD/DVD
陈列柜
铺瓷砖~

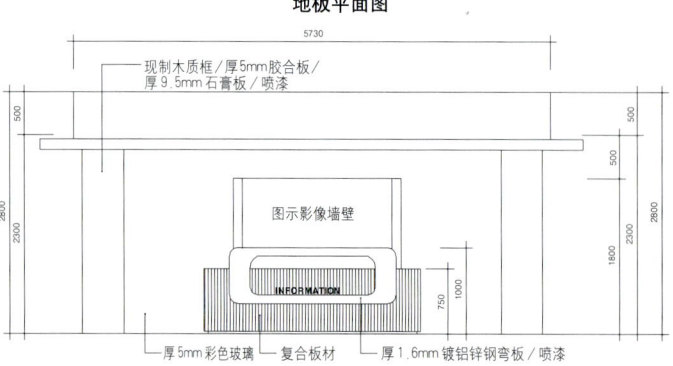

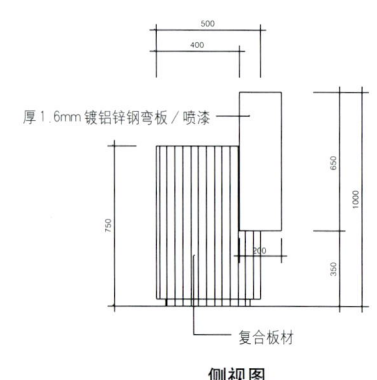

地板平面图

500
400
厚1.6mm镀铝锌钢弯板/喷漆
650
1000
750
200
350
复合板材

侧视图

5730
现制木质框/厚5mm胶合板/
厚9.5mm石膏板/喷漆
图示影像墙壁
INFORMATION
厚5mm彩色玻璃
复合板材
厚1.6mm镀铝锌钢弯板/喷漆
500
2800
2300
1800
750
1000

正面图——信息咨询台

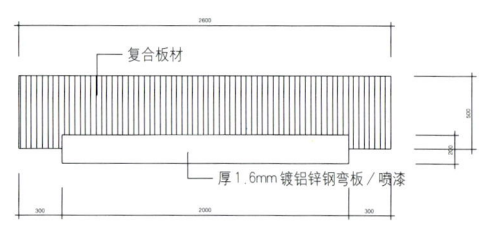

复合板材
厚1.6mm镀铝锌钢弯板/喷漆

顶视图

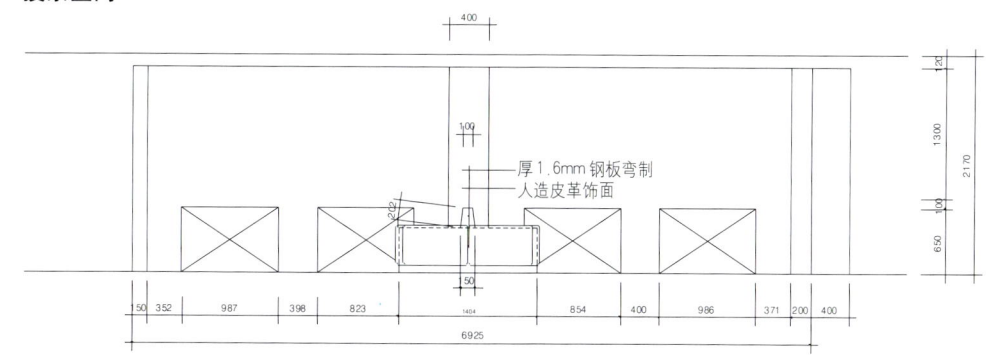

■ 信息咨询台—搜索空间

厚1.6mm钢板弯制
人造皮革饰面

| 50 | 352 | 987 | 398 | 823 | 1404 | 854 | 400 | 986 | 371 | 200 | 400 |

6925

正面图 B'

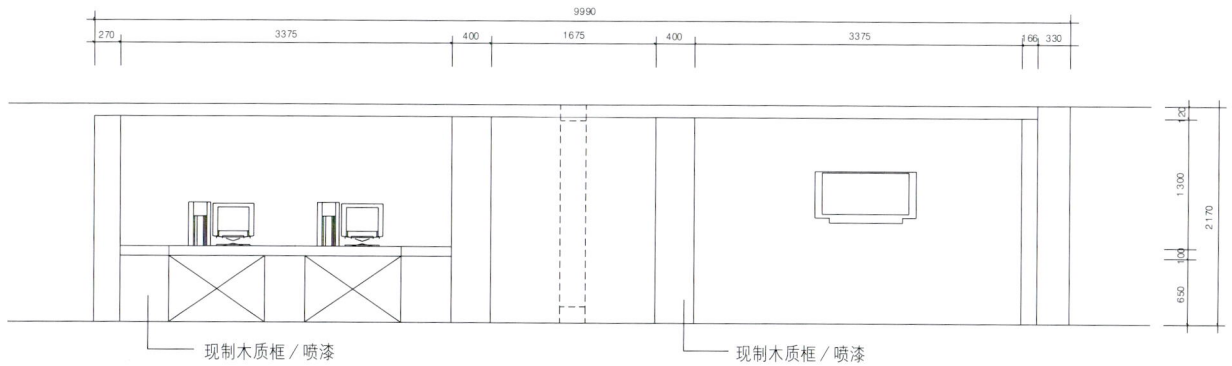

现制木质框／喷漆　　　现制木质框／喷漆

正面图 C'

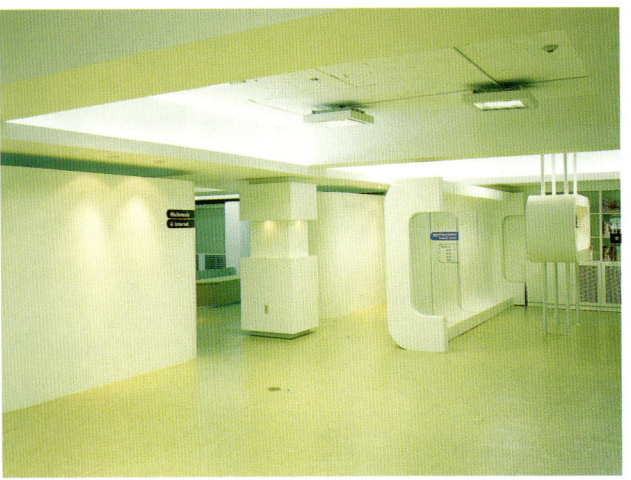

■ 二层

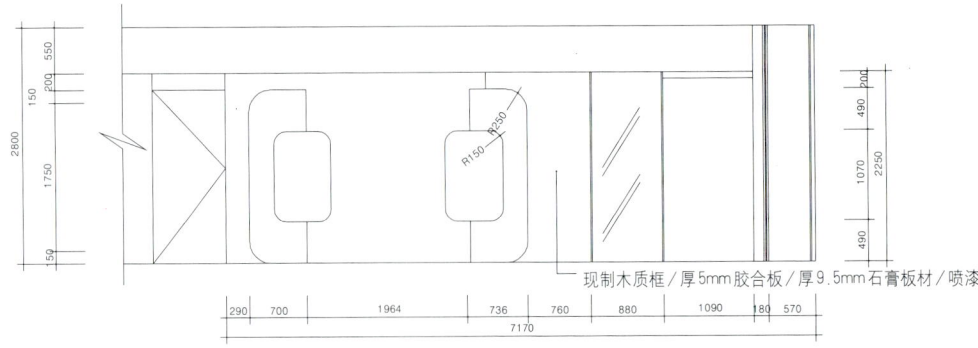

现制木质框／厚5mm胶合板／厚9.5mm石膏板材／喷漆

正面图 A

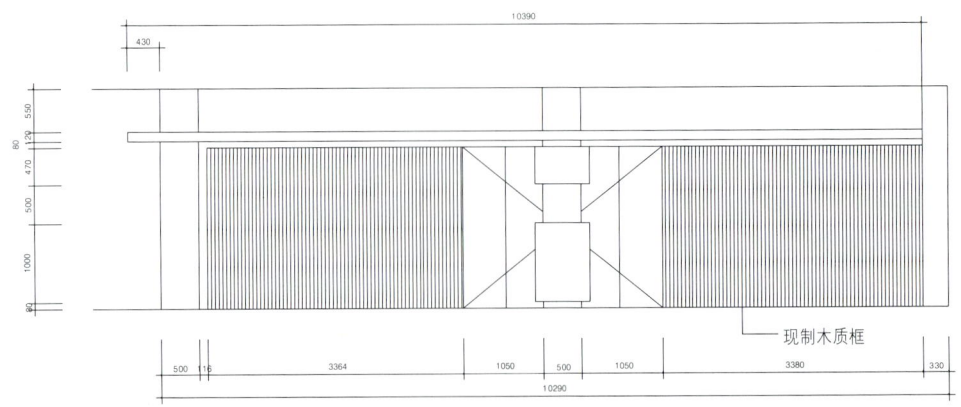

现制木质框

正面图 E

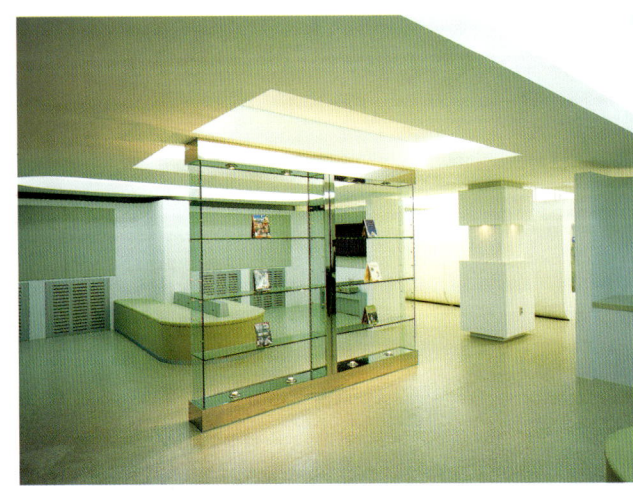

■ 三层

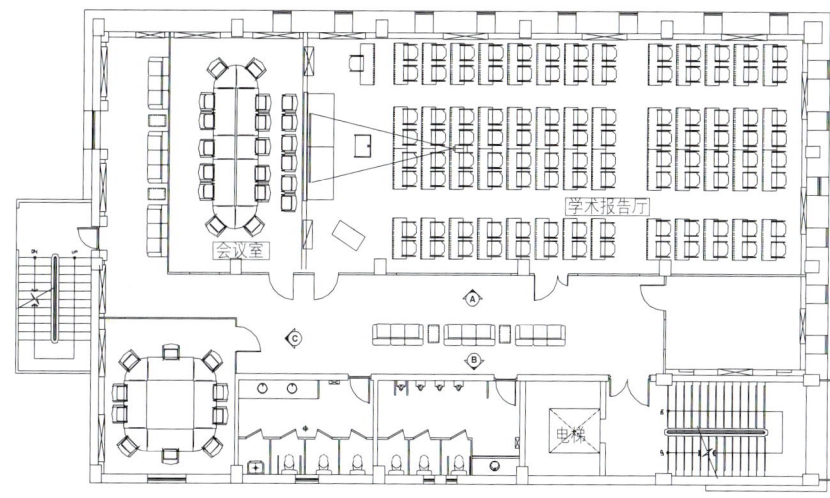

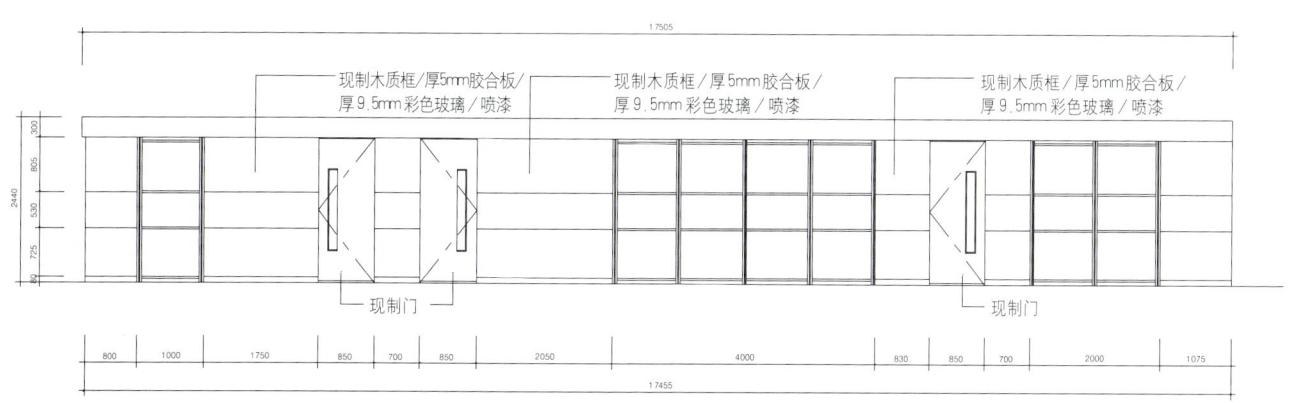

正面图A

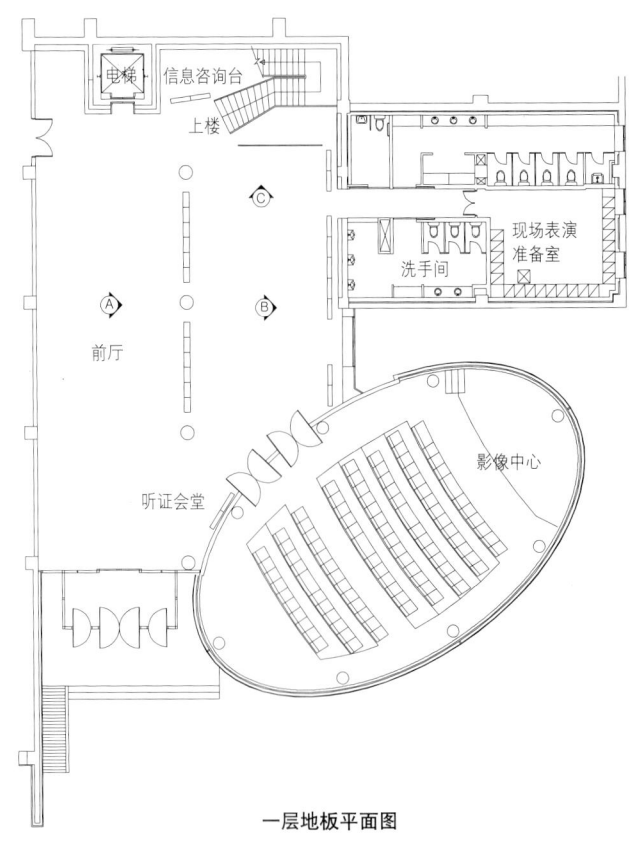

一层地板平面图

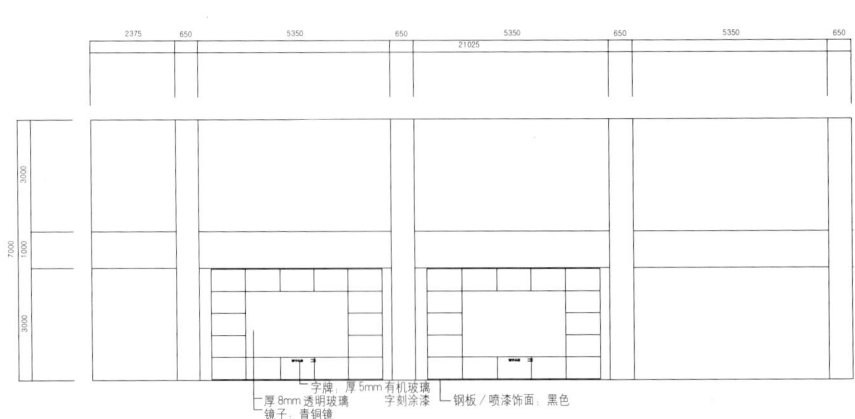

字牌：厚5mm有机玻璃
字刻涂漆   钢板／喷漆饰面：黑色
厚8mm透明玻璃
镜子：青铜镜

正面图A—前厅

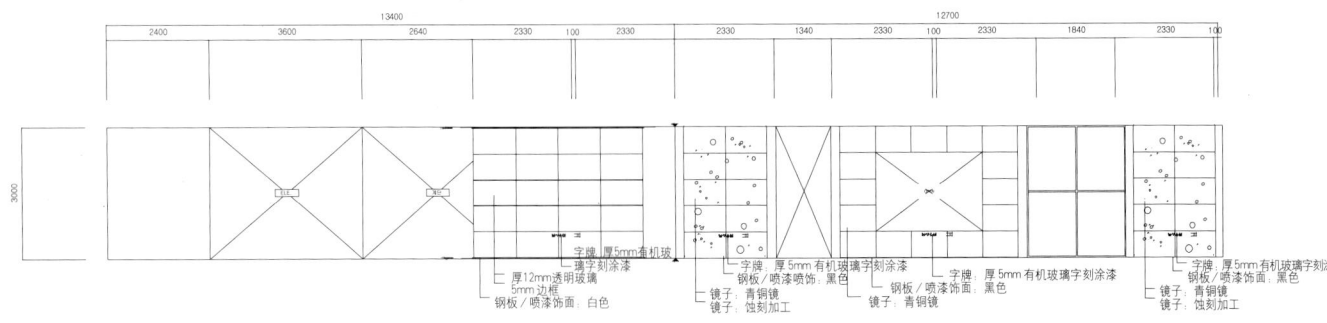

字牌：厚5mm有机
璃字刻涂漆
厚12mm透明玻璃
镜字：边框
钢板／喷漆饰面：白色

字牌：厚5mm有机玻璃字刻涂漆
钢板／喷漆喷饰：黑色
镜子：青铜镜
蚀刻加工

字牌：厚5mm有机玻璃字刻涂漆
钢板／喷漆饰面：黑色
镜子：青铜镜

字牌：厚5mm有机玻璃字刻涂漆
钢板／喷漆饰面：黑色
镜子：青铜镜
蚀刻加工

正面图B

■ 前厅—图像壁

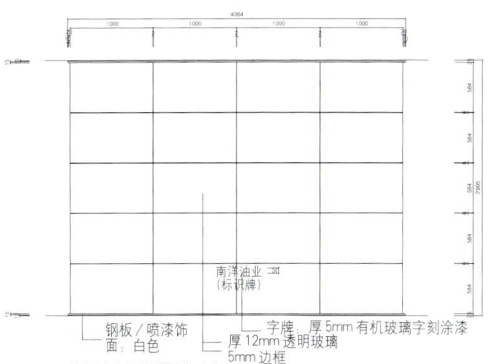

南洋油业
(标识牌)

钢板/喷漆饰
面：白色
字牌：厚5mm有机玻璃字刻涂漆
厚12mm透明玻璃
5mm边框

* 前部玻璃是透明钢化玻璃
  后部玻璃与图面一样是横向的 除去6mm边框的部分是喷涂玻璃：白色

正面图 C —母亲与婴儿的故事

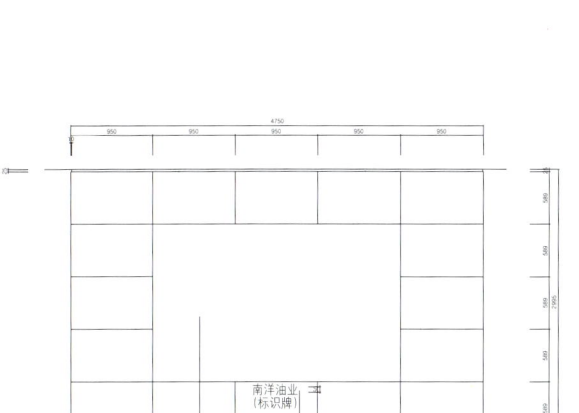

南洋油业
(标识牌)

钢板/喷漆饰
面：黑色
厚8 mm透明玻璃
镜子：青铜镜
字牌：厚5mm有机玻璃字刻涂漆

正面图 A-1 —大自然的故事

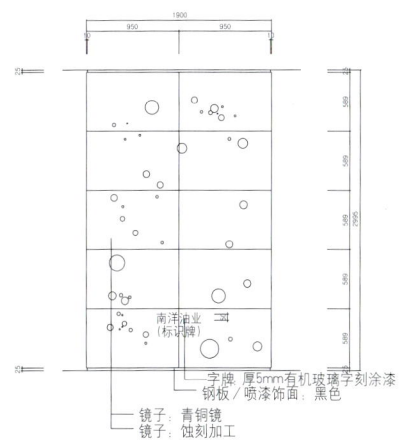

南洋油业
(标识牌)
字牌：厚5mm有机玻璃字刻涂漆
钢板/喷漆饰面：黑色
镜子：青铜镜
镜子：蚀刻加工

正面图 B —大自然的故事

位置：忠清南道天安市南洋油业天安工厂 ┃ **设计单位**：梭力然画廊 ┃ **建设单位**：梭力然画廊 ┃ **室内装饰**：有机玻璃、青铜镜、油漆、玻璃瓶、牛奶包装物

Design：Gallery Sori 然 ┃ **Construction**：Gallery Sori 然 ┃ **Finish**：Acryl, Bronze Mirror, Painting, Glass Bottle, Milk Pack

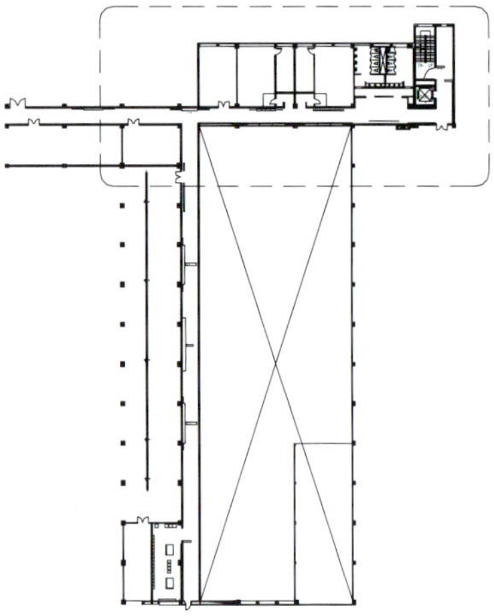

地板平面图

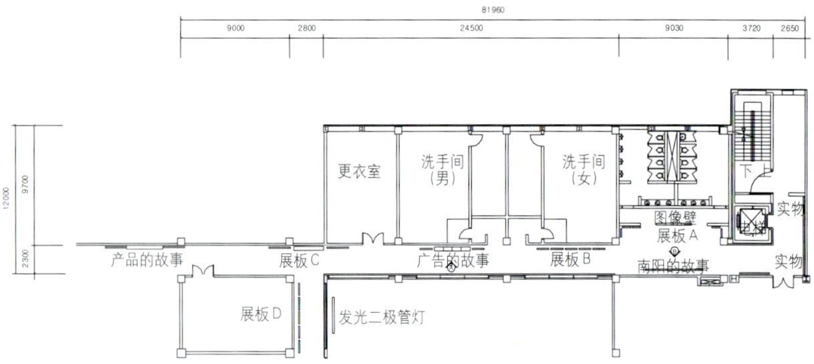
81960
9000
2800
24500
9030
3720
2650
12000
9700
2300
更衣室
洗手间
(男)
洗手间
(女)
下
实物
图像壁
展板A
产品的故事
展板C
广告的故事
展板B
南阳的故事
实物
展板D
发光二极管灯

地板平面图

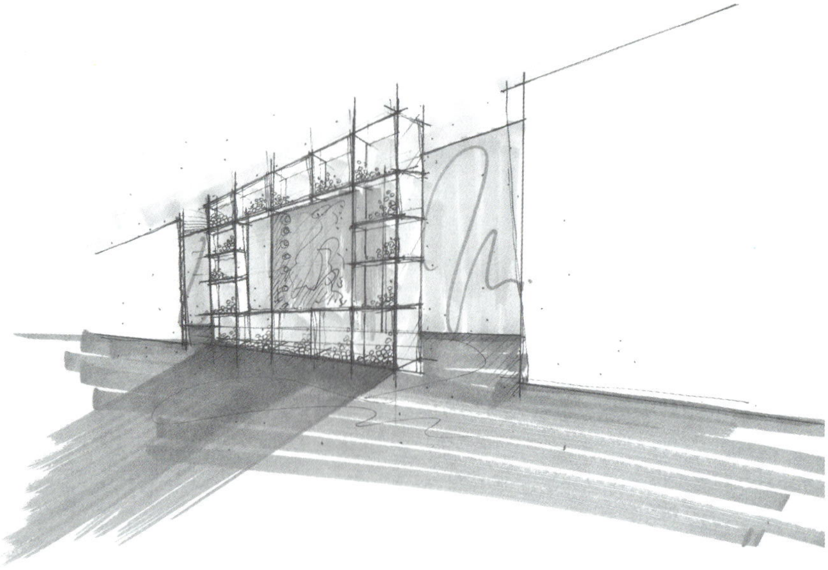

草图

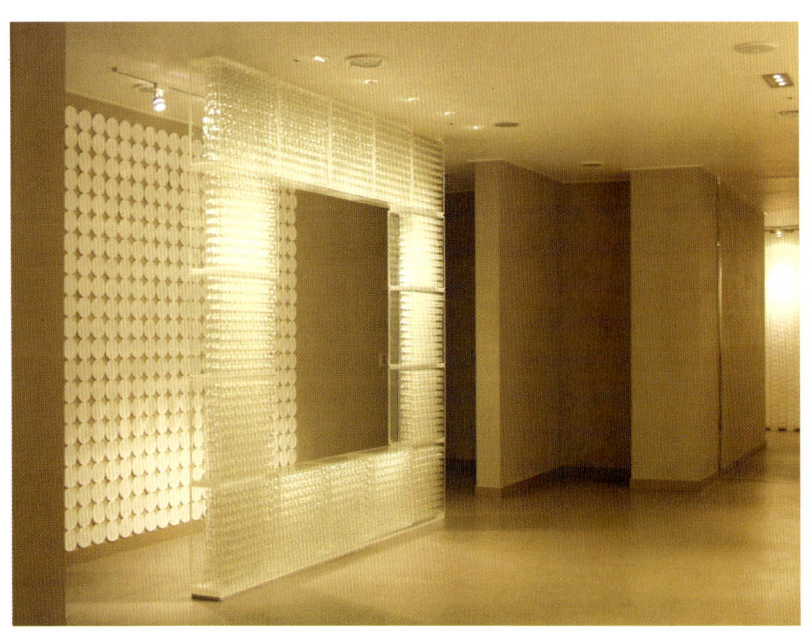

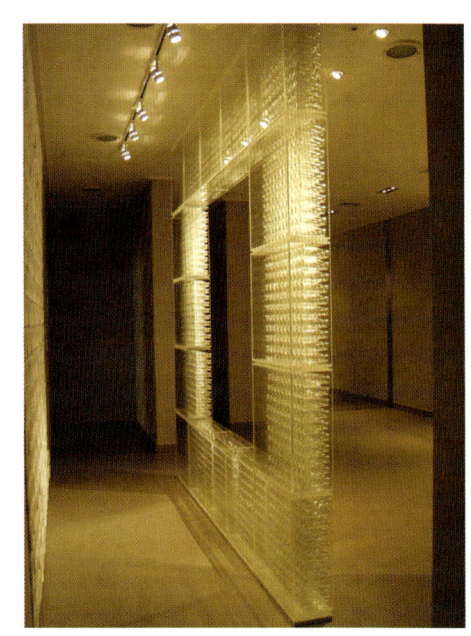

■ 图像壁

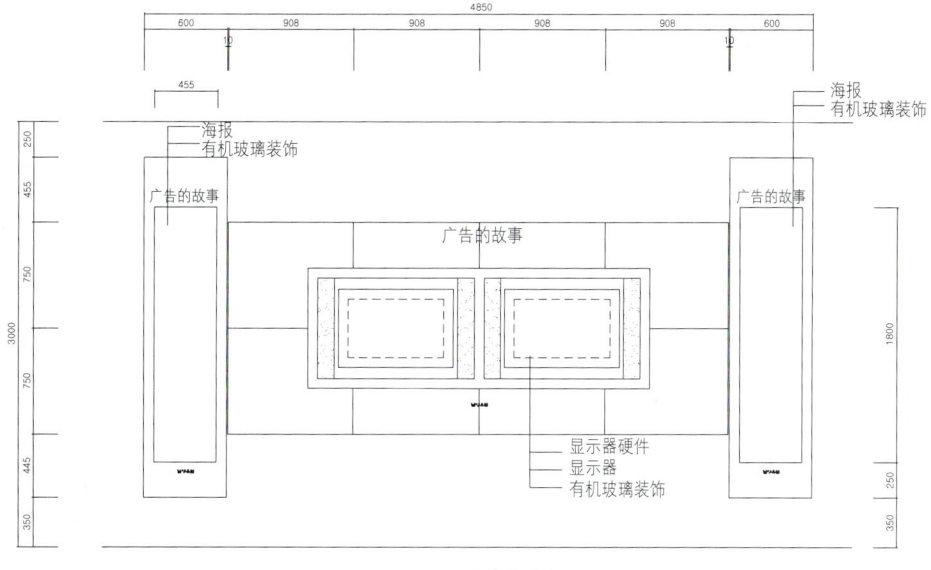

正面图 A—广告的故事

正面图 B—南阳的故事

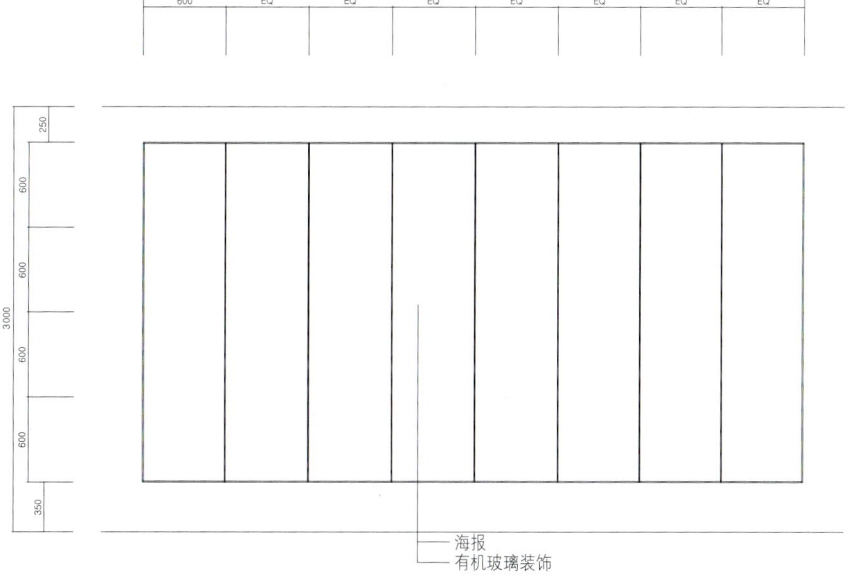

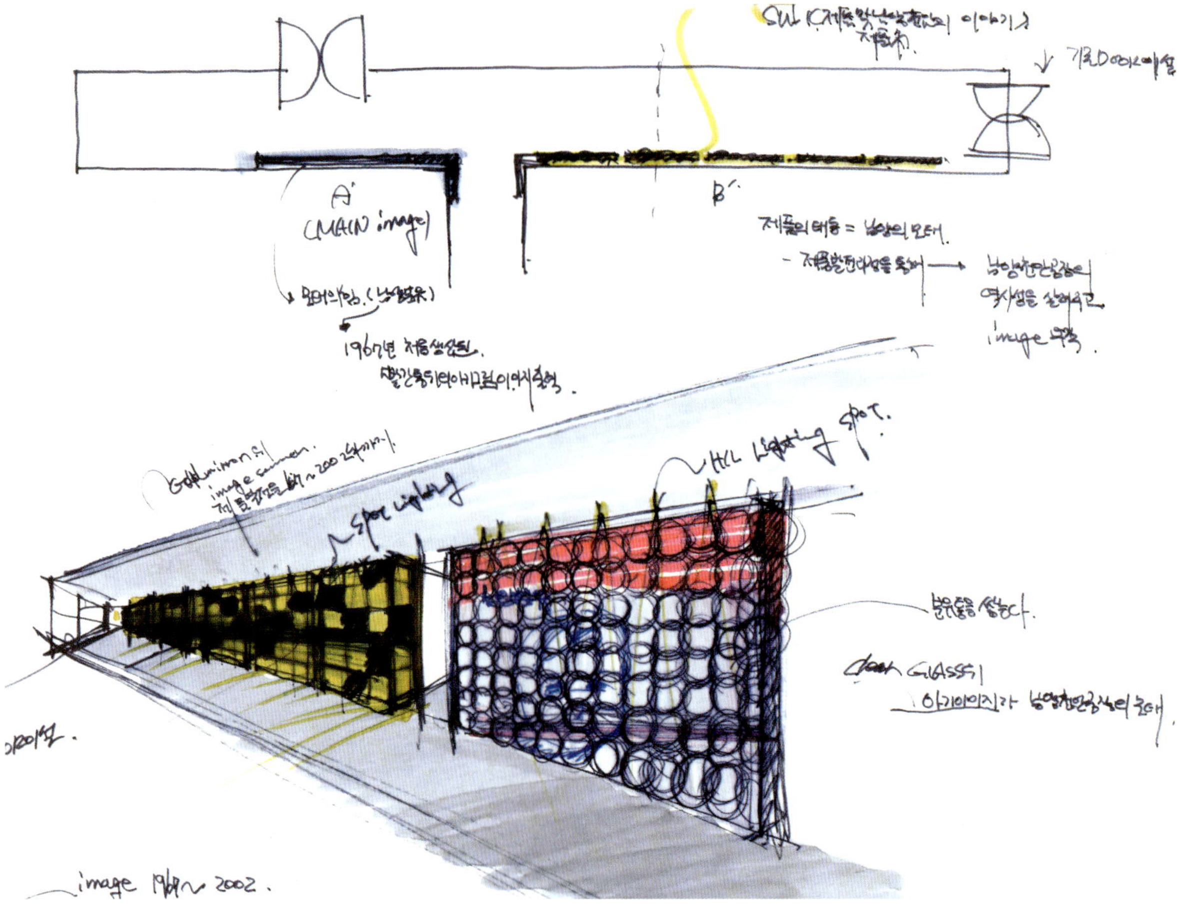

草图——走廊图像壁

一、奶路历程（一个小孩）

反射到一楼玻璃上的是一幅大自然的图像，在画中，母亲子宫里的羊水化作水滴伴随着一个小孩的欢跳在漂流着。在那里，小孩在安详地喝奶（人乳）。梁上放映机把奶滴形状的图像投射到黑色镜面上。

二、奶品（安装）

代表着南阳产品特色的奶品被安装在奶路之间。奶瓶啦、奶粉罐（帽）啦、奶盒啦、豆奶盒啦——一切一切都能在奶路那里找到新的生活。有机玻璃箱装满了成堆的奶瓶，沿着墙壁，一面图像壁就从纯白色的牛奶箱中升腾出来，就是没有南阳的任何一种彩色。

三、孩子们的房间（玩牛奶）动画

有牛奶就是开心，孩子们喝奶就像是在动画中的奶牛一样享受着大自然。

四、南阳路

牛奶、奶粉和饮食文化的故事，这些东西南阳一直都在发展着。奶品与儿童发育之路。所有这些在奶路上都被安装成图像和视觉码。这一田园式的旅展之路的设计是根据一个参观者的观点完成的，也是出于母亲和儿童的心愿。我们试图设计出第一个精灵，即来自于大自然并且又重返大自然的儿童们的精灵。

One, Milk Road (A Child)

Reflected on the glass of the 1st floor is an image of nature, in which, the water of mother's womb, water drops drift with a child skipping about. There, the child drinks milk (breast milk) peacefully. The Beam projector shoots the image of the shape of milk drop on the surface of the black mirror.

Two, Milk objet (Installation)

Objet featuring the products of Namyang is installed between Milk Roads. Everything - milk bottles, cans of milk powder (caps), milk packs, soy milk packs - finds a new life there on the road. Acryl boxes are filled with piles of milk bottles and along the walls, an image wall is established out of milk packs of pure white, without any colors of Namyang's.

Three, Children's Room (Playing with milk) animation

Milk is joy. Children drink milk and enjoy nature like in the animation, like cows.

Four, Namyang Road

Stories of milk, milk powder and dietary culture, which Namyang has been developing. Milk objet and a Child's Road. All of these are installed as images and visual codes on Milk Road. The design of this field trip road is completely based on the visitor's point of view, and on the hearts of a child and mother. We tried to design the first spirit, the spirit of our children who comes from nature and goes back to it again.

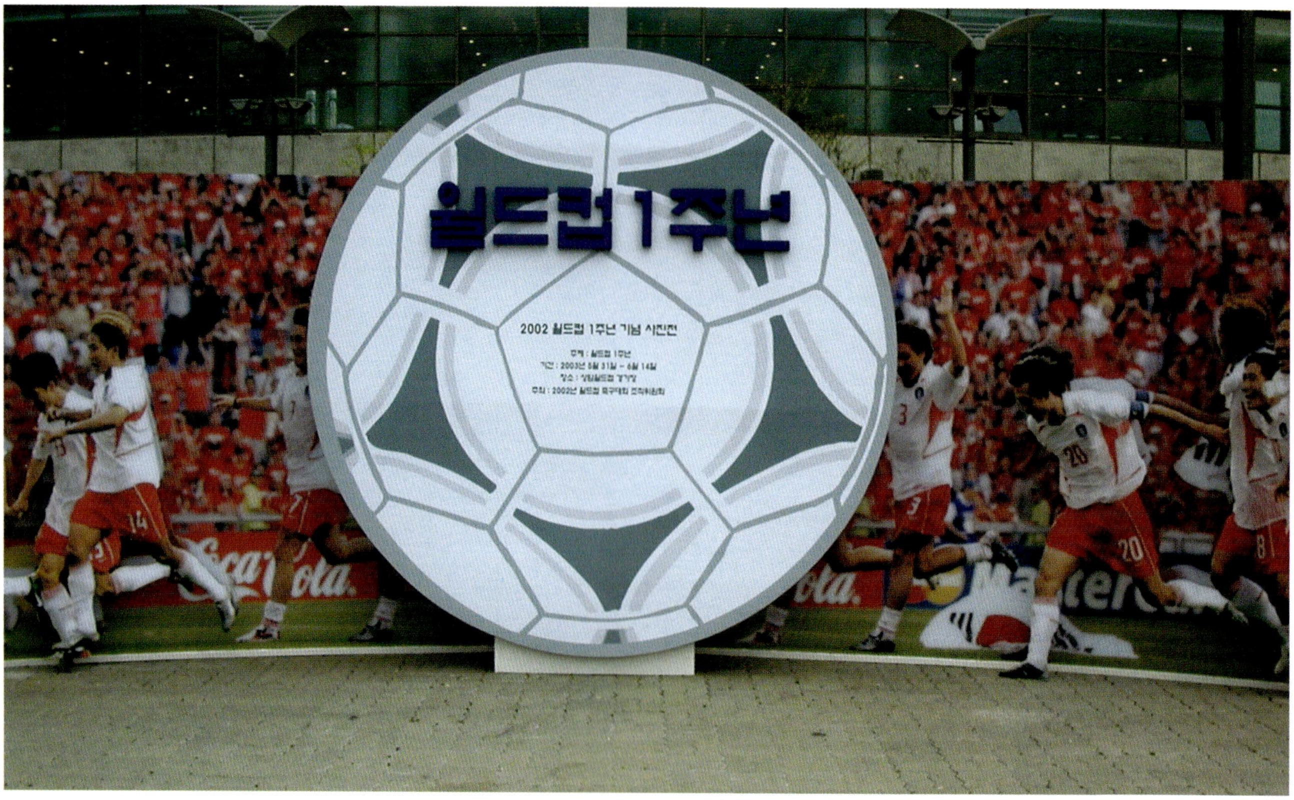

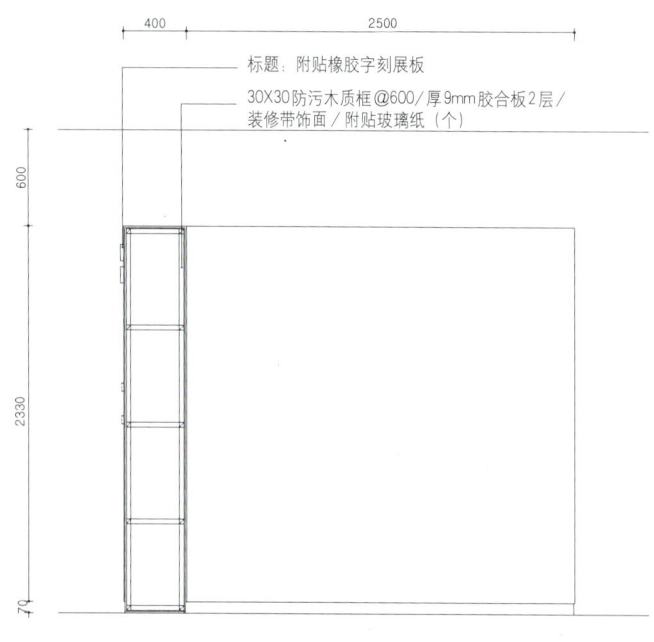

월드컵 1주년
2002 월드컵 1주년 기념 사진전

400
2500
标题：附贴橡胶字刻展板
30X30防污木质框@600／厚9mm胶合板2层／
装修带饰面／附贴玻璃纸（个）
600
2330
70

剖面图一信息墙

475
200
厚24mm防污夹芯胶合板／海报饰面
600
1800
30X30防污木质框@600／厚9mm胶合
板2层／装修带饰面／附贴玻璃纸
R30不锈钢板固定

剖面图一1区展板

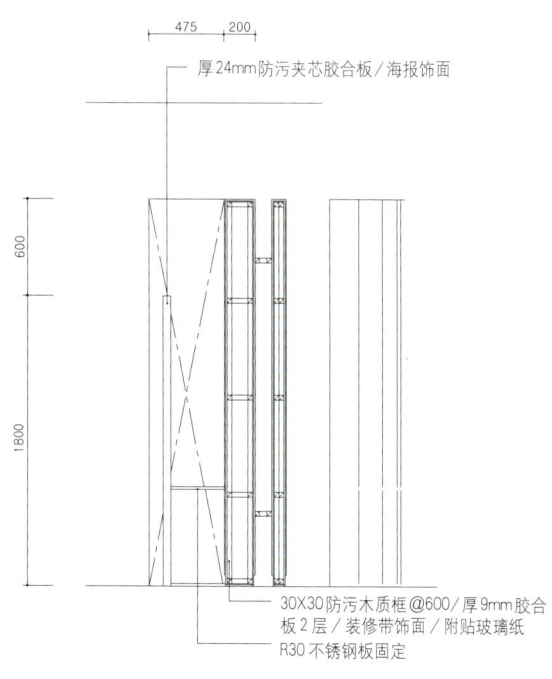

6. 为世界杯—周年纪念图片展公众的捐献

3. 带领世界杯走向成功的人们

H:2400

1600　4800

H:2400

H:2400 P.D.P

展览室

7200

H:2400

H:1800

875

4000

H:2400

5. 韩国在世界上

H:2400

2. 世界杯节日与国民

P.D.P

1. 红鬼们的抗议

4. 世界杯的礼物

地板平面图

0　1　　3　　5　　　　　10

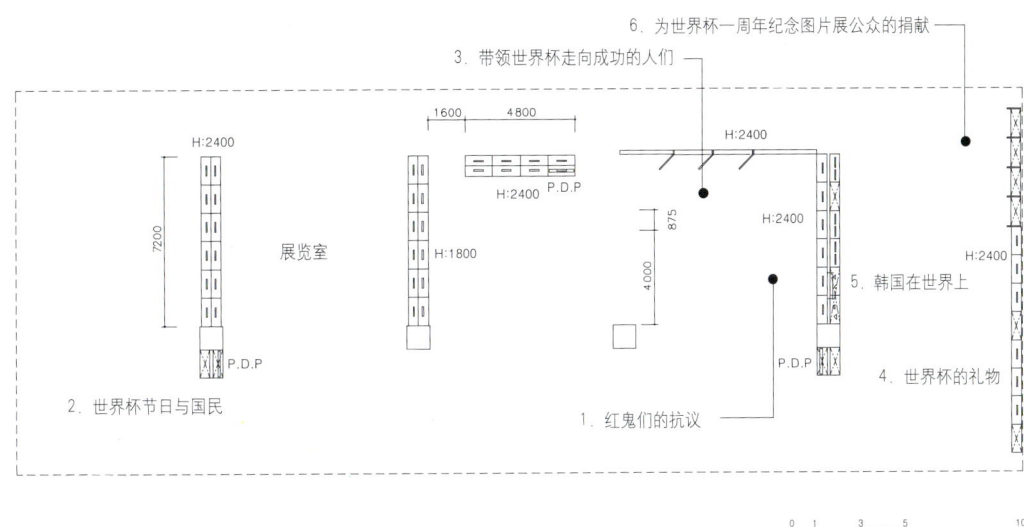

位置：首尔市上岩洞足球世界杯竞技场内 ｜ 设计单位：佳旺展览与主题公园株式会社 ｜ 建设单位：佳旺展览与主题公园株式会社 ｜ 展览方
案：佳旺展览与主题公园株式会社 ｜ 图示设计：佳旺展览与主题公园株式会社 ｜ 建筑面积：387.188m² ｜ 室内装饰：地板和墙壁／大理石　顶
棚／白色矿纤板

Design : Gawon Exhibition & Themepark Co., Ltd. · Sin, Seong uk / Kim, Jeong su ｜ **Construction** : Gawon Exhibition & Themepark Co., Ltd. · Kim, Gyeong tae / An, Min ho /
Kim, Min ki ｜ **Exhibition Plan** : Gawon Exhibition & Themepark Co., Ltd. · Park, Seong hui ｜ **Graphic Design** : Gawon Exhibition & Themepark Co., Ltd. · Jeong, Ll gwon / Kim, Do
hyeon ｜ **Built Area** : 397.188㎡ ｜ **Finish** : Floor · Wall / Marble Ceiling / White Mitone

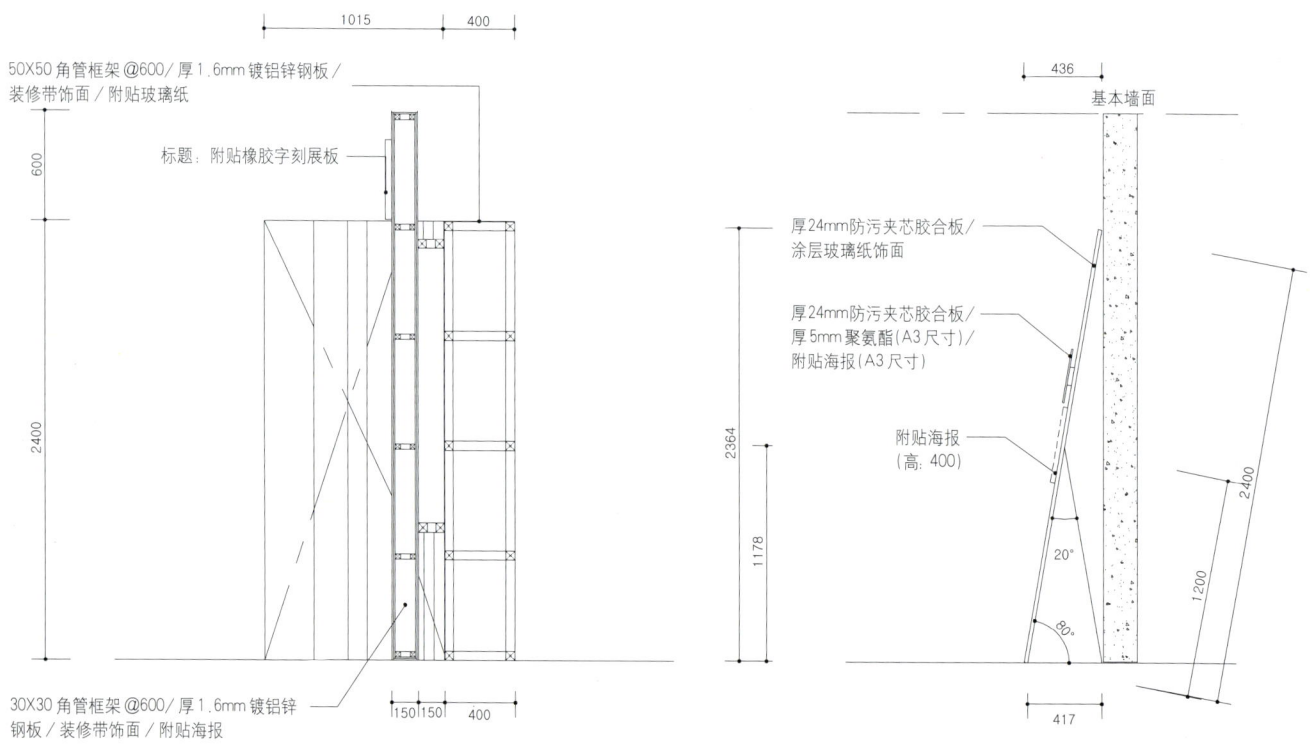

■ 展板

50X50 角管框架 @600／厚1.6mm 镀铝锌钢板／
装修带饰面／附贴玻璃纸

标题：附贴橡胶字刻展板

1015 400

600

2400

30X30 角管框架 @600／厚1.6mm 镀铝锌
钢板／装修带饰面／附贴海报

150 150 400

剖面图—1 区

基本墙面

436

厚24mm防污夹芯胶合板／
涂层玻璃纸饰面

厚24mm防污夹芯胶合板／
厚5mm聚氨酯(A3尺寸)／
附贴海报(A3尺寸)

附贴海报
(高：400)

2364

1178

20°

80°

417

1200

2400

剖面图—2 区

■ 等离子体显示屏展板

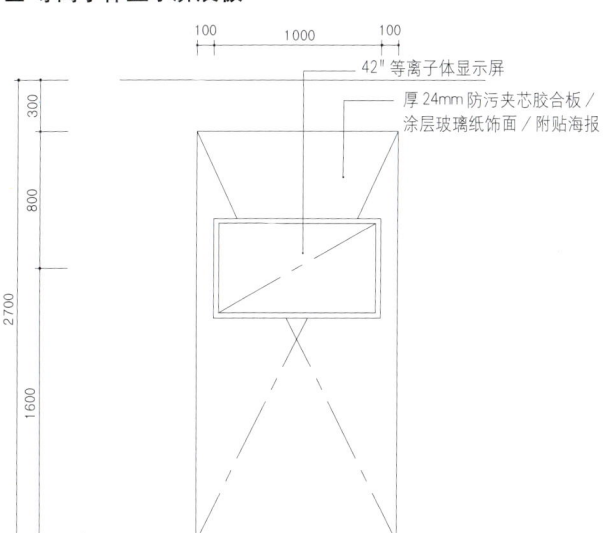

剖面图

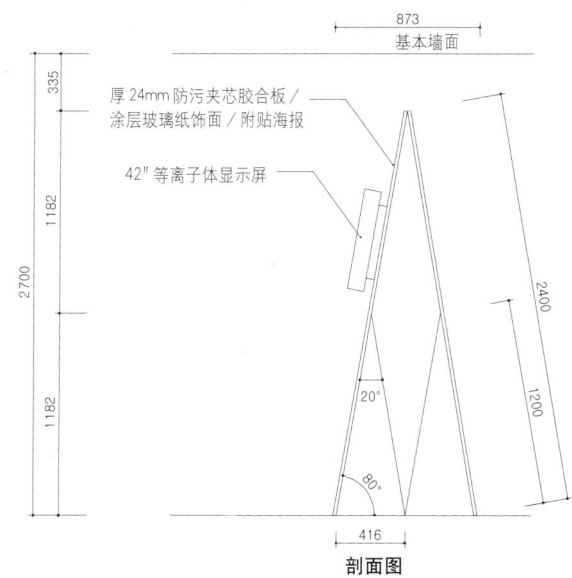

剖面图

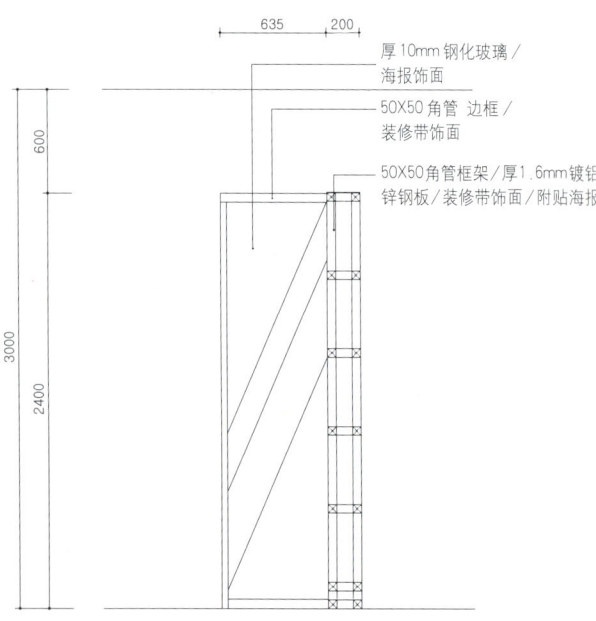

■ 展板

厚 10mm 钢化玻璃／
海报饰面

50X50 角管 边框／
装修带饰面

50X50角管框架／厚1.6mm镀铝
锌钢板／装修带饰面／附贴海报

635 | 200

600

3000

2400

基本墙面

457

335

280

1770

315

厚24mm 防污夹芯胶合
板／涂层玻璃纸饰面
厚24mm 防污夹芯胶合板

厚24mm 防污夹芯胶合
板／厚5mm聚氨酯(A3尺
寸)／附贴海报(A3尺寸)

2700

20°

80°

2400

1200

416

剖面图—3区

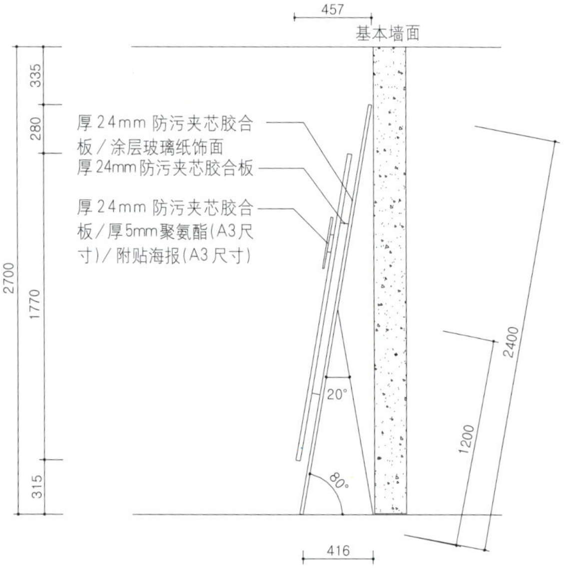

剖面图—4区

本次图片展是为纪念２００２年世界杯一周年之际由KOWOCK（2002年韩日足球世界杯韩国组委会）举办的，并且通过这些图片，我们设计的是在赛后要关注世界杯，集中展示世界杯的特色。主题被分成五个部分："世界杯节日与国民"、"红鬼们的抗议"、"带领世界杯走向成功的人们"、"韩国在世界上"、"世界杯留给人们的礼物"。通过展出400多幅有关的图片，我们尽力将6月份那鼓舞人心的时刻召唤回来，怀着对那些在成功的背后付出的辛苦努力传送出掌声，而且还将这次图片展作为缅怀与鼓舞之地，就是在这里我们忽然发现我们自己得到了升华并回顾了世界杯已经给韩国足球带来了什么。有一个隔离的场所给全体国民的参与安排出来，从400幅图片中展示了获奖的38幅图片，这些都是为了世界杯纪念图片而得到公众捐款的一部分。

The photo exhibition was held by KOWOC (Korean Organizing Committee for the 2002 FIFA World Cup Kore) in memorial of the 1st anniversary of the 2002 World Cup and through the pictures, it was planned to refocus on the World Cup and the features after the event. Theme was categorized into five sections: 'World Cup Festival with the Nation', 'Outcry of Red Devils', 'People Who Lead World Cup to Success', 'Korea in the World', 'Gift that World Cup left'. By exhibiting over 400 relating photos, we tried to bring back the inspiring moments of June, sending applause with gratitude to the hard work behind the success, and also represented it as a place of memories and inspiration, in which we can find ourselves elevated and look back at what World Cup has brought to Korean soccer. A separate place was arranged for participation of the whole nation, exhibiting 38 photos that won prizes out of 400 photos, which were entered in public subscription for World Cup memorial photos.

■ 世界杯图像壁

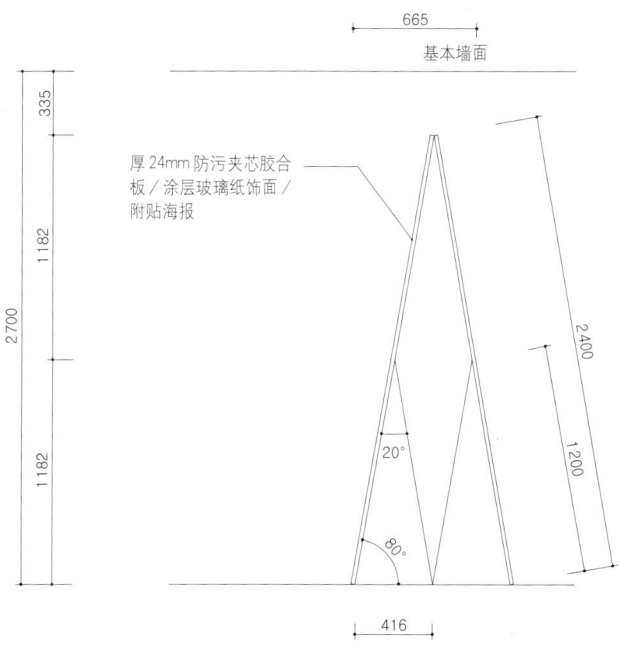

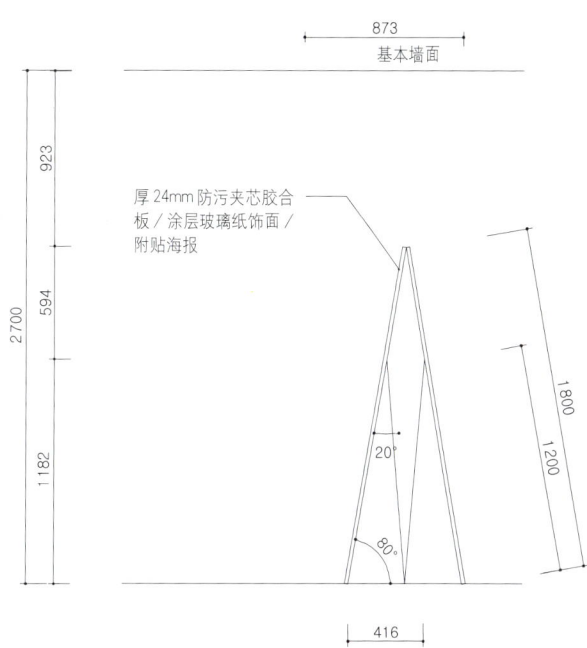

剖面图

Dukwon Gallery, Insa-dong

仁什洞的德源画廊

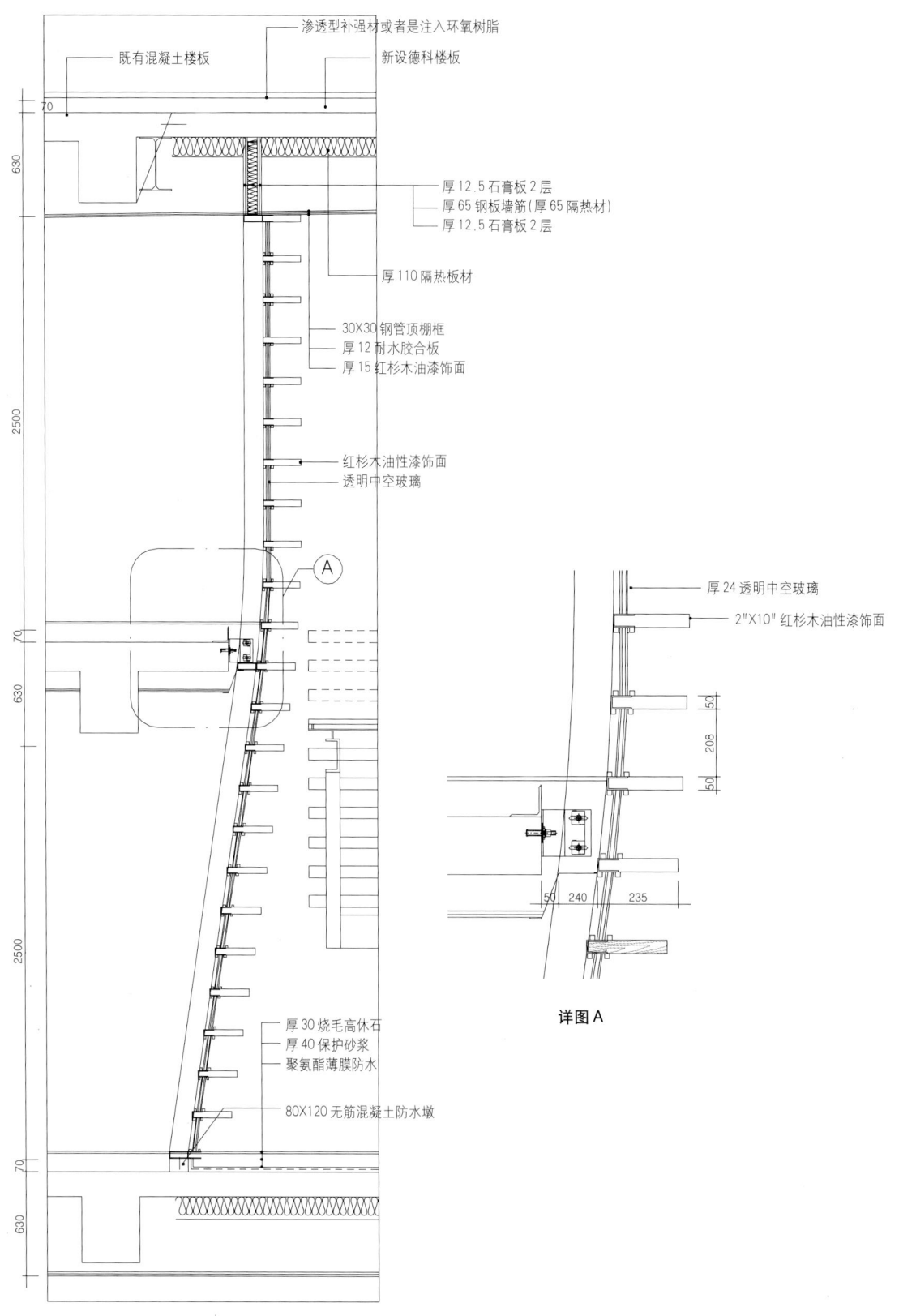

渗透型补强材或者是注入环氧树脂

既有混凝土楼板

新设德科楼板

厚12.5石膏板2层
厚65钢板墙筋(厚65隔热材)
厚12.5石膏板2层

厚110隔热板材

30X30钢管顶棚框
厚12耐水胶合板
厚15红杉木油漆饰面

红杉木油性漆饰面
透明中空玻璃

A

厚24透明中空玻璃

2"X10" 红杉木油性漆饰面

详图A

厚30烧毛高休石
厚40保护砂浆
聚氨酯薄膜防水

80X120无筋混凝土防水墩

剖面图—幕墙

位置：首尔特别市钟路区仁什洞15号 | 设计单位：建筑与协作17工作室 | 建设单位：CM合作设计认证株式会社 | 场地面积：418.60㎡ | 建筑面积：348.95㎡ | 室内总面积：1633.07㎡ | 室内装饰：外部——地板／黑色砖地板、花岗石加工的高休石、硬木甲板 | 墙壁／韩国风格屋顶铺瓦、红色日本柳杉幕墙、干墙喷涂 内部——地板／采暖木质地板、环氧涂层、喷漆、木质方砖 墙壁／板上喷水性涂料 顶棚／珍珠岩喷涂材料、石膏板上喷水性涂料

Design：Atelier17 Architects & Associates · Kwon, Moon sung / Lee, Kyung rak | **Construction**：CM Partner, DesignPass Co., Ltd. | **Site Area**：418.60㎡ | **Built Area**：348.95㎡ | **Total Floor Area**：1,633.07㎡ | **Finish**：Exterior – Floor / Black Brick Floor, Goheung Stone Processed Granite, Merbau Deck Wall / Korea Style Roof Tiling, Red Cryptomeria Curtain Wall, Dryvit Spray Interior – Floor / Heated Wood Floor, Epoxy Coating, Painting, Wood Tile Wall / Water Paint over Panel Ceiling / Perlite Spray Paint, Water Paint over Gypsum Board

■ 外墙

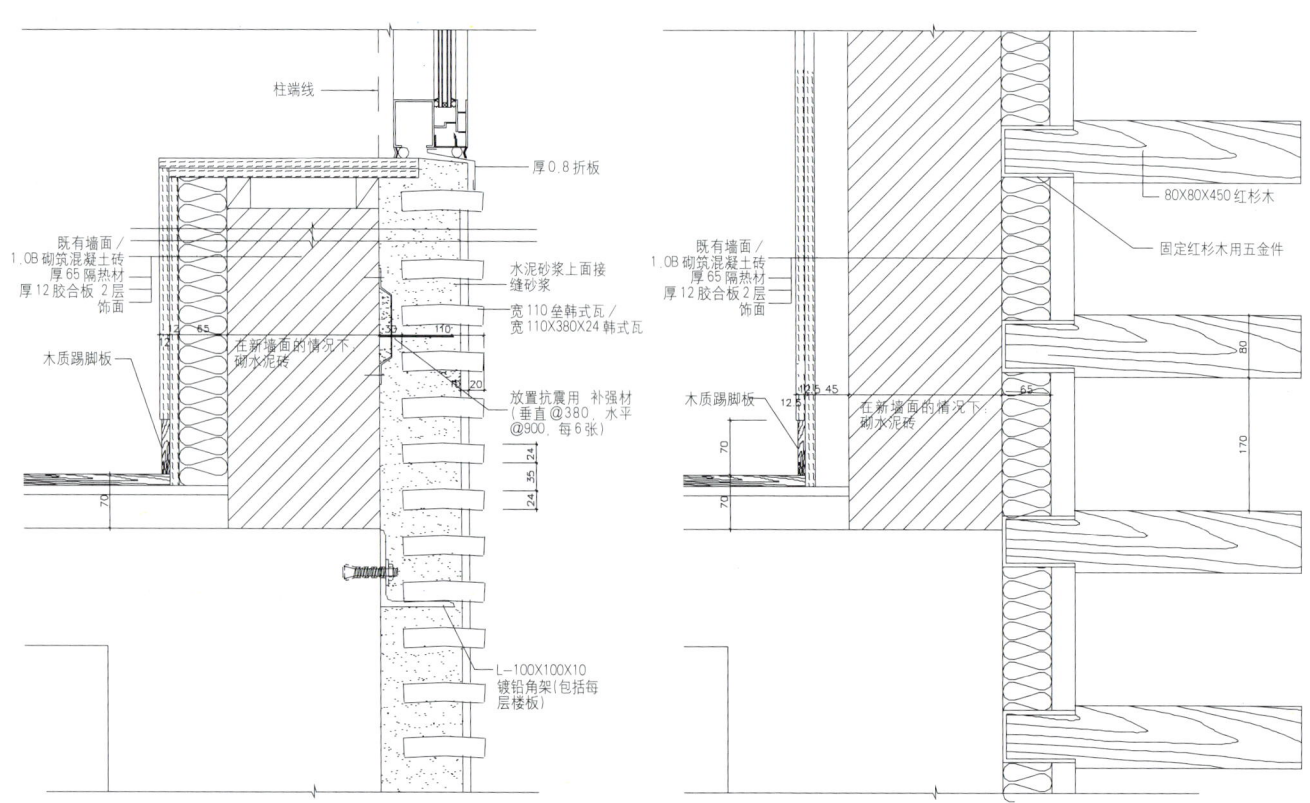

柱端线

厚0.8折板

既有墙面
1.0B砌筑混凝土砖
厚65隔热材
厚12胶合板 2层
饰面

木质踢脚板

水泥砂浆上面接
缝砂浆

宽110垒韩式瓦
宽110X380X24韩式瓦

在新墙面的情况不
砌水泥砖

放置抗震用 补强材
(垂直@380，水平
@900，每6张)

L-100X100X10
镀铅角架(包括每
层楼板)

80X80X450 红杉木

固定红杉木用五金件

既有墙面
1.0B砌筑混凝土砖
厚65隔热材
厚12胶合板 2层
饰面

木质踢脚板

在新墙面的情况下
砌水泥砖

详图A型、B型

■ 内墙—百叶墙型

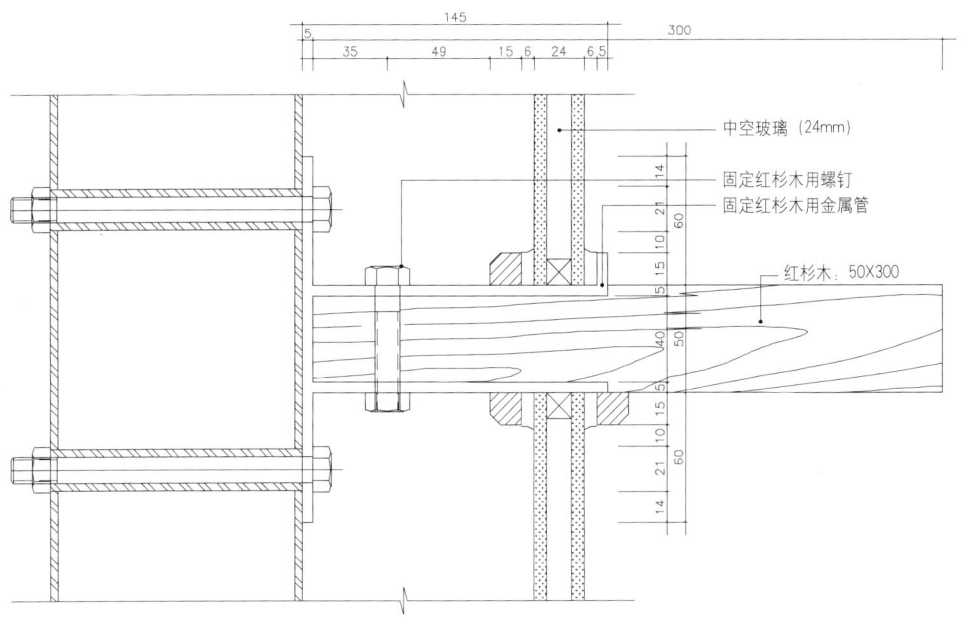

中空玻璃（24mm）

固定红杉木用螺钉
固定红杉木用金属管

红杉木：50×300

侧视图

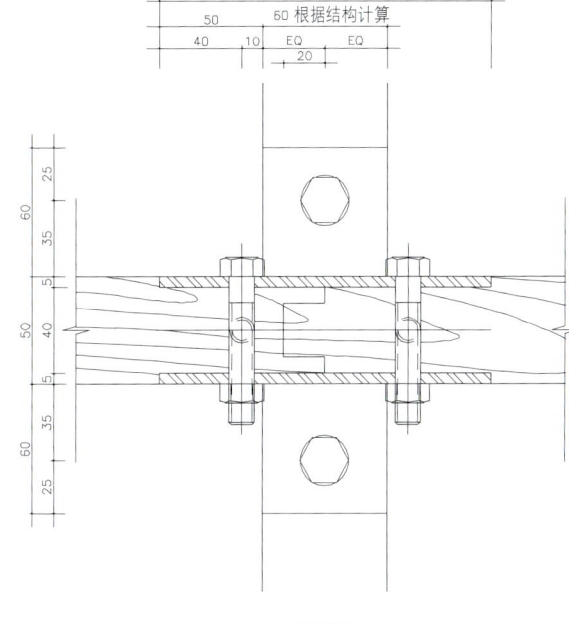

根据结构计算

正面图

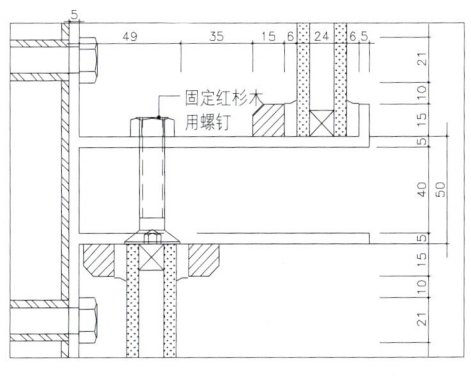

固定红杉木
用螺钉

剖面详图

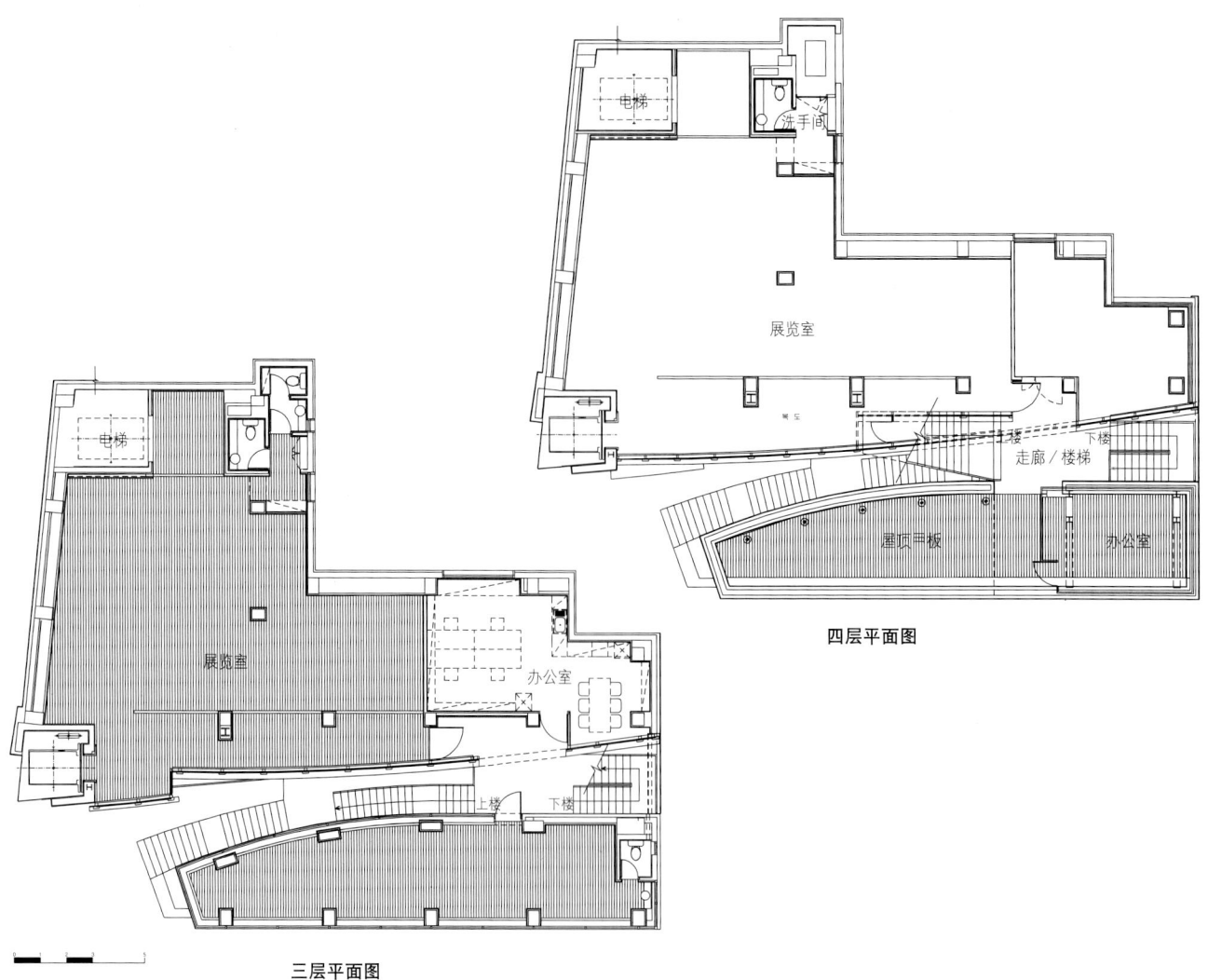

四层平面图

三层平面图

德源画廊40多年前建于仁什洞东南角，是一栋五层建筑物，室内总建筑面积为500多平方米，在20世纪60和70年代曾经被TBC（波音公司）和远东广播公司使用过。其规模和外观在桥门洞比在仁什洞更适合——因此革新改造计划就进入了使后者运营良好的一座大楼内。我们必须找到一种方法不能用最新的当代建筑学去使旧楼房彻底改造，也不像沿仁什洞街道新建或改造的建筑物那样，而是考虑一座房屋多方面的因素，代表着韩国文化、情感和对仁什洞的印象，所有这些都将会在市民们的内心中长时间地保留着。

革新改造始于这样的一个思想，即人们都应该从仁什洞相会合的这个拐角穿梭来往。在拐角处放置一个电梯便可从5层楼的各个楼层轻易地到达楼顶。还有一条小径穿过大楼与右面的另一条相接。通向楼上的楼梯就被安装在大楼外面小径旁边，因此这条垂直的交通线便可获得一种有条小径斜插而入的感觉。楼梯直接连接到每一层楼的外面并且通向楼顶的室外花园和室外咖啡馆。大楼的前面通过切出两层楼来调整其规模，为的是在右边与三层楼的江原画廊看齐，保持仁什洞街道两边的低矮楼房景色一致。楼顶被设计成为一个休息场所，可以在通向楼顶的斜梯下了之后休息。与仁什洞配套的传统工艺品商店占据了一、二层，而画廊则占据了三、四、五层。在画廊中间，五层的屋顶花园将用作休闲功能和室外展品空间。三、四层将被用作具有画面特征的一般性展览，而五层的展览则以其展品形式的不同而不同，都可以更换顶棚，这样能够举办大型活动和表演。内部装饰的粗糙结构也不同于楼下的画廊。变换的顶棚结构给通向楼顶花园的斜梯带来了连续不断的新意。

在一面石灰墙的后边和随意所见的庙宇式屋脊不规则瓦后面完成了大楼的室外装饰。黑色屋顶的不规则瓦片要和仁什洞的地板瓷砖的色彩和结构相一致，来作为从大街到大楼的一种连续视觉化材料。至于外部装饰，从正面图看去可以获得一种现代感觉，它来自于平视堆瓦的末端部位，而要按照一种观点（即外部的白色石灰墙被探出的脊瓦隐藏起一部分来的话）从侧视／透视图看上去却获得巨大的反差。有一道楼梯将大楼一分为二。一面带有平行木轨的幕墙被用在裸露的大楼后部的室外装饰上，并与大楼外面的黑色脊瓦墙形成对照，产生一种露肤的感觉。计划从内部提出仁什洞的外视图并控制西侧的照明。

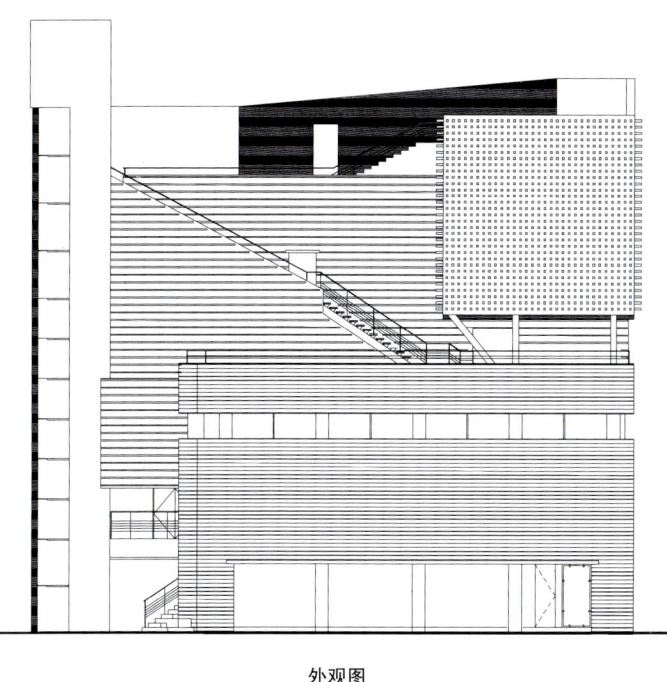

外观图

Dukwon Gallery, built on the southeast corner of Insa Jct. more than 40 years ago, is a 5-story building with total floor area of over 500 pyeong, was once used as TBC and Far East Broadcast Company in the 60~70s. Its scale and appearance fit in Jongno-dong rather than in Insa-dong-hence the renovation plan into a building that goes well with the later. We had to search for a way of not overwhelming the old houses with up-to-date modern architectures, as do newly built or renovated buildings along Insa-dong street, and think hard on elements of a house that represents Korean culture, emotions, and impression of Insa-dong, which would last in the citizens' hearts for a long time.

Renovation process was started with the idea that people should come and go through the corner that meets Insa-dong Jct. An elevator, placed on the corner, offer an easy access from each five floors to the roof, and a small alley goes through the building and joins another on the right. Stairs to upstairs were installed beside the alley of the building interior so that the vertical traffic line gains a feel of an alley on a slope to itself. Stairs directly connect the exterior to each floor and lead to an outdoor garden on the roof and outdoor cafe. The front of the building adjusted its scale by cutting out two floors to level with three story Gong Gallery on its right, keeping the horizontal image of low buildings of the Insa-dong street. Its rooftop was designed as a resting place after the sloping stairs to which it is lead.

Traditional crafts shop that suits Insa-dong occupies the 1st, 2nd floor, and galleries, the 3rd, 4th and 5th. 4th floor Rooftop garden will function as a lounge and outdoor exhibit space in the middle of galleries. The 3rd, 4th floor will be used as a usual exhibition featuring pictures, and the 5th floor, an exhibition diverse in its exhibit manner, had its ceiling altered, so it can hold events and performances. Rough texture of an interior finish also differentiates it from galleries downstairs. Altered ceiling structure brings continuity to the sloping stairs that leads to the rooftop garden.

Building exterior is finished after a wall of lime and broken roofing tiles that found easily in temples. The black roofing tile fragments would match the color and texture of Insa-dong's floor tile, as a material that continues a feeling of the street to the building. As for exterior finish, the front view provides a modern feel that comes from a horizontal line of tile-ends, and the side/diagonal view achieves huge diversity as to a viewpoint (Ex. white lime walls partly hidden by protruded roofing tiles). A staircase divides the building into two. A curtain wall of horizontal wood siding was used on the exterior of the exposed rear building and contrasts the black roofing tile wall outside the building, delivering a feel of a bare skin. It was planned to offer Insa-dong's view from inside and controls the west lighting.

Secom world

系统工程通信世界

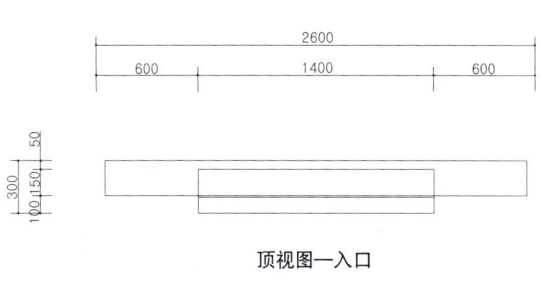

顶视图—入口

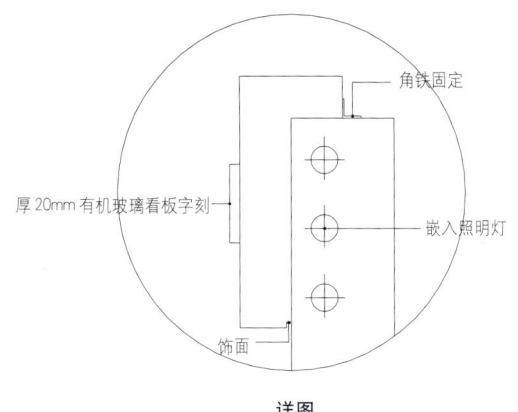

角铁固定

厚20mm有机玻璃看板字刻

嵌入照明灯

饰面

详图

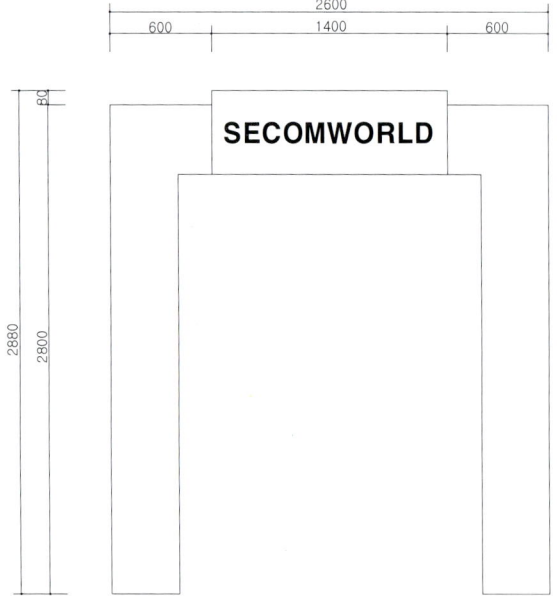

SECOMWORLD

正面图—入口

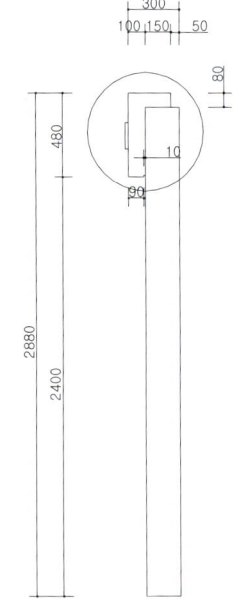

侧视图

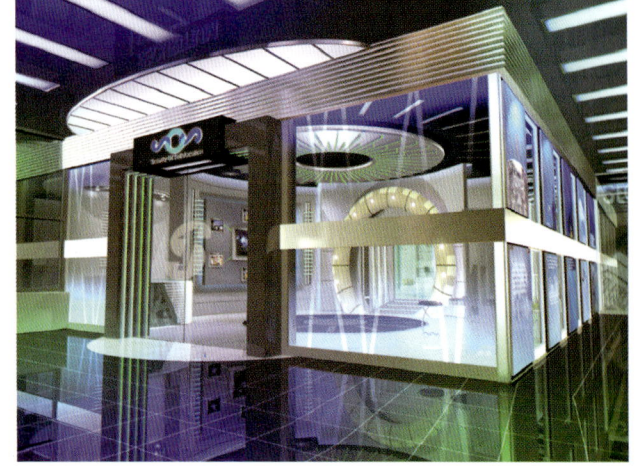

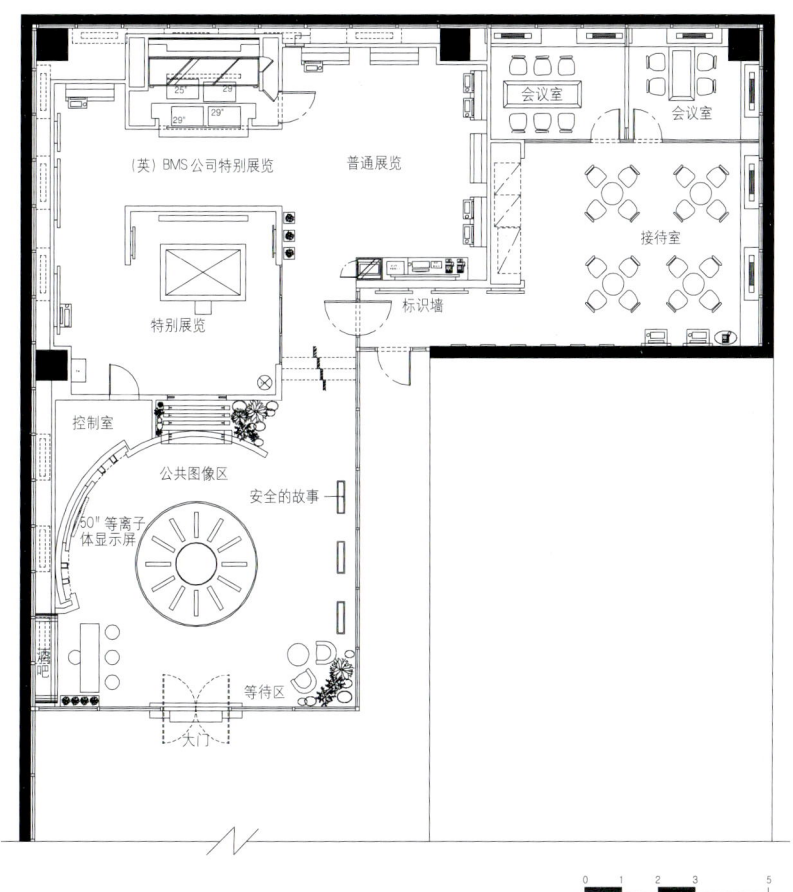

地板平面图

位置:首尔特别市中区顺和洞本社 2层内 | 设计单位:四工干株式会社 | 建设单位:四工干株式会社 | 建筑面积: 244.2m² | 室内装饰:
地板／抛光砖　墙壁／喷漆　顶棚／乙烯基漆饰面

Design : Sigonggan Co., Ltd. | **Construction** : Sigonggan Co., Ltd. | **Built Area** : 244.2㎡ | **Finish** : Floor / Polishing Tile Wall / App. Painting Ceiling / V.P. Painting

本次展览的计划开始于对现有安全图书馆的搬迁,其结果是形成了总部的联合办公。我们有了对时兴概念和新的PR技术的了解来设计这一方案,它带领着前来参观总部的人们沿着通行路线来到展览大厅。本展览由四个层面组成:迎宾场所与PR室、参与与体验场所、介绍产品与了解场所和咨询与业务场所。在迎宾场所与PR室,视觉图像连同有效照明一起展出,而在参与与体验场所通过展示产品而组织了一个空间给顾客们提供一次亲身体验的机会。在介绍产品与了解场所所展出的是视觉材料和产品。咨询与业务场所拥有一个休闲室,代表一种咖啡馆的气氛。

This exhibition planning began with the removal of the existing security laboratory, resulted from the unification of head quarters. It was planned with the understanding of time trends and new PR techniques, and it leads the traffic line of the people, who come to visit the headquarter, to the exhibition hall. The exhibition consists of 4 stories ; Place of Welcome & PR room, Place of Participation & Experience, Place of Introducing Projects & Understanding and of Place of Consult & Business. In Place of Welcome & PR room, visual parts were also exhibited as well as effective lightings and in Place of Participation & Experience a space was organized through displaying the products, which offer the customers a chance to experience them personally. Exhibited in Place of Introducing Projects & Understanding are visual materials and products. Place of Consult & Business has a lounge that is representing an atmosphere of a cafe.

■ **公共图像区**

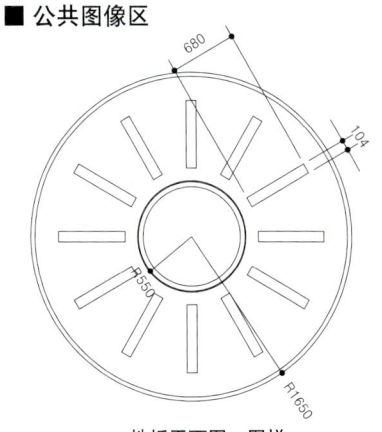

地板平面图—图样

■ 公共图像区—等离子体显示屏

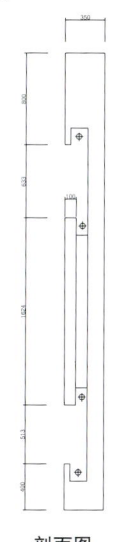

剖面图

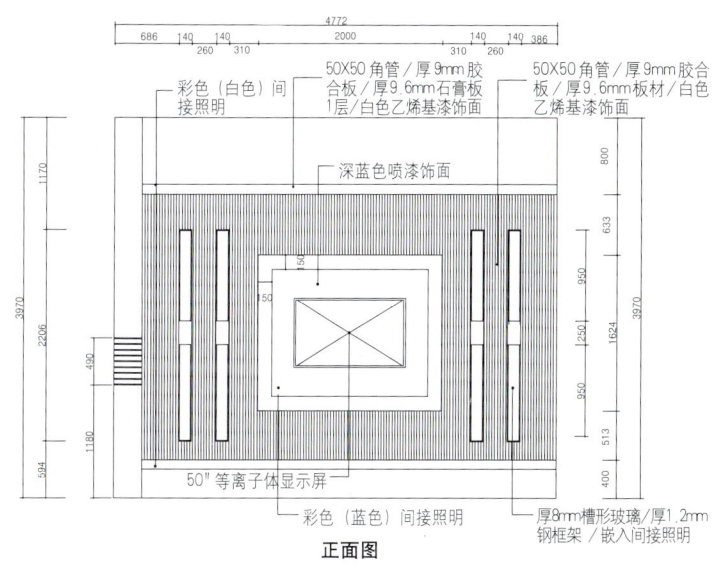

彩色（白色）间接照明

50X50角管／厚9mm胶合板／厚9.6mm石膏板1层／白色乙烯基漆饰面

50X50角管／厚9mm胶合板／厚9.6mm板材／白色乙烯基漆饰面

深蓝色喷漆饰面

50" 等离子体显示屏

彩色（蓝色）间接照明

厚8mm槽形玻璃／厚1.2mm钢框架／嵌入间接照明

正面图

■ 公共图像区—公共入口

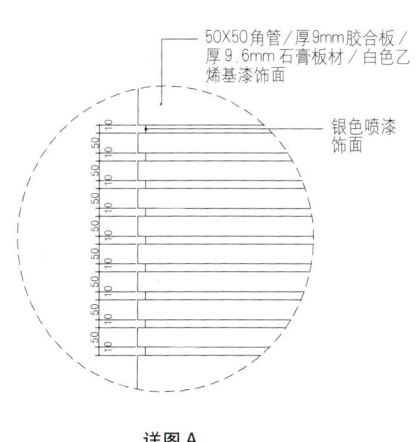

50X50角管／厚9mm胶合板／厚9.6mm石膏板材／白色乙烯基漆饰面

银色喷漆饰面

详图A

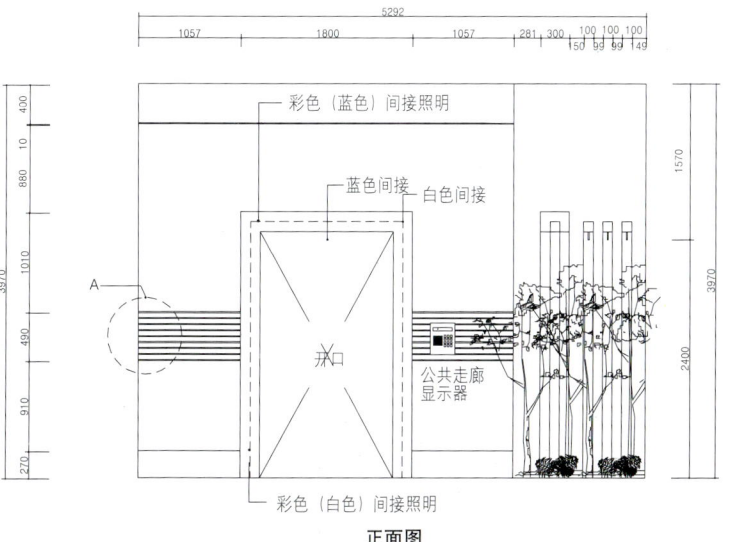

彩色（蓝色）间接照明

蓝色间接

白色间接

入口

公共走廊显示器

彩色（白色）间接照明

正面图

3520

520　1600　700　700

900

3000

1200

（通信保安服务介绍海报展板）

200

700

厚1.2mm电镀钢材／20X20不锈钢
管材／踢脚板灰色装饰

正面图

■ 公共图像区—自助酒吧

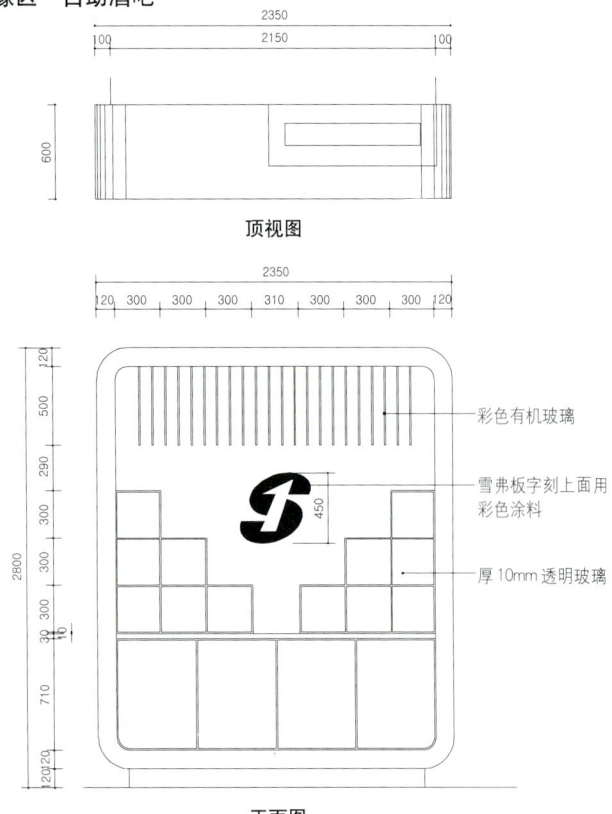

2350

100　2150　100

600

顶视图

2350

120　300　300　300　310　300　300　300　120

120

500

290

300

彩色有机玻璃

300

450

雪弗板字刻上面用
彩色涂料

2800

300

300

厚10mm透明玻璃

30

710

120 120

正面图

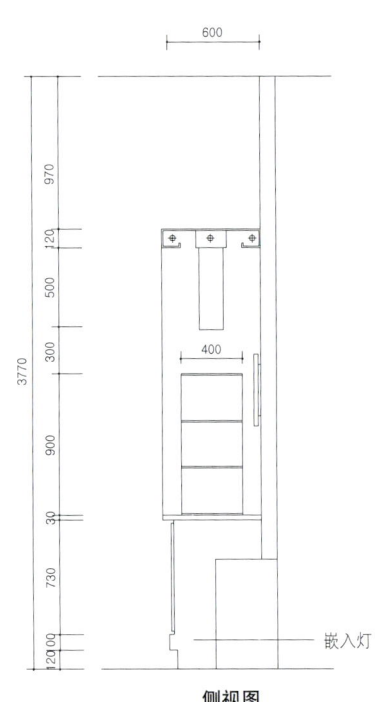

600

970

120

500

300

400

900

3770

30

730

120 00

嵌入灯

侧视图

■ 特殊展区—Tas 设备

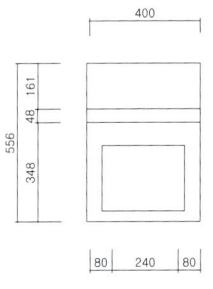

顶视图

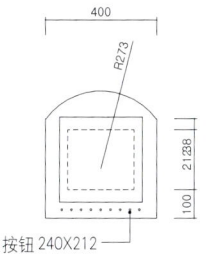

按钮 240X212

液晶显示器

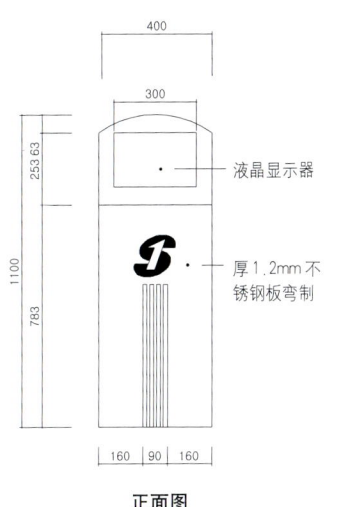

液晶显示器

厚 1.2mm 不锈钢板弯制

正面图

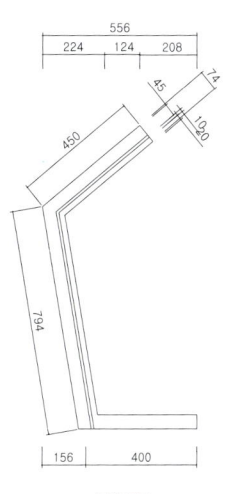

侧视图

■ 特殊展区—时髦卡

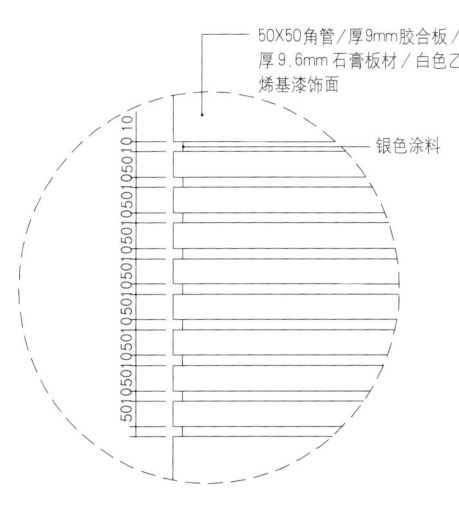

50X50角管／厚9mm胶合板／厚9.6mm石膏板材／白色乙烯基漆饰面

银色涂料

详图 A

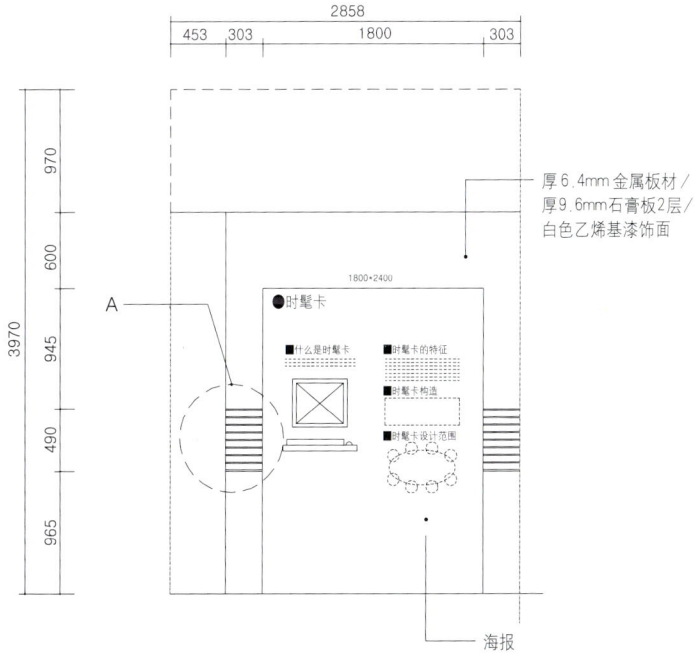

厚 6.4mm 金属板材／厚9.6mm石膏板2层／白色乙烯基漆饰面

A

1800*2400

●时髦卡

■什么是时髦卡　　■时髦卡的特征

■时髦卡构造

■时髦卡设计范围

海报

正面图

安山回收公司 PR 中心

江原地展

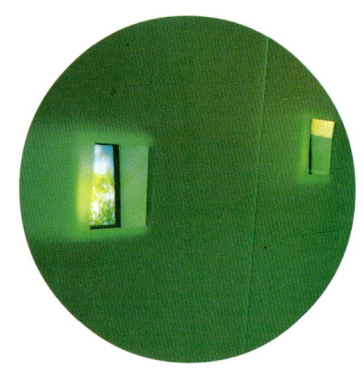

林耐陈列室

安山回收公司 PR 中心

最新室内细部设计实例集 I

PR 中 心
PR Center

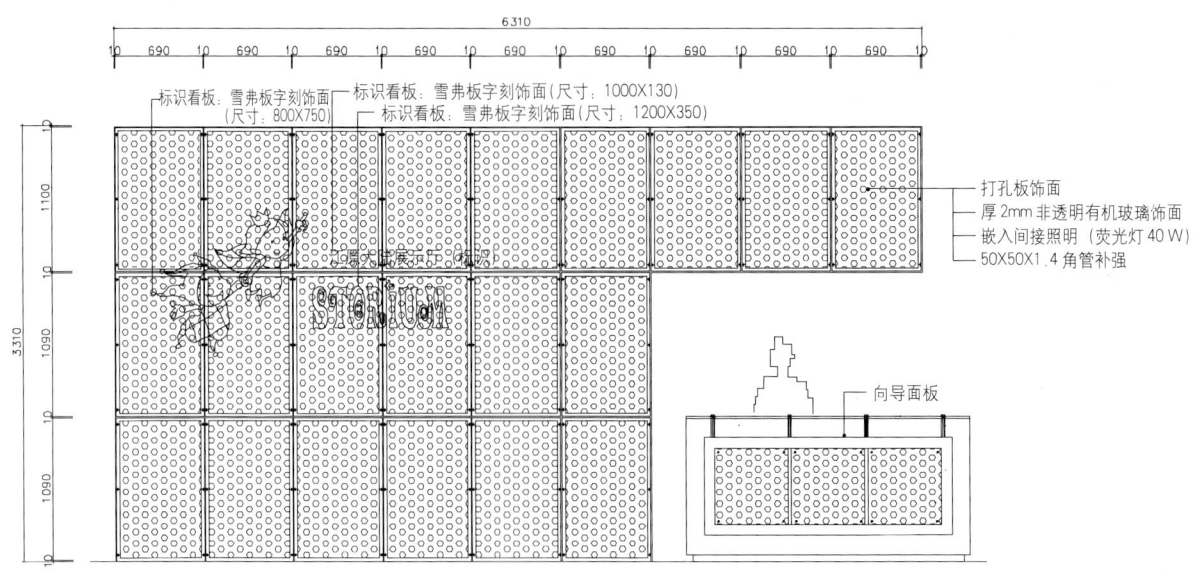

正面图—信息咨询台

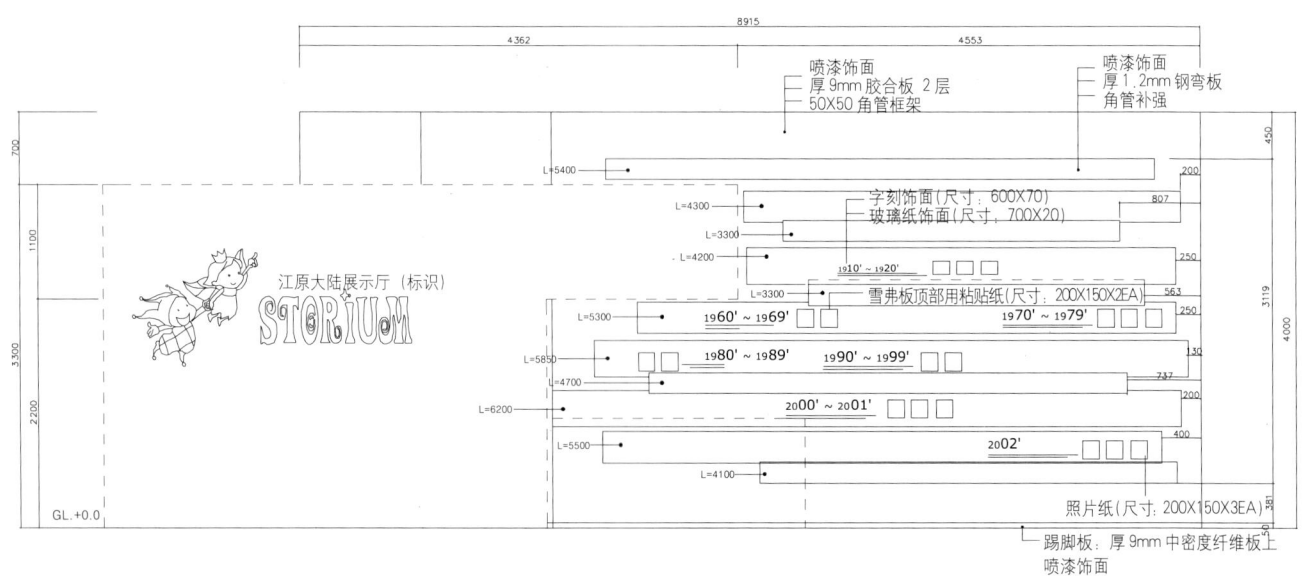

正面图—入口

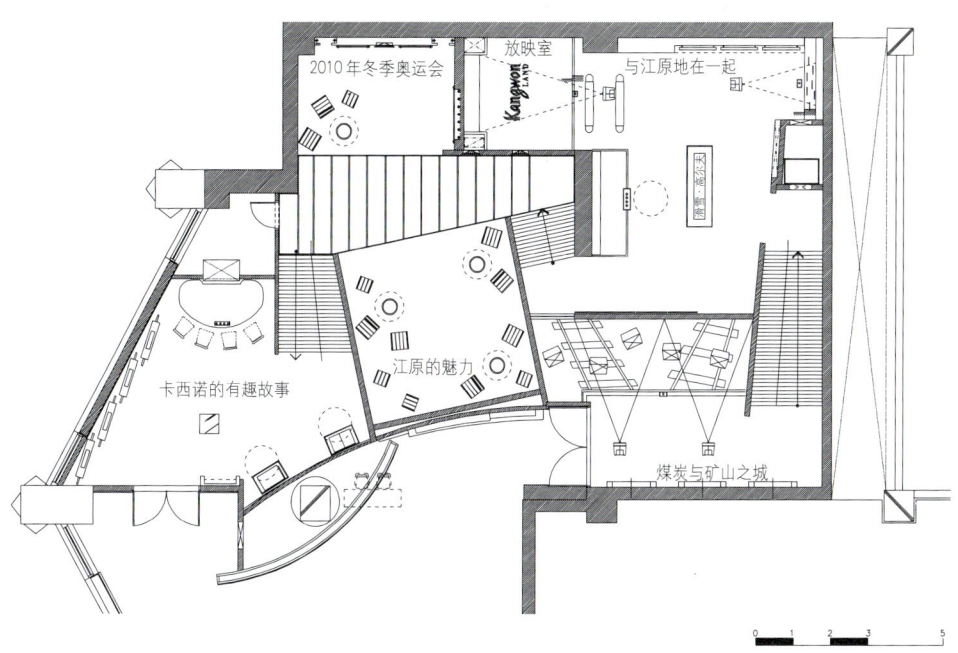

地板平面图

位置：江原道旌善郡事北邑事北里424 江原大陆3层　|　设计单位：康帕时空科技设计小组　|　建设单位：康帕设计小组　|　建筑面积：230m²

室内装饰：地板／饰面砖、江上大理石、木质地板、地毯　墙壁／喷漆、隔声板、织物、石膏板　顶棚／金属丝网、石膏板

Design : Time & Space Tech+Kampa Design Group · Gwon, Sun gwan / Kim, Mi hui **Construction** : Kampa Design Group · Kim Min seon / Park, Min sun **| Built Area** : 230m² |

Finish : Floor / Deco Tile, Jungsun Marble, Wood Flooring, Carpet Wall / Lacquer, Sounding Absoring Pannel, Fabric, Gypsum Board Ceiling / Wire Mesh, Gypsum Board

■ 展板—煤炭与矿山之城

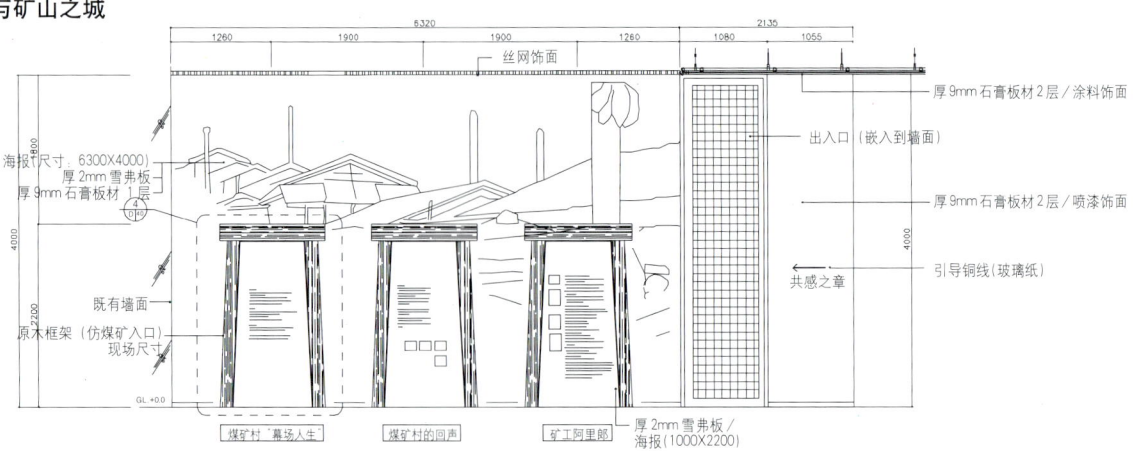

海报尺寸(尺寸：6300X4000)
厚2mm雪弗板
厚9mm石膏板材1层

既有墙面

原木框架（仿煤矿入口）
现场尺寸

丝网饰面

厚9mm石膏板材2层／涂料饰面

出入口（嵌入到墙面）

厚9mm石膏板材2层／喷漆饰面

共感之章

引导铜线(玻璃纸)

煤矿村「幕场人生」　煤矿村的回声　矿工阿里郎

厚2mm雪弗板／
海报(1000X2200)

正面图

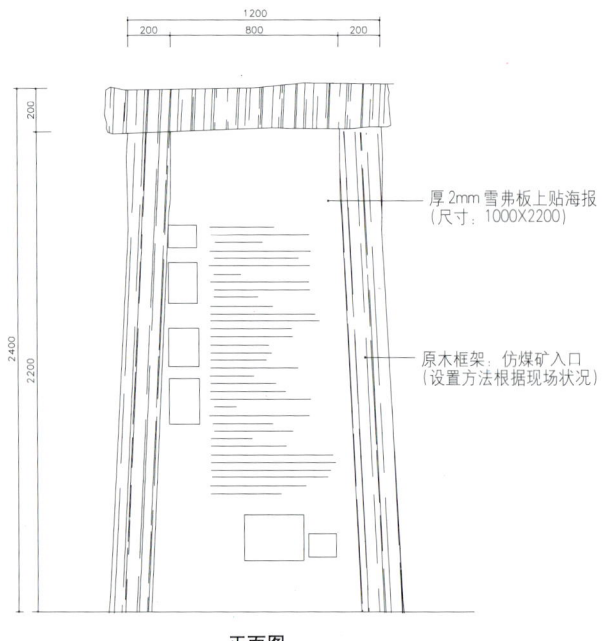

厚2mm雪弗板上贴海报
(尺寸：1000X2200)

原木框架：仿煤矿入口
（设置方法根据现场状况）

正面图

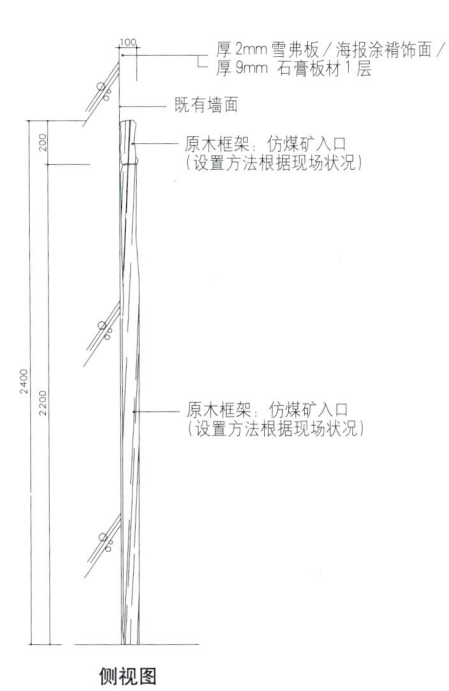

厚2mm雪弗板／海报涂褙饰面／
厚9mm 石膏板材1层

既有墙面

原木框架：仿煤矿入口
（设置方法根据现场状况）

原木框架：仿煤矿入口
（设置方法根据现场状况）

侧视图

本次展览其目的是将江原地广而告之，通过甩掉卡西诺的负面形象并强调它是家庭常顾之所的功能，从而成为那些矿山被废弃之后山城新的希望之所在。江原地展由四个主题组成：矿山与山城、与江原地在一起、神秘高原江原渡和卡西诺的有趣故事。每一展览空间都有着明显不同的内容展示。除了内容的传递之外，它还通过变换彩色、装饰材料、展品生产和地板高度来尝试一种情感的接近。

不像其他的展览中心那样，它采用的是可以用手脚来体验的展览媒体，并且利用了演出的展览方式和用做板架的象形辅助件。江源地展中用的storium这个词是 story和museum的一个合成词，意思是"有故事的空间"注重给参观者通过主动利用数字化的类似媒体以及最新的展览媒体来提供一种非同一般的空间体验，因此可以产生出一种有着友好感觉的空间。

The exhibition holds its purpose of publicizing Kangwonland, a new hope of the mining town after the mines were abandoned, by casting aside the negative image of Casio and emphasizing its function as a resort for families. Kangwonland storium consists of 4 themes : Mine & Mine Town, Together with Kangwonland, Kangwon-do the 'Plateau of Mystery' and Interesting stories of Casino. Each exhibition space has distinctly different contents of presentation. Apart from the transmission of contents, it attempts an emotional approach by the changes of color, finish materials, exhibit production and height of the floor.

Unlike other exhibit centers, it uses exhibition media that can be experienced with hands and feet, and utilizes exhibit manners of performance and symbolic accessories as a panel frame. Kangwonland Storium, a synthetic word of 'Story' and 'Museum', which means 'A space with a story', focuses on providing visitors with an experience of non-ordinary space through actively utilizing digitalized analogue media as well as up-to-date exhibit ones, thus producing a space with a friendly feel.

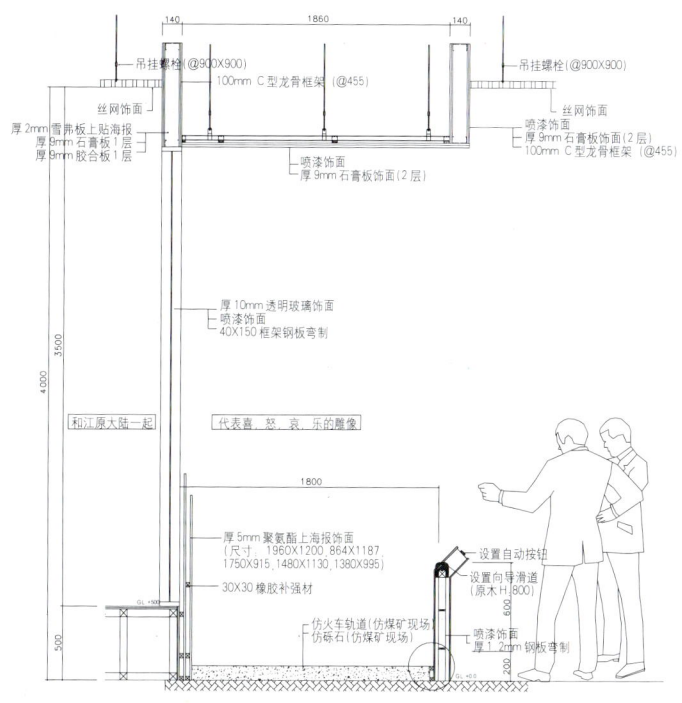

剖面图

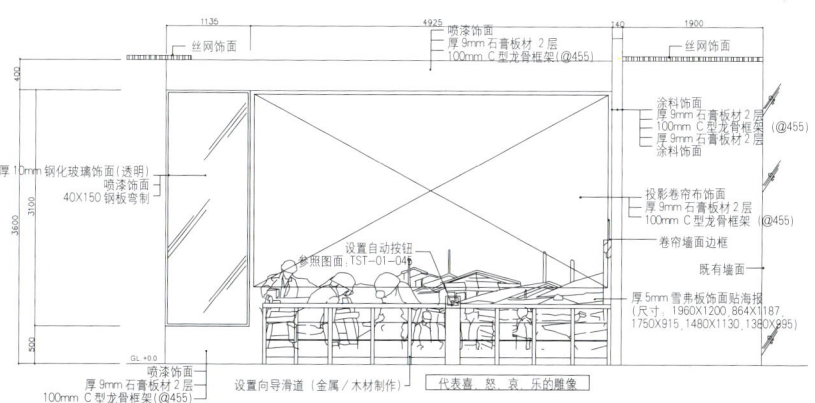

正面图

■ 展板—与江原地在一起

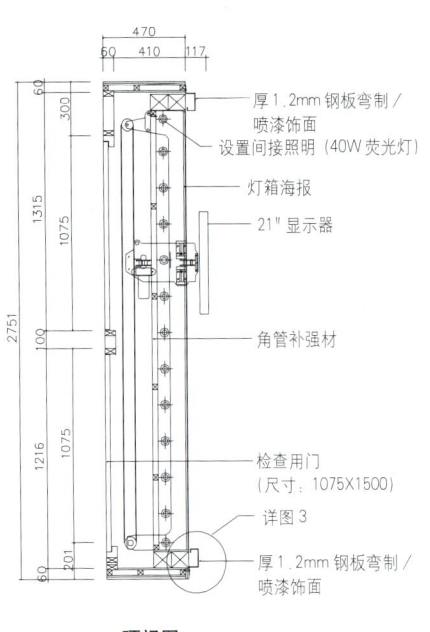

顶视图

标注：
- 厚1.2mm钢板弯制/喷漆饰面
- 设置间接照明（40W荧光灯）
- 灯箱海报
- 21″显示器
- 角管补强材
- 检查用门（尺寸：1075X1500）
- 详图3
- 厚1.2mm钢板弯制/喷漆饰面

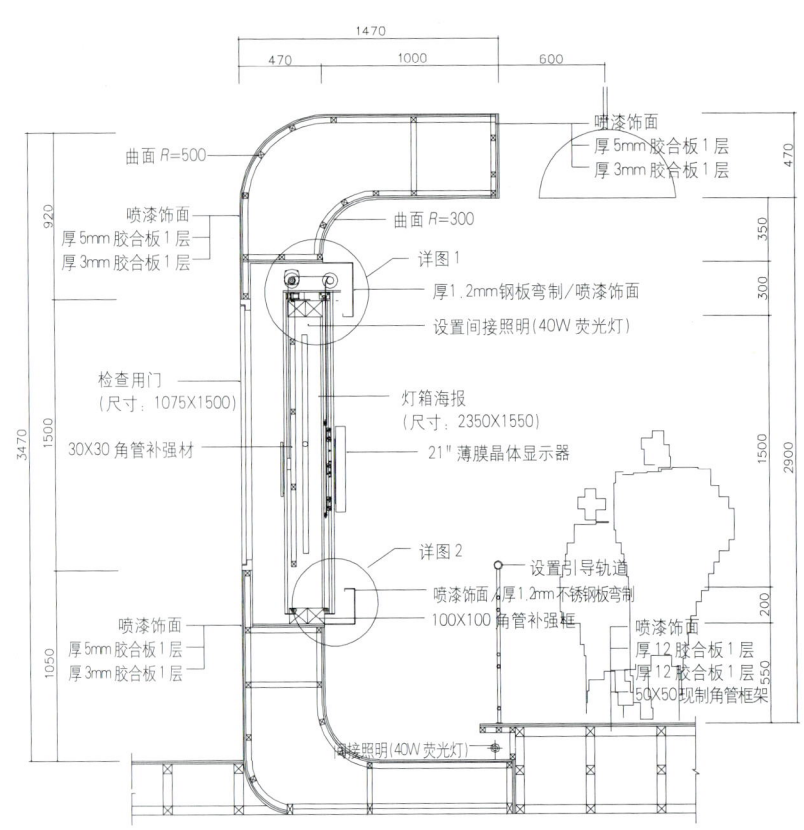

剖面图

标注：
- 曲面 R=500
- 喷漆饰面 厚5mm胶合板1层 厚3mm胶合板1层
- 曲面 R=300
- 喷漆饰面 厚5mm胶合板1层 厚3mm胶合板1层
- 详图1
- 厚1.2mm钢板弯制/喷漆饰面
- 设置间接照明（40W荧光灯）
- 灯箱海报（尺寸：2350X1550）
- 21″薄膜晶体显示器
- 检查用门（尺寸：1075X1500）
- 30X30角管补强材
- 详图2
- 设置引导轨道
- 喷漆饰面/厚1.2mm不锈钢板弯制
- 100X100角管补强框
- 喷漆饰面 厚5mm胶合板1层 厚3mm胶合板1层
- 喷漆饰面 厚12胶合板1层 厚12胶合板1层 50X50现制角管框架
- 间接照明(40W荧光灯)

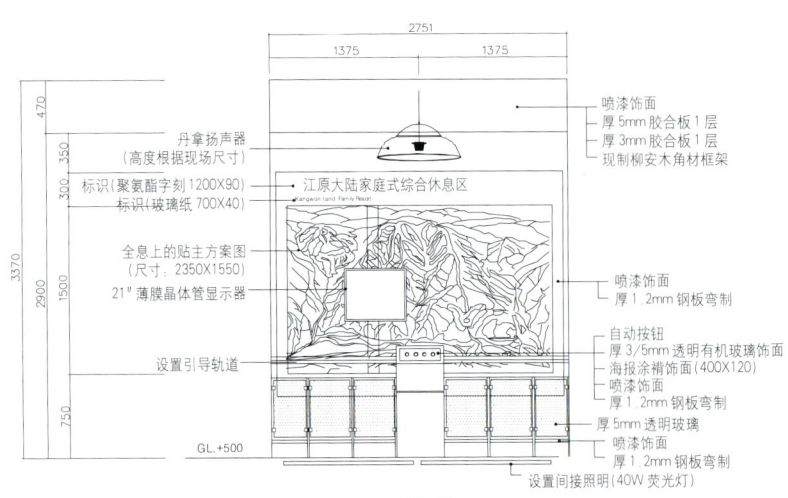

正面图

标注：
- 喷漆饰面 厚5mm胶合板1层 厚3mm胶合板1层 现制柳安木角材框架
- 丹拿扬声器（高度根据现场尺寸）
- 标识(聚氨酯字刻1200X90)
- 标识(玻璃纸 700X40)
- 江原大陆家庭式综合休息区 Gangwon land Family Resort
- 全息上的贴主方案图（尺寸：2350X1550）
- 21″薄膜晶体管显示器
- 喷漆饰面 厚1.2mm钢板弯制
- 自动按钮
- 厚3/5mm透明有机玻璃饰面
- 海报涂褙饰面(400X120)
- 喷漆饰面
- 厚1.2mm钢板弯制
- 厚5mm透明玻璃
- 喷漆饰面 厚1.2mm钢板弯制
- 设置引导轨道
- GL.+500
- 设置间接照明(40W荧光灯)

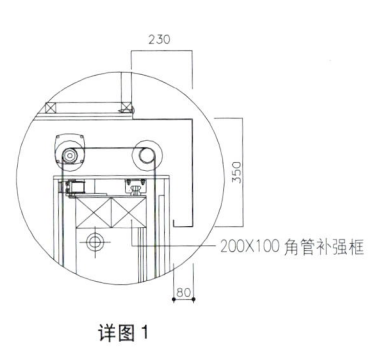

详图1

- 200X100 角管补强框

展板—与江原地在一起

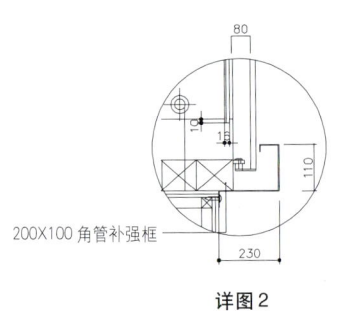

详图2

- 200X100 角管补强框

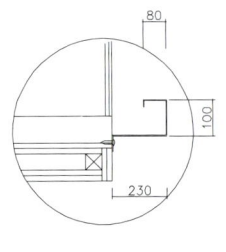

详图3

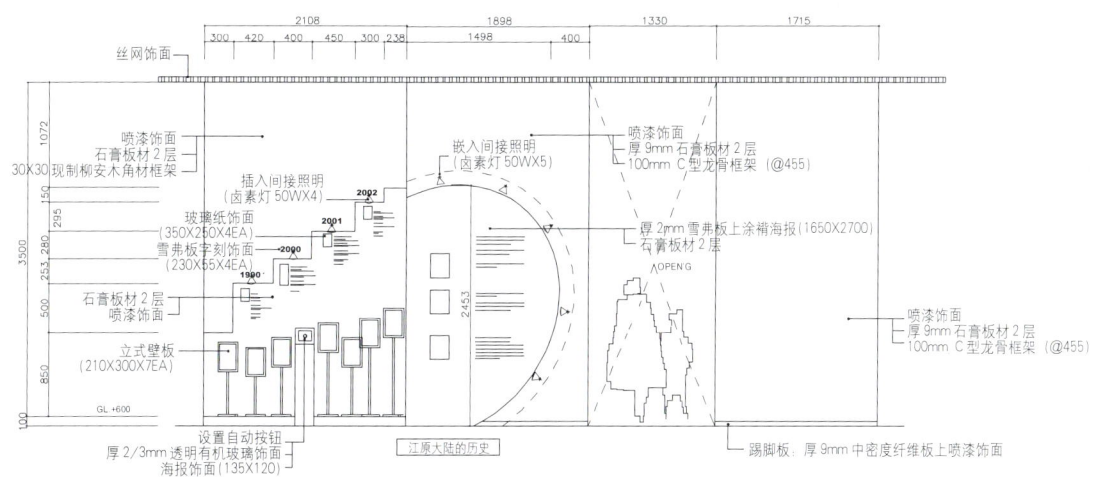

丝网饰面

喷漆饰面
石膏板材 2 层
30X30 现制柳安木角材框架

插入间接照明
(卤素灯 50WX4)

玻璃纸饰面
(350X250X4EA)
雪弗板字刻饰面
(230X55X4EA)

石膏板材 2 层
喷漆饰面

立式壁板
(210X300X7EA)

设置自动按钮
厚 2/3mm 透明有机玻璃饰面
海报饰面(135X120)

嵌入间接照明
(卤素灯 50WX5)

喷漆饰面
厚 9mm 石膏板材 2 层
100mm C 型龙骨框架 (@455)

厚 2mm 雪弗板上涂裱海报(1650X2700)
石膏板材 2 层

喷漆饰面
厚 9mm 石膏板材 2 层
100mm C 型龙骨框架 (@455)

踢脚板: 厚 9mm 中密度纤维板上喷漆饰面

江原大陆的历史

正面图

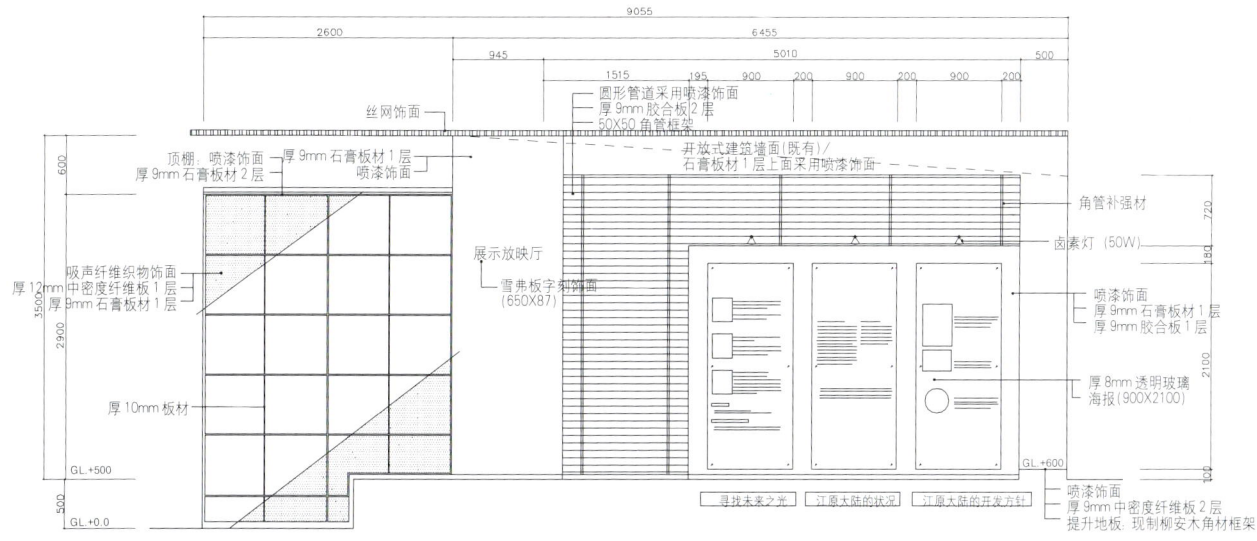

丝网饰面

顶棚: 喷漆饰面
厚 9mm 石膏板材 2 层

厚 9mm 石膏板材 1 层
喷漆饰面

吸声纤维织物饰面
厚 12mm 中密度纤维板 1 层
厚 9mm 石膏板材 1 层

厚 10mm 板材

展示放映厅

雪弗板字刻饰面
(650X87)

圆形管道采用喷漆饰面
厚 9mm 胶合板 2 层
50X50 角管框架

开放式建筑墙面(既有)/
石膏板材 1 层上面采用喷漆饰面

角管补强材

卤素灯 (50W)

喷漆饰面
厚 9mm 石膏板材 1 层
厚 9mm 胶合板 1 层

厚 8mm 透明玻璃
海报(900X2100)

喷漆饰面
厚 9mm 中密度纤维板 2 层
提升地板: 现制柳安木角材框架

寻找未来之光   江原大陆的状况   江原大陆的开发方针

正面图

■ 展板—江原渡的魅力

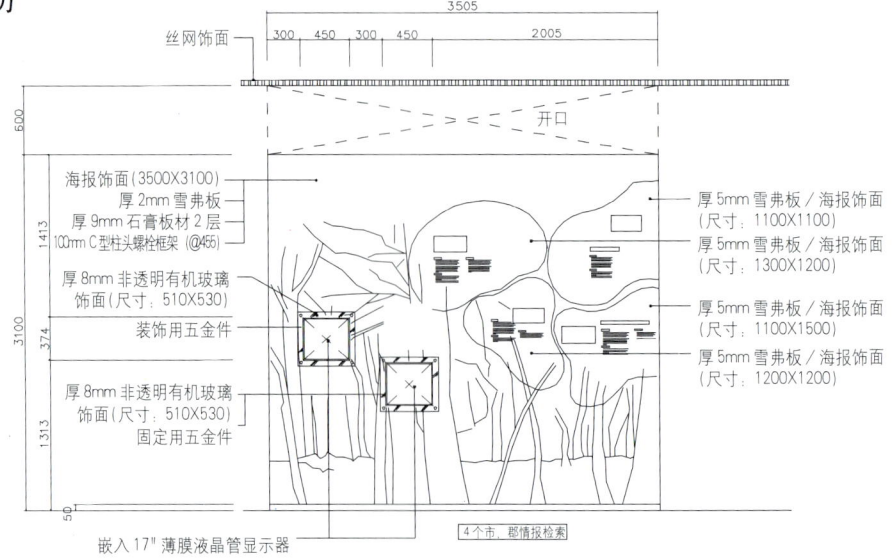

丝网饰面

3505
300 450 300 450 2005

600

开口

海报饰面 (3500X3100)
厚2mm雪弗板
厚9mm石膏板材 2层
100mm C型柱头螺栓框架 (@455)

1413

厚8mm非透明有机玻璃
饰面 (尺寸: 510X530)

装饰用五金件

374

厚8mm非透明有机玻璃
饰面 (尺寸: 510X530)
固定用五金件

3100

厚5mm雪弗板／海报饰面
(尺寸: 1100X1100)

厚5mm雪弗板／海报饰面
(尺寸: 1300X1200)

厚5mm雪弗板／海报饰面
(尺寸: 1100X1500)

厚5mm雪弗板／海报饰面
(尺寸: 1200X1200)

1313

50

嵌入17"薄膜液晶管显示器

4个市，郡情报检索

正面图

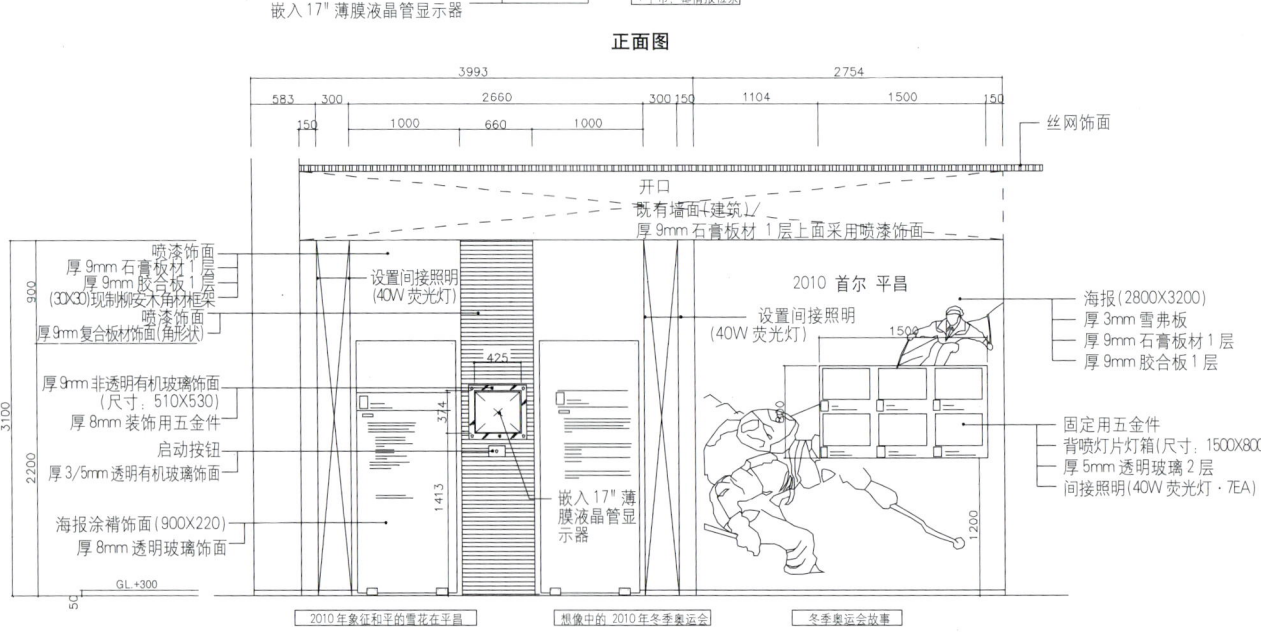

3993 2754
583 300 2660 300 150 1104 1500 150
150 1000 660 1000

开口

就有墙面 (建筑)／
厚9mm石膏板材 1层上面采用喷漆饰面

喷漆饰面
厚9mm石膏板材 1层
厚9mm胶合板 1层
(30X30)现制柳安木角材框架
喷漆饰面
厚9mm复合板材饰面 (角形状)

900

设置间接照明
(40W 荧光灯)

2010 首尔 平昌

海报 (2800X3200)
厚3mm雪弗板
厚9mm石膏板材 1层
厚9mm胶合板 1层

厚9mm非透明有机玻璃饰面
(尺寸: 510X530)
厚8mm装饰用五金件
启动按钮
厚3/5mm透明有机玻璃饰面

设置间接照明
(40W 荧光灯)

425

314

3100

2200

1413

嵌入17"薄
膜液晶管显
示器

固定用五金件
背喷灯片灯箱(尺寸: 1500X800)
厚5mm透明玻璃 2层
间接照明(40W 荧光灯・7EA)

1200

海报涂褙饰面 (900X220)
厚8mm透明玻璃饰面

GL +300

50

2010年象征和平的雪花在平昌

想像中的 2010年冬季奥运会

冬季奥运会故事

正面图

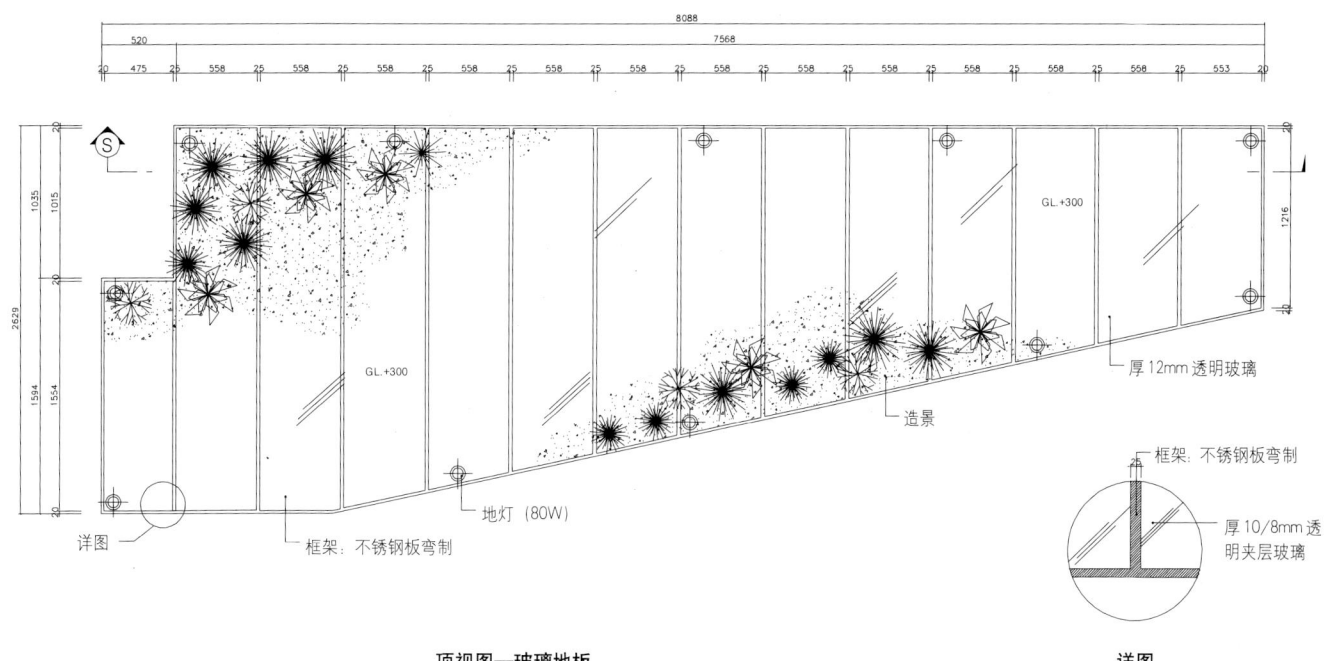

顶视图—玻璃地板

详图

框架：不锈钢板弯制

厚10/8mm透明夹层玻璃

厚12mm透明玻璃

造景

地灯（80W）

框架：不锈钢板弯制

详图

GL.+300

GL.+300

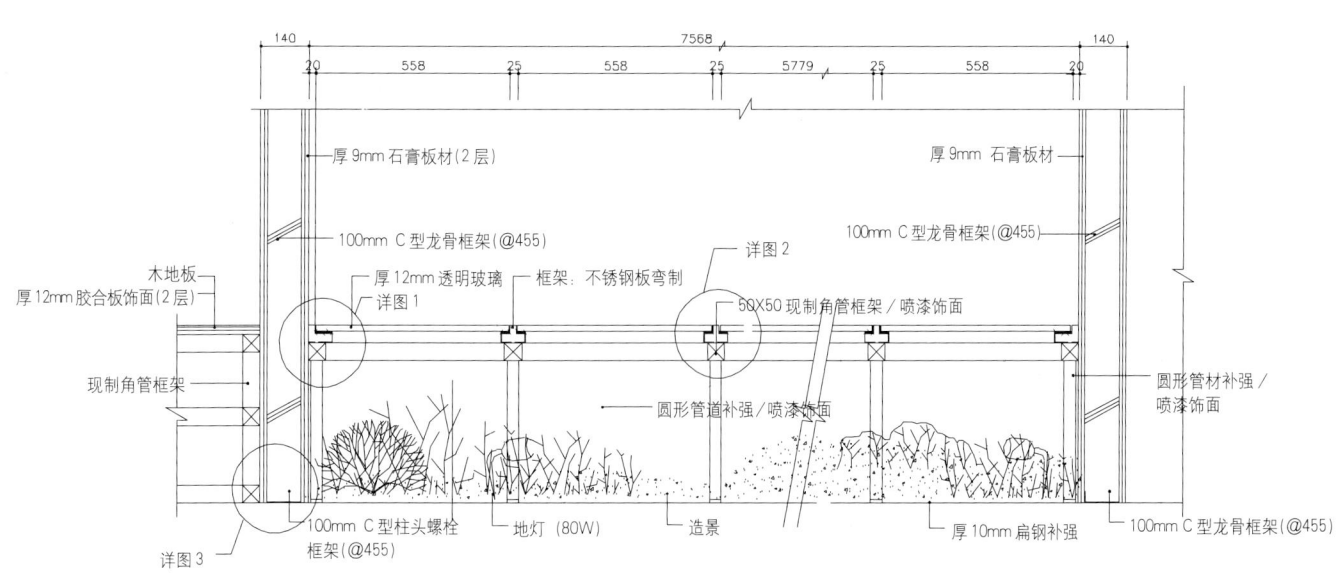

剖面图

厚9mm石膏板材（2层）

厚9mm 石膏板材

100mm C型龙骨框架(@455)

100mm C型龙骨框架(@455)

详图2

50X50现制角管框架/喷漆饰面

框架：不锈钢板弯制

厚12mm透明玻璃

详图1

木地板

厚12mm胶合板饰面（2层）

现制角管框架

圆形管材补强/喷漆饰面

圆形管道补强/喷漆饰面

100mm C型柱头螺栓框架(@455)

详图3

地灯（80W）

造景

厚10mm扁钢补强

100mm C型龙骨框架(@455)

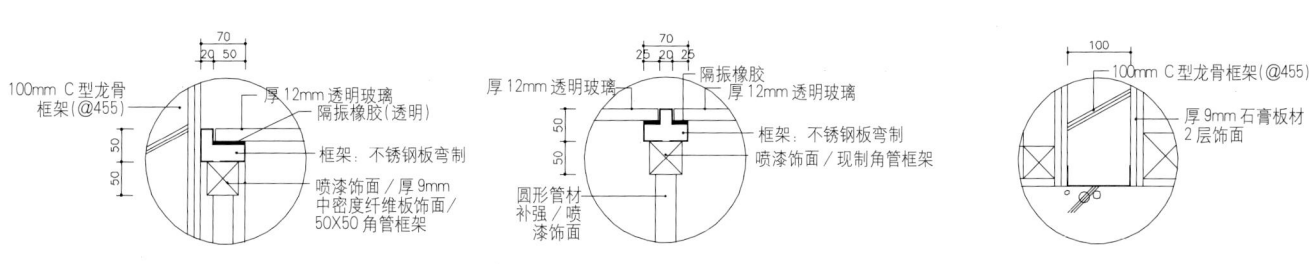

100mm C型龙骨框架(@455)

厚12mm透明玻璃

隔振橡胶（透明）

框架：不锈钢板弯制

喷漆饰面/厚9mm中密度纤维板饰面/50X50角管框架

厚12mm透明玻璃

隔振橡胶

厚12mm透明玻璃

框架：不锈钢板弯制

喷漆饰面/现制角管框架

圆形管材补强/喷漆饰面

100mm C型龙骨框架(@455)

厚9mm石膏板材2层饰面

详图1、2、3

■ 展板—有关卡西诺的有趣故事

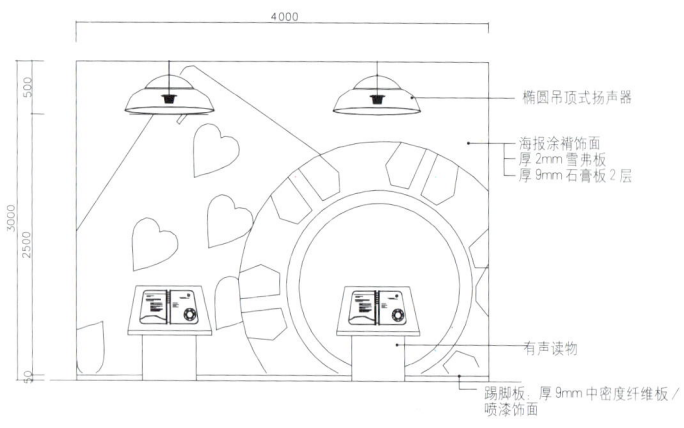

椭圆吊顶式扬声器

海报涂裱饰面
厚2mm雪弗板
厚9mm石膏板2层

有声读物

踢脚板：厚9mm中密度纤维板／
喷漆饰面

正面图

厚1.2mm钢板弯制(圆形)
喷漆饰面
间接照明(霓虹灯)

纤维织物饰面
厚12mm中密度纤维板1层
厚9mm石膏板2层

投影电视 (42")

博彩游戏
座椅

踢脚板 厚9mm中密度纤维板／
喷漆饰面

正面图

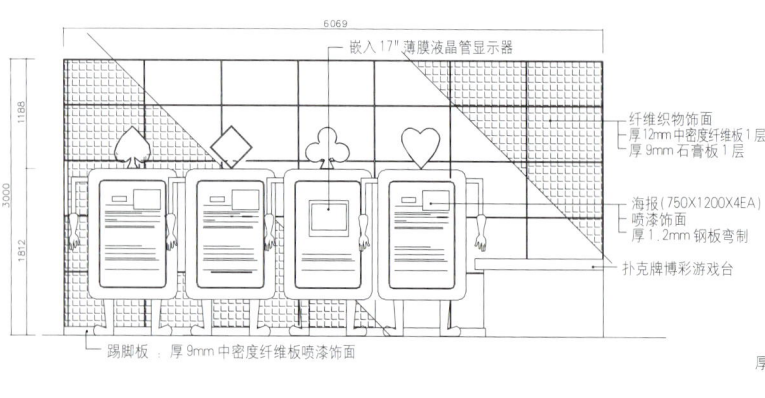

嵌入17"薄膜液晶管显示器

纤维织物饰面
厚12mm中密度纤维板1层
厚9mm石膏板1层

海报(750X1200X4EA)
喷漆饰面
厚1.2mm钢板弯制

扑克牌博彩游戏台

踢脚板：厚9mm中密度纤维板喷漆饰面

厚9mm中密度纤维板饰面(2层)
30X30现制柳安木角材框架
厚9mm石膏板材饰面(层)
100mm C型龙骨框架(@455)

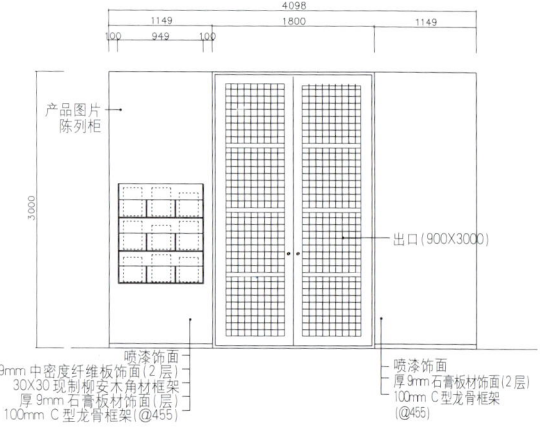

产品图片
陈列柜

出口(900X3000)

喷漆饰面
厚9mm石膏板材饰面(2层)
100mm C型龙骨框架
(@455)

正面图

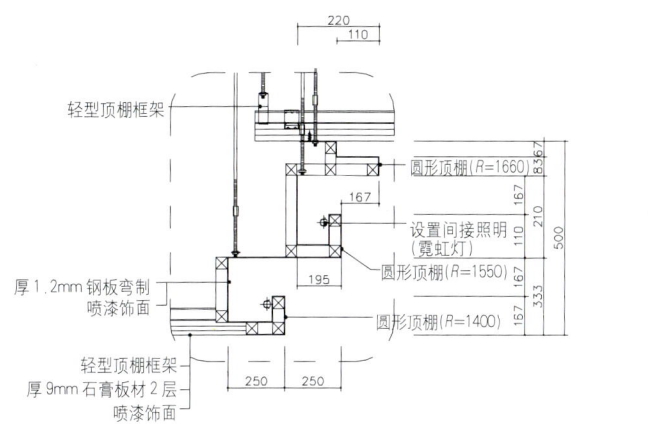

详图 1

220
110

轻型顶棚框架

圆形顶棚(R=1660)

167

设置间接照明
(霓虹灯)

圆形顶棚(R=1550)

195

厚1.2mm钢板弯制
喷漆饰面

圆形顶棚(R=1400)

轻型顶棚框架
厚9mm石膏板材2层
喷漆饰面

250 250

83.67
167
167
210
110
500
333

167 167 333

详图 2

140

喷漆饰面
厚9mm石膏板材2层
100mm C型龙骨框架 (@455)

纤维织物饰面
厚12mm中密度纤维板1层
厚9mm石膏板2层

投影电视 (42")

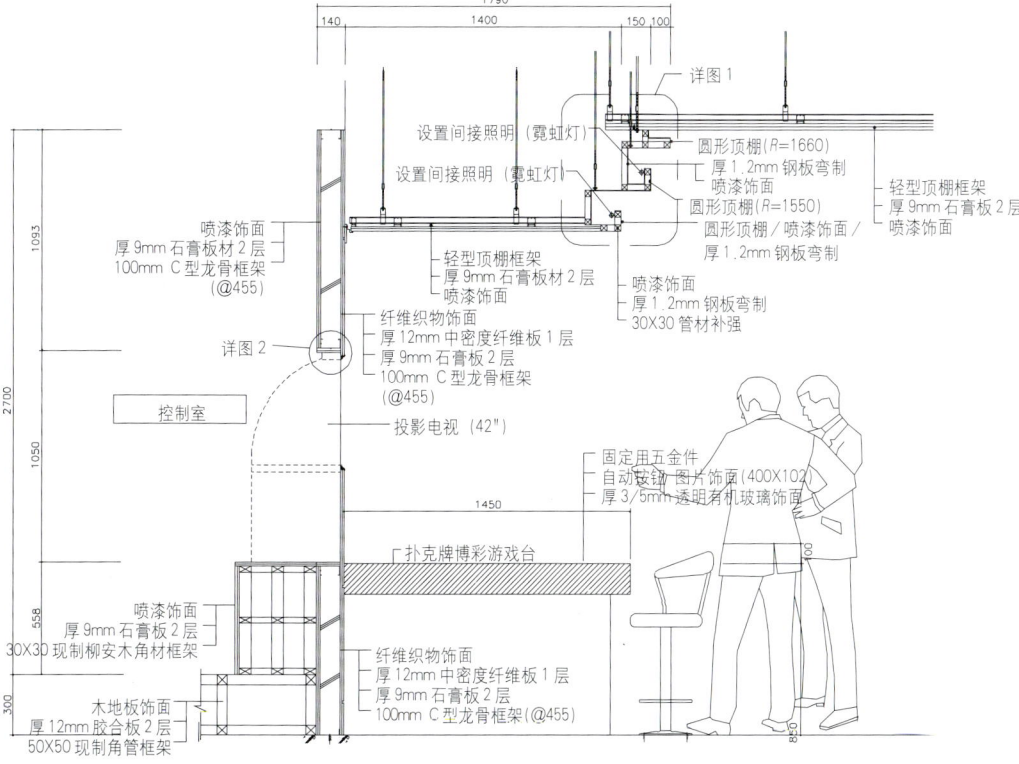

1790
140   1400   150 100

详图1

设置间接照明 (霓虹灯)
设置间接照明 (霓虹灯)

圆形顶棚(R=1660)
厚1.2mm钢板弯制
喷漆饰面

轻型顶棚框架
厚9mm石膏板材2层
喷漆饰面

喷漆饰面
厚9mm石膏板材2层
100mm C型龙骨框架
(@455)

轻型顶棚框架
厚9mm石膏板材2层
喷漆饰面

圆形顶棚(R=1550)
圆形顶棚 / 喷漆饰面 /
厚1.2mm钢板弯制

喷漆饰面
厚1.2mm钢板弯制
30X30管材补强

详图2

纤维织物饰面
厚12mm中密度纤维板1层
厚9mm石膏板2层
100mm C型龙骨框架
(@455)

控制室

投影电视 (42")

固定用五金件
自动安钮/图片饰面(400X102)
厚3/5mm透明有机玻璃饰面

1450

扑克牌博彩游戏台

喷漆饰面
厚9mm石膏板2层
30X30现制柳安木角材框架

纤维织物饰面
厚12mm中密度纤维板1层
厚9mm石膏板2层
100mm C型龙骨框架(@455)

木地板饰面
厚12mm胶合板2层
50X50现制角管框架

1093.3
2700
1050
558
300

300

850

剖面图 A

Rinnai Showroom

林耐陈列室

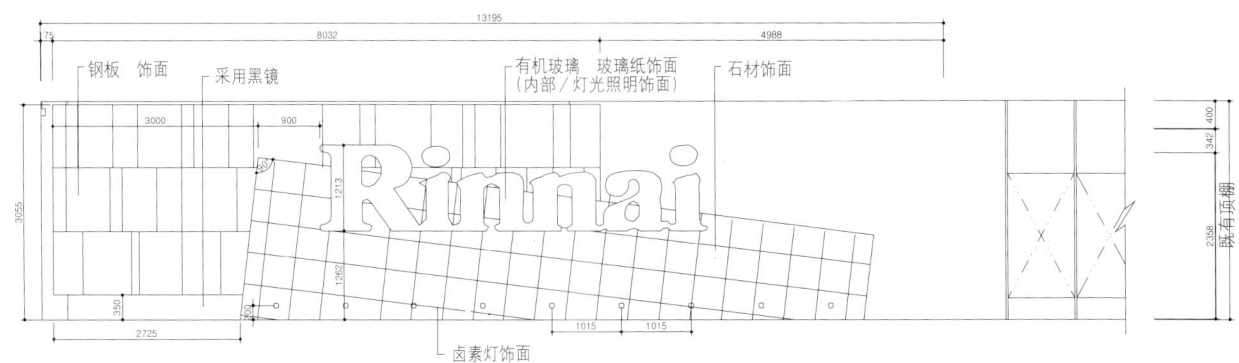

正面图一序言

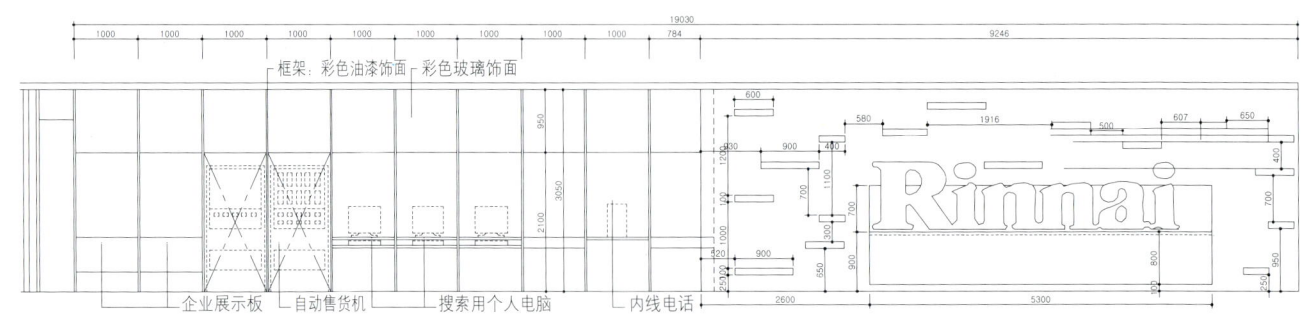

正面图B—因特网区

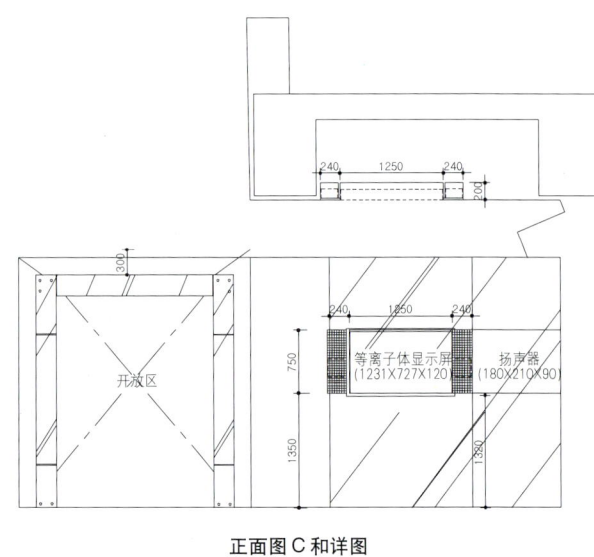

正面图C和详图

位置：首尔特别市西大门区昌天洞515-1 ｜ 设计单位：纳木协会 ｜ 建设单位：纳木协会 ｜ 建筑面积：670m² ｜ 室内装饰：地板／地毯、瓷砖、底板、透明玻璃　墙壁／金属板、磨光麻城石板、彩色玻璃、锦砖、彩色有机玻璃　顶棚／乙烯基漆、天窗、绝缘溶胶、灯光照明

Design：Namoo Association · Seon, Ae ry / Park, Hye sun / Jun, Hyang ran ｜ **Construction**：Namoo Association · Kim, Ha jin ｜ **Built Area**：670m² ｜ **Finish**：Floor / Carpet, Tile, Base Panel, Transparency Glass Wall / Metal Panel, Macheon Rubbing, Color Glass, Base Panel, Mosaic Tile, Color Acryl Ceiling / V.P, Louver, Barrisol, LED Lighting

对于一个展览中心来说，重要的是如何通过某一种特定的方案来展示他们的产品和空间。林耐陈列室是一个公司的PR展览中心，计划给参观那里的人们留下深刻的印象，因为它代表的不仅仅是展品而且还有企业的形象。设在空间和产品上的情节包含了开头的"序言"、主要展示的"现代生活"和结束部分的"结语"。主要展示的"现代生活"被分为过去、现在和未来。过去部分通过一个热水壶和一面影像墙展现了林耐和我们在一起的情形。"现代生活"的现在部分并不是直接展示其产品，而是介绍了他们在一个友好家庭的起居室、厨房和洗澡间里的情形，很自然地展示了顾客愿望生活的一个侧面。

就是这样来计划给顾客们一种具有良好空间的形象，同时还获得了对产品的了解。看完这一空间之后接下来便是根据每一产品概念的展示：热情——烤箱系列、爱情——燃气系列、梦想——内置设备、热心——锅炉、信任——冷却／加热系统和商用设备。按照每一概念，顾客们都会见到展品的展示出现在有着一个家庭画面的墙上、灯光照明和图像的同时应用、通过照明通道所展示的产品和代表着在室内有大自然景象的用于歇息的室内花园。最后在主要展示的"未来"部分中寻求的就是未来的自然属性。很自然的是人们几乎看不到现在的这种令人厌烦的机器文明社会。所以，我们试图展现出有一条草坪小路沿着用灯光照明而衍生出天蓝彩色的自然天空来展示林耐所生产的未来产品。我们希望未来将会是一个空间，不太枯燥乏味也不太罕见特殊，它可以给顾客们在游展的路途上传递着我们的人生轨迹、革新和灵感。

For an exhibition center, it is important how to show their products and space through a certain scenario. Rinnai Showroom, a company PR exhibition center, was planned to make a deep impression on people who visits there, because it represents not only the exhibit products but also the image of the company. The Scenario on the space and products is comprised with the beginning 'Prologue', main display 'Modern Life' and a finishing place 'Epilogue'. Main display 'Modern Life' is separated into past, present and future. The past shows Rinnai's being with us through a fire pot, image wall. The present of 'Modern Life' doesn't show its products directly but introduce them in a living room, kitchen and bath room of a friendly family, which naturally displays a phase of customer's wish life.

That was planned to give the customers the image of a good space and understanding of products at the same time. Following this space are exhibitions according to each product concept ; passion-oven range, love-gas range, dream-built-in equipments, heart-boiler, trust-cooling/heating system and business equipments. According to each concept, customers encounter exhibit display in a wall with drawing of a family, simultaneous application of L.E.D lightings and graphics, a products displayed through the lighting tunnel, and indoor garden for a break, which represents images of nature in the interior. Lastly in 'Future', the main display, the nature of future was sought. It is nature that people would miss the most in this tiring machine civilization society. Therefore, we tried to express a lawn path along with the natural sky deriving sky-blue color from LED lighting, showing future products, which Rinnai introduces. We hope it would be a space, not too boring or too peculiar, which passes on our trace, devotion and inspiration to customers on the walk.

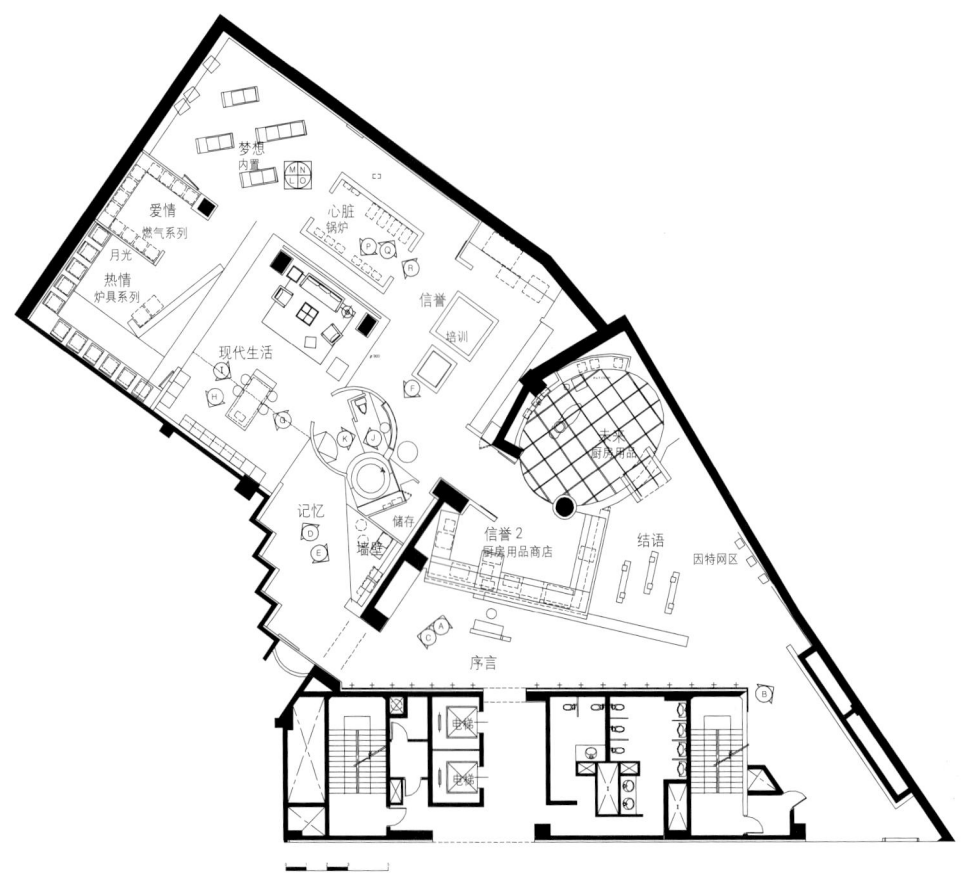

地板平面图

■ 纪念性展览

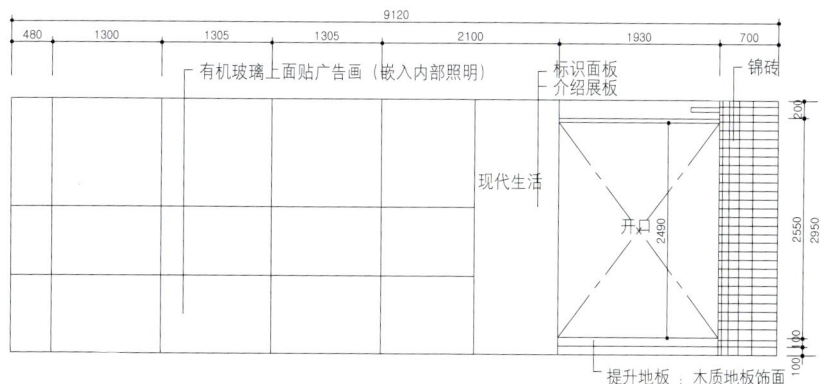

正面图 D

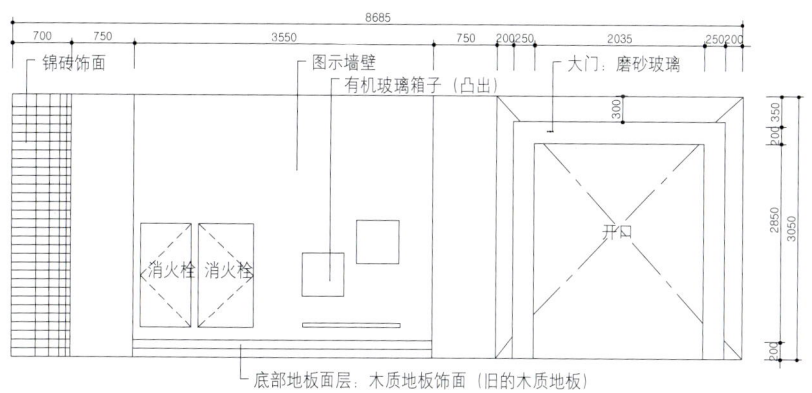

正面图 E

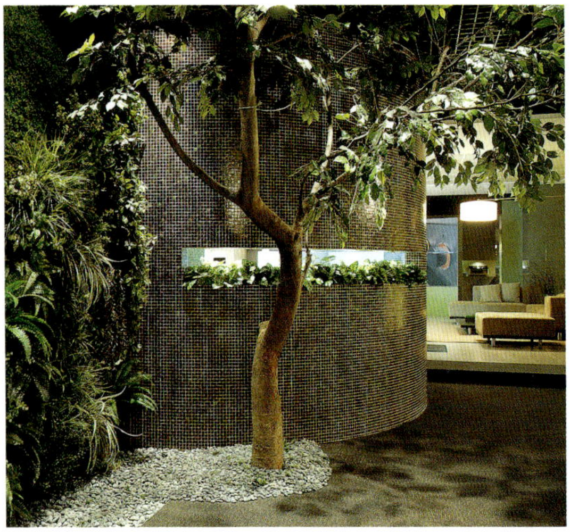

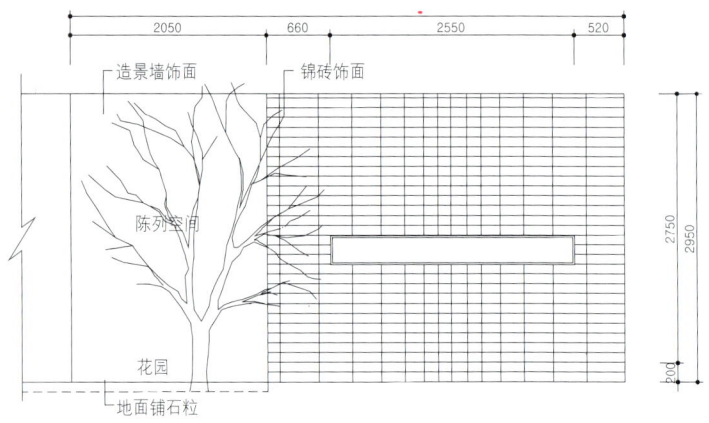

■ 现代生活

2050
660
2550
520
造景墙饰面
锦砖饰面
陈列空间
花园
地面铺石粒
2750
2950
200

正面图 F

10300
2200
1000
5750
950
400
350
遮板饰面
发光顶棚（嵌入照明）
卷帘盒
3300
2700
烘干机
冰箱
煤气罩
洗衣机
2490
1050
1900
2620
2950
200
底板装饰
展示用成套沙发
彩色喷漆饰面
2700

正面图 G

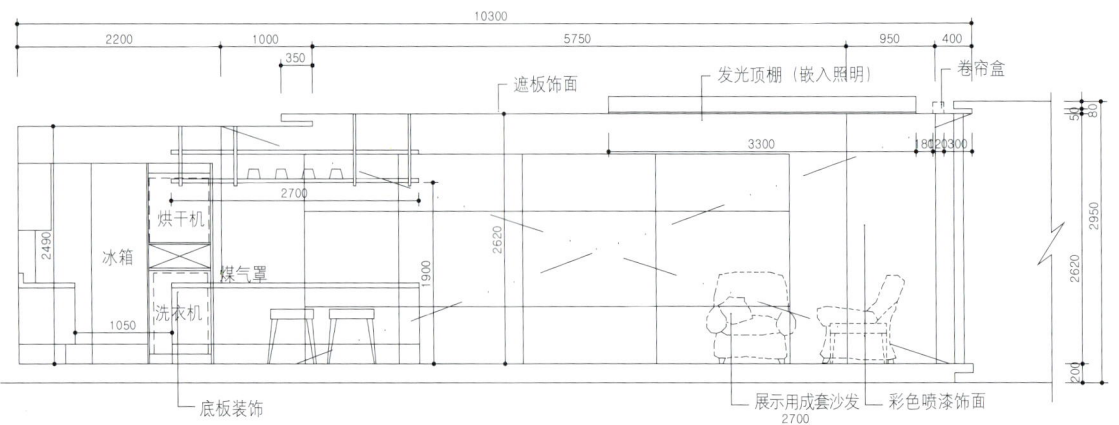

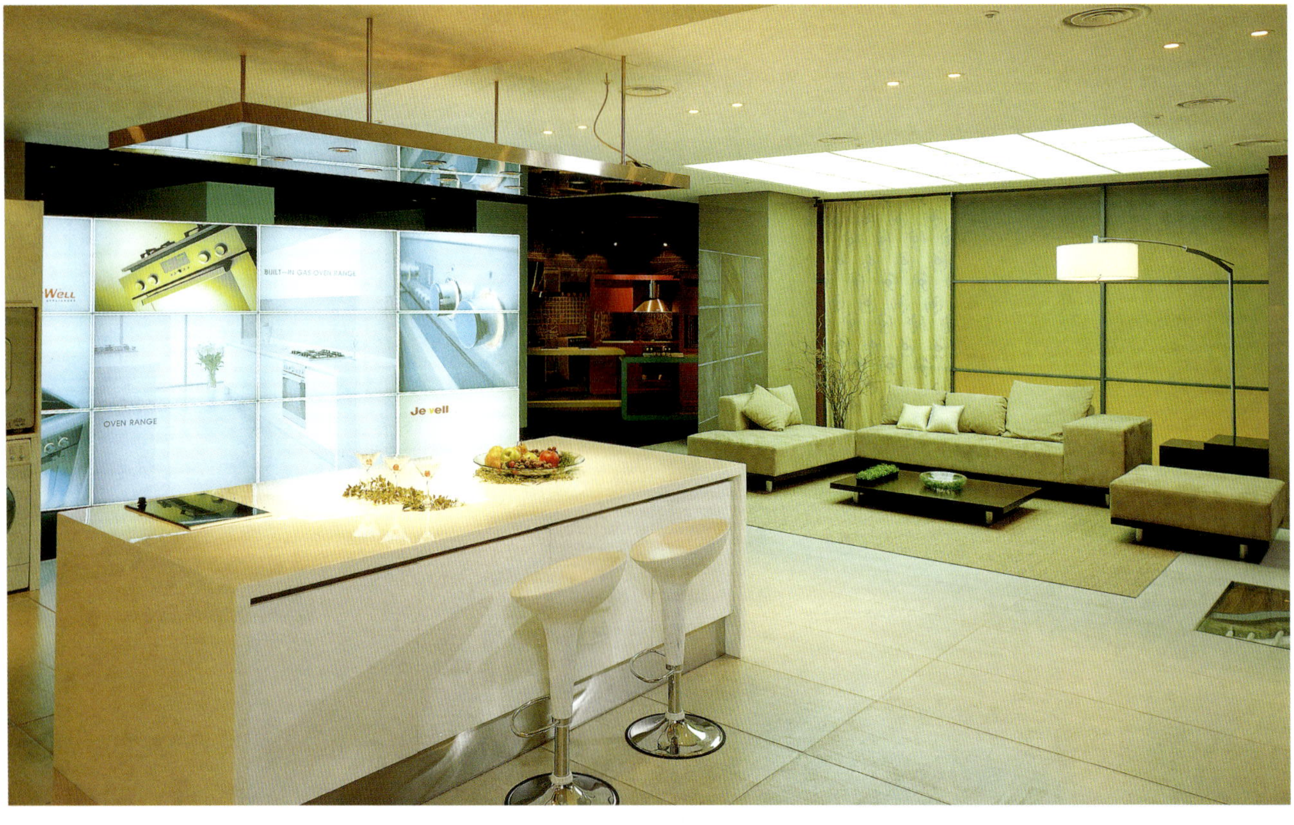

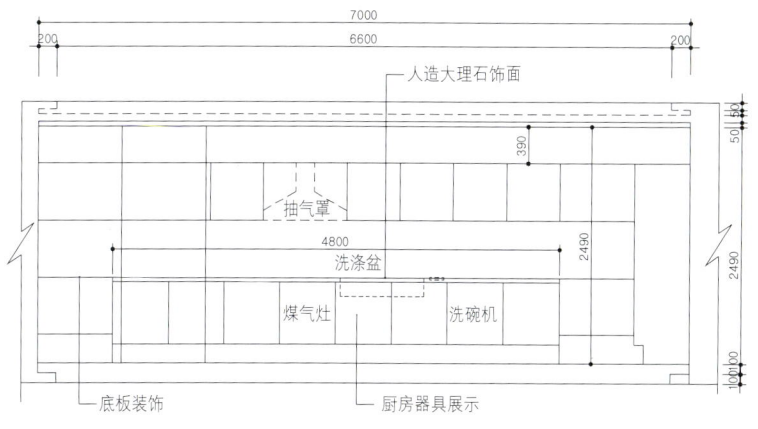

人造大理石饰面

抽气罩

洗涤盆

煤气灶　　洗碗机

底板装饰　　厨房器具展示

正面图 H

设置顶棚幕布拉盒

玻璃饰面（内部 照明）

开口　　　　开口

锦砖饰面

正面图 I

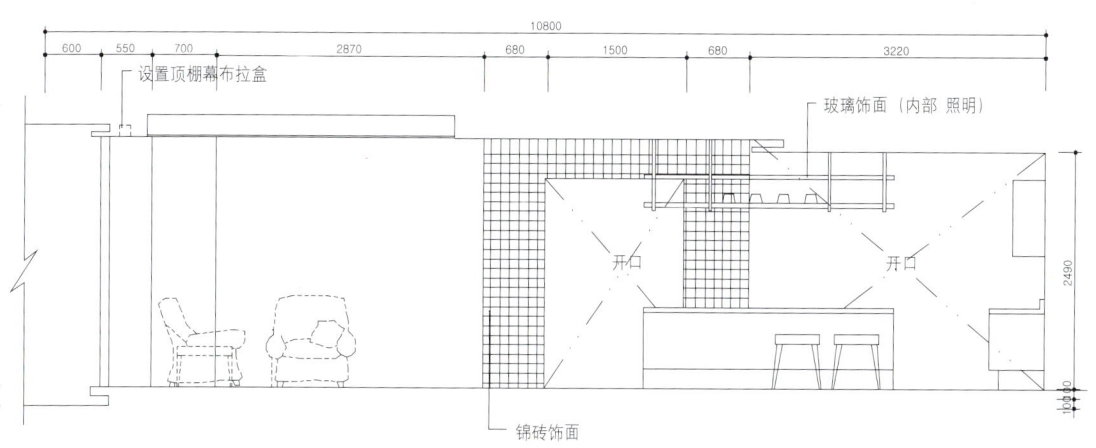

■ 浴室

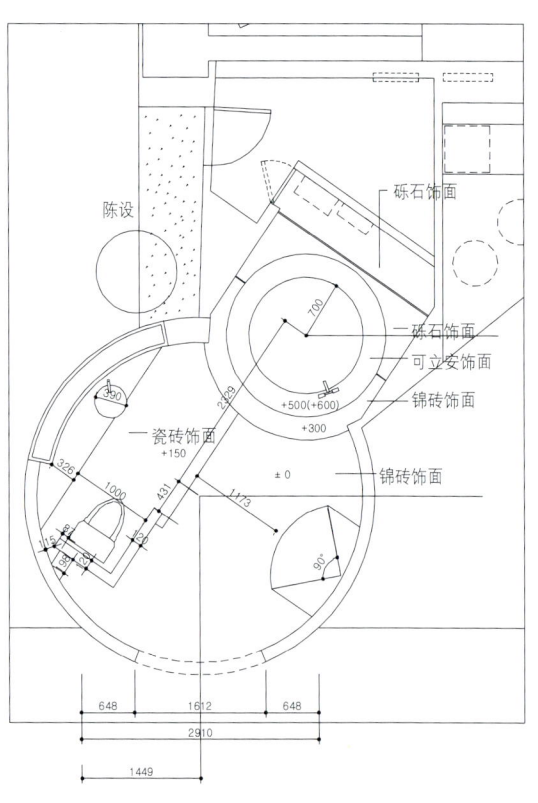

地板平面图

平面图标注：陈设、砾石饰面、砾石饰面、可立安饰面、锦砖饰面、瓷砖饰面、锦砖饰面

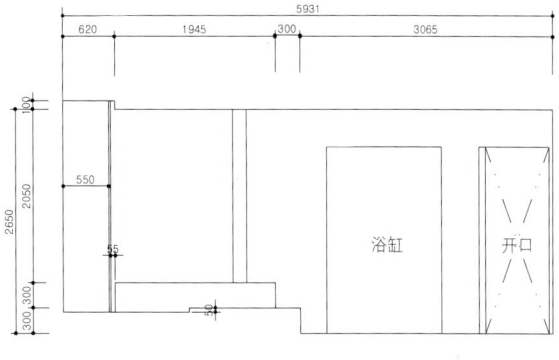

正面图 J

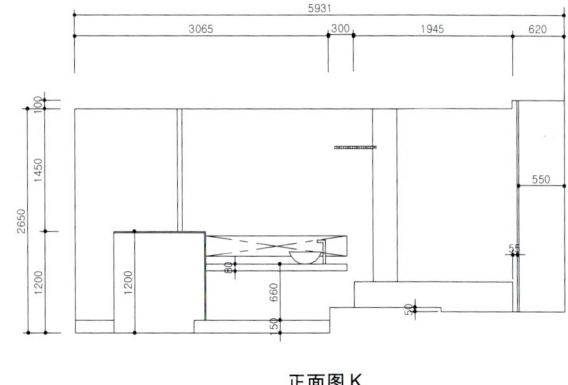

正面图 K

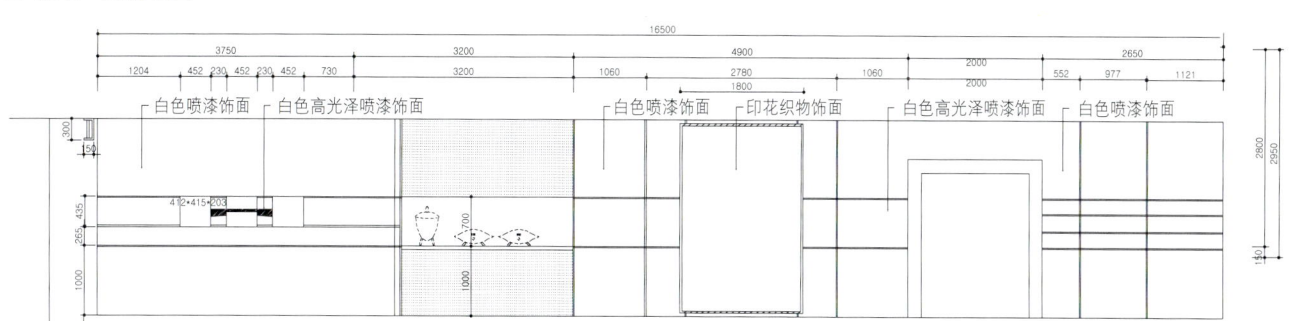

■ 未来—厨房设备

正面图1、2、3、4

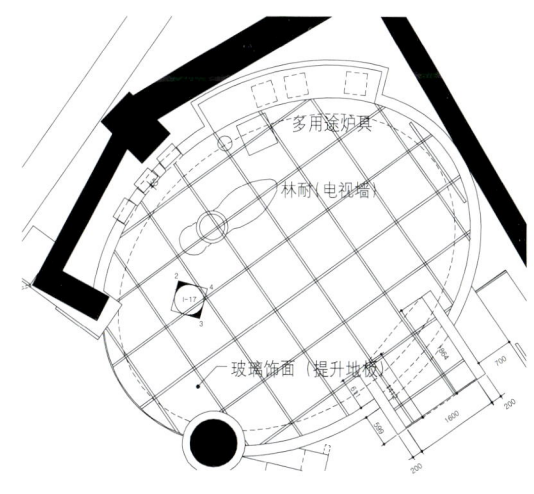

地板平面图

■ 梦想一内置设备

3750
3550
200
标识面板(介绍展板)
介绍展板(字刻+丝网印刷)
梦想
开口
1750
2950
1000
200
彩色喷漆饰面

正面图 L

6525
图示壁
2750
2950
200
彩色油漆上丝绸印图器具展示

正面图 M

6300
200
6100
图示壁
1750
2950
1200
彩色油漆上丝绸印图

正面图 N

6300
1800
1000
1500
900
1100
2400
550
2400
2950
彩色有机玻璃墙
面上丝网印图
嵌入地板照明

正面图 O

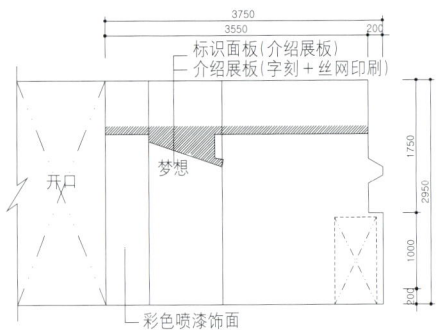

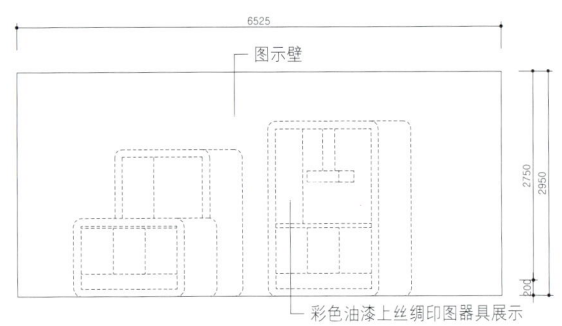

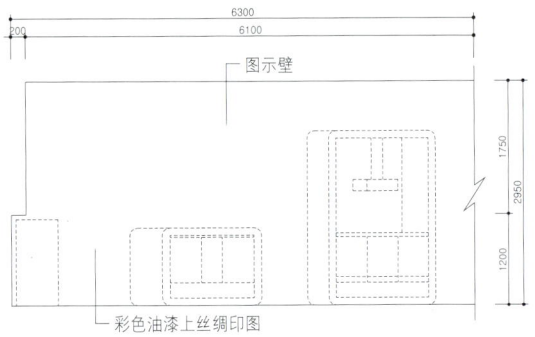

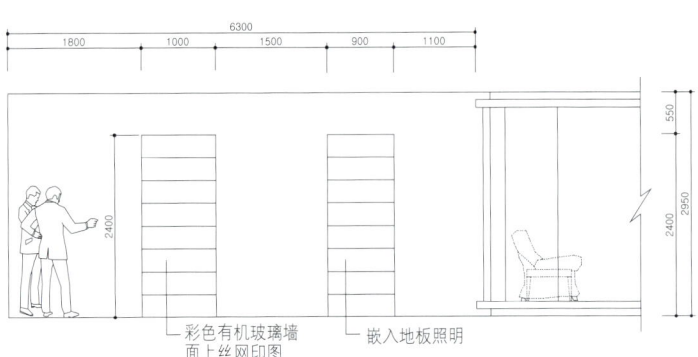

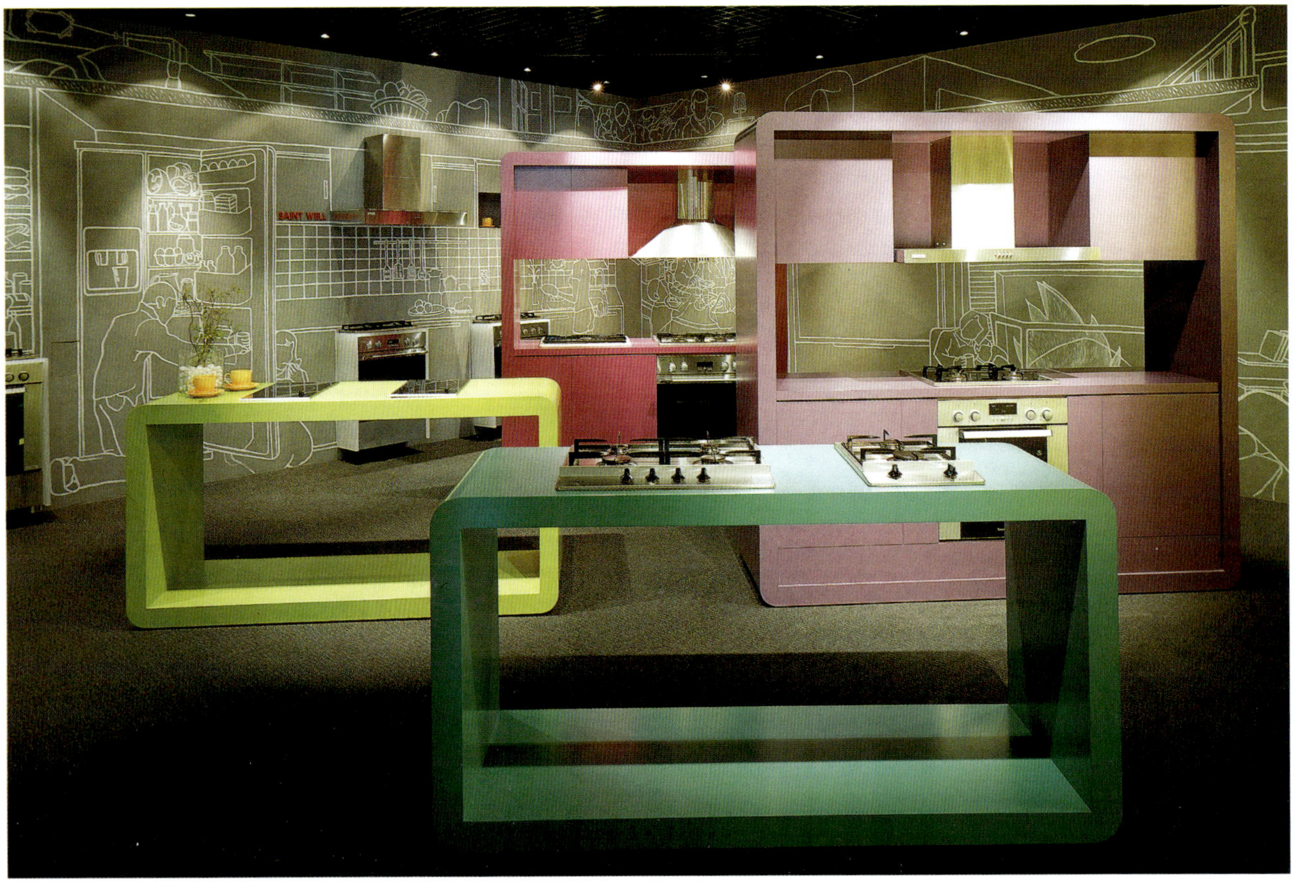

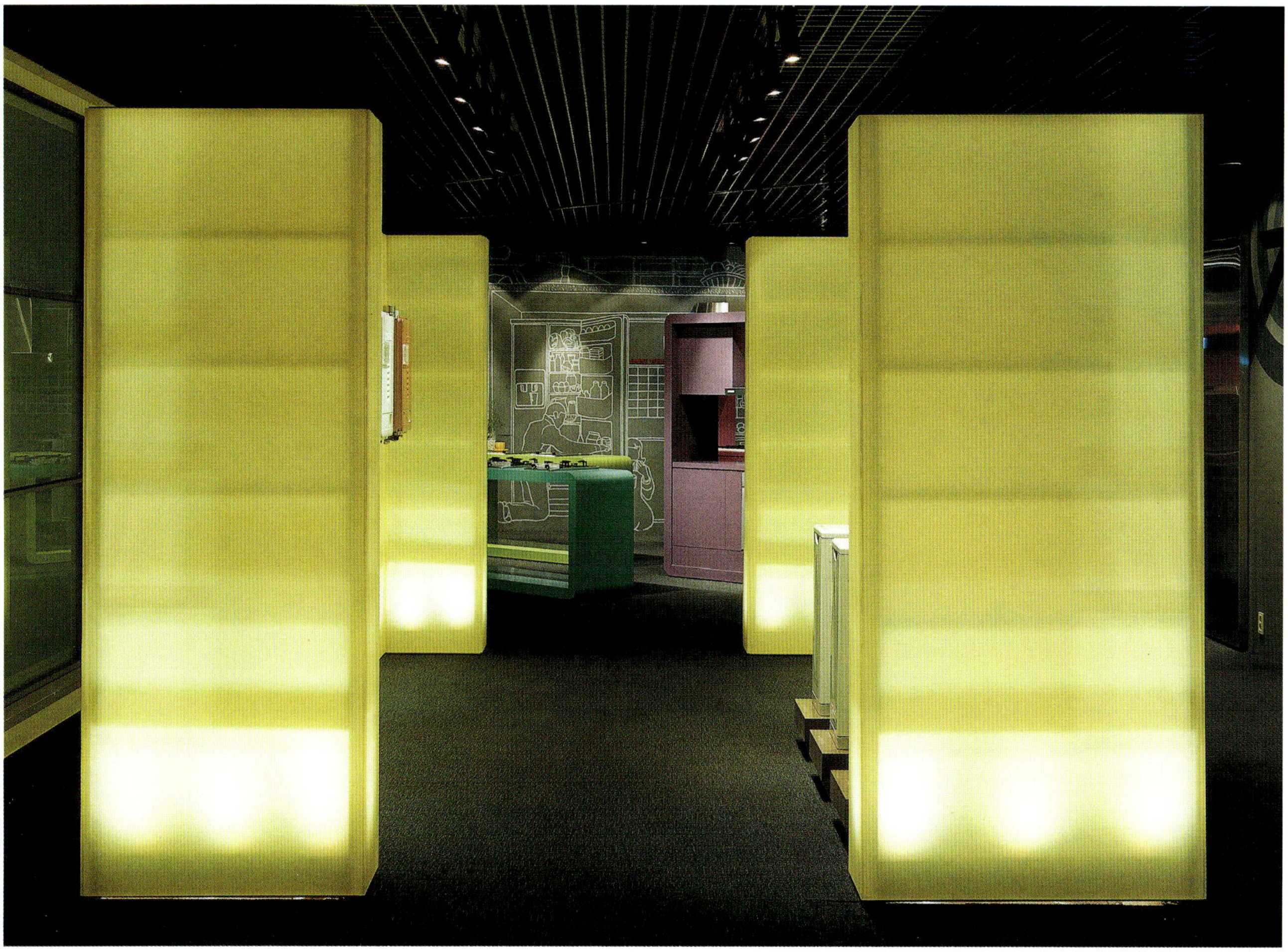

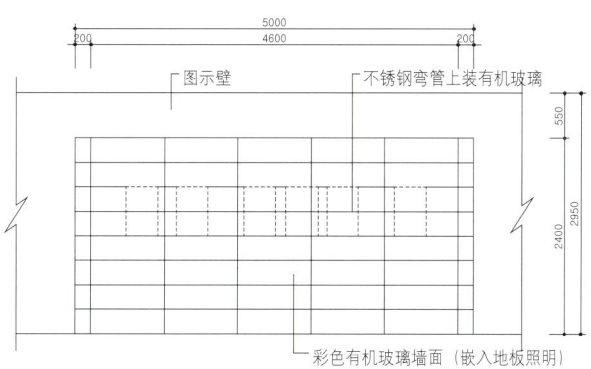

■ 热心—锅炉

5000
200
4600
200
图示壁
不锈钢弯管上装有机玻璃
550
2950
2400
彩色有机玻璃墙面（嵌入地板照明）

正面图 P

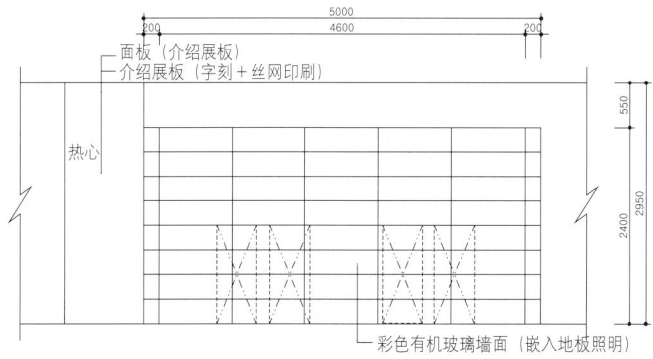

5000
200
4600
200
面板（介绍展板）
介绍展板（字刻＋丝网印刷）
热心
550
2950
2400
彩色有机玻璃墙面（嵌入地板照明）

正面图 Q

3400
200
700
1500
800
200
550
2950
2400
彩色有机玻璃墙面
（嵌入地板照明）
地板照明

正面图 R

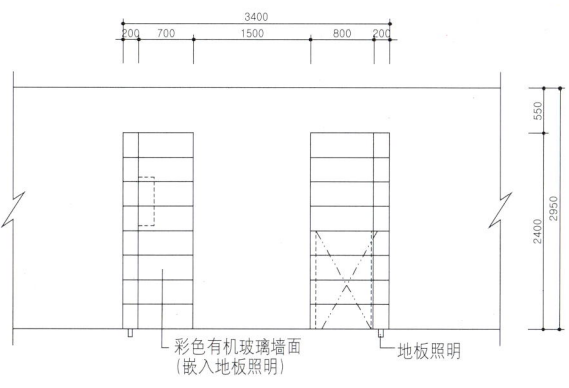

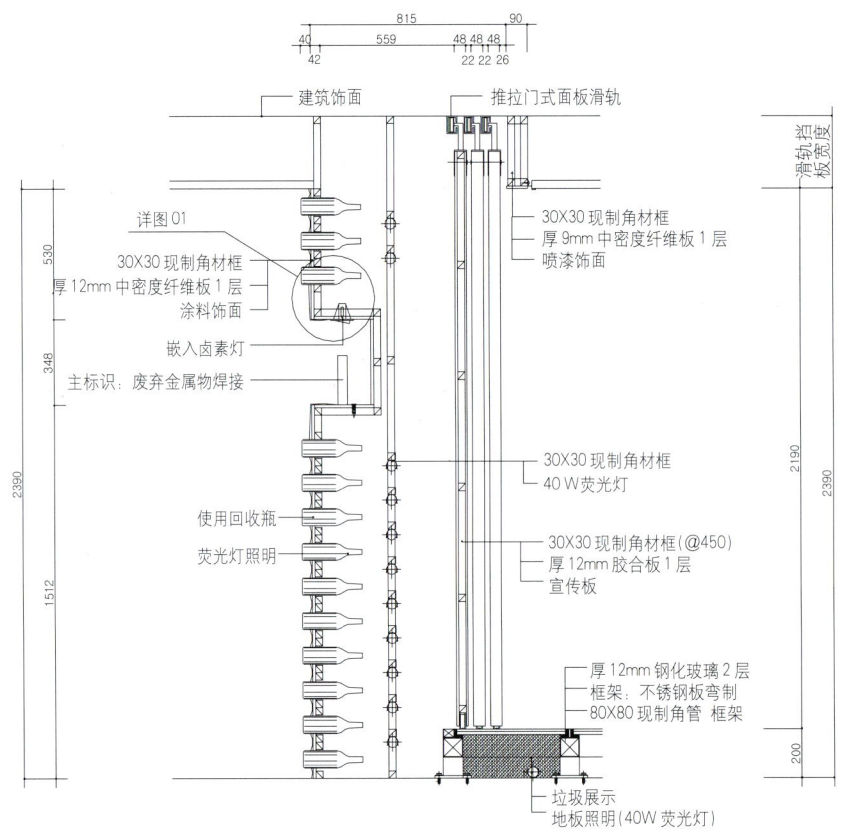

建筑饰面
推拉门式面板滑轨

详图 01
30X30 现制角材框
厚 12mm 中密度纤维板 1 层
涂料饰面
嵌入卤素灯
主标识: 废弃金属物焊接

30X30 现制角材框
厚 9mm 中密度纤维板 1 层
喷漆饰面

使用回收瓶
荧光灯照明

30X30 现制角材框
40 W 荧光灯

30X30 现制角材框(@450)
厚 12mm 胶合板 1 层
宣传板

厚 12mm 钢化玻璃 2 层
框架: 不锈钢板弯制
80X80 现制角管 框架

垃圾展示
地板照明(40W 荧光灯)

剖面图一入口

嵌入卤素灯   主标识废弃物焊接

安山市回收利用展示厅 (标识)

50X50 现制角材框
使用回收物 (嵌入荧光灯照明)
涂料饰面

正面图一入口

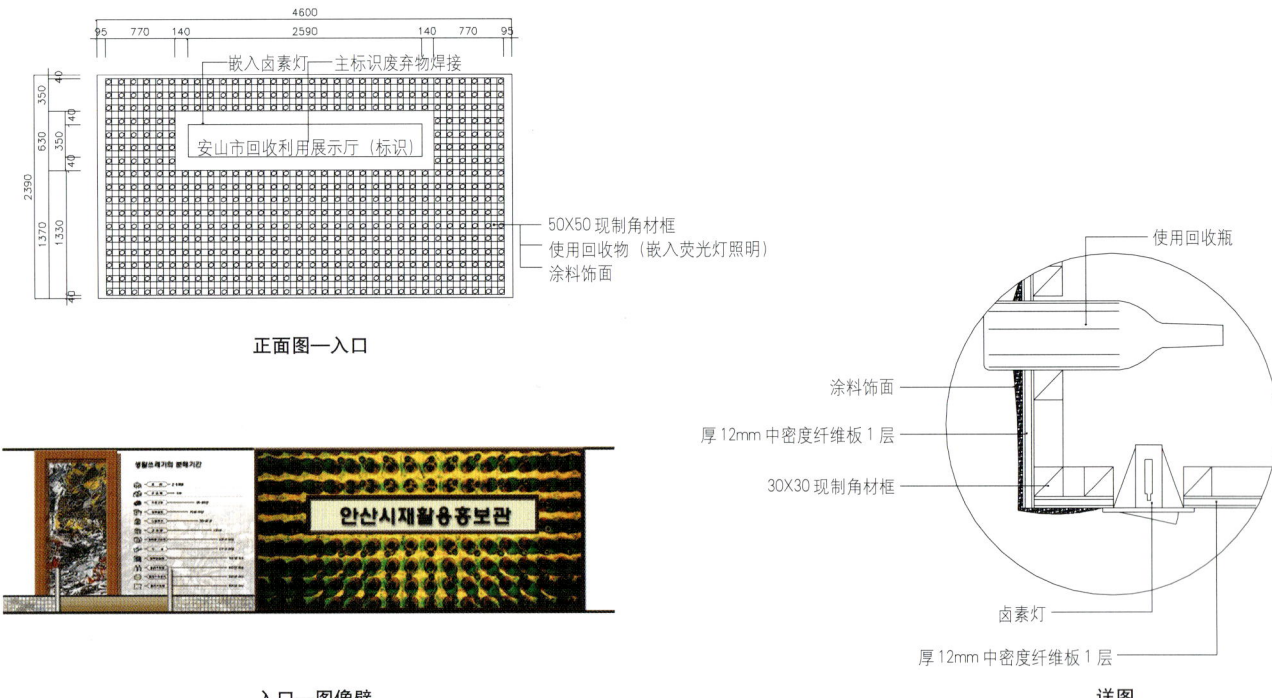

入口一图像壁

使用回收瓶

涂料饰面

厚 12mm 中密度纤维板 1 层

30X30 现制角材框

卤素灯

厚 12mm 中密度纤维板 1 层

详图

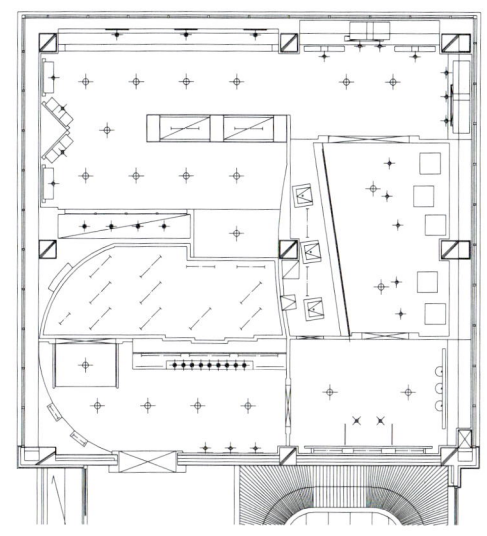

顶棚平面图

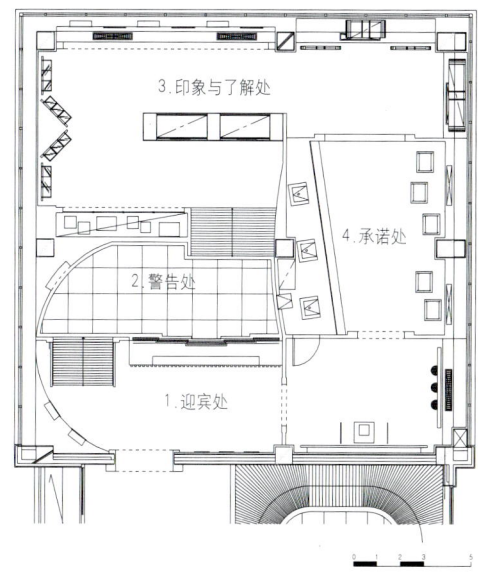

3. 印象与了解处

4. 承诺处

2. 警告处

1. 迎宾处

地板平面图

位置：京畿道安山市草字洞661—5号安山资源回收公司二层 | 设计单位：康帕设计小组 | 建设单位：康帕设计小组 | 建筑面积：195m²
室内装饰：地板／豪华瓷砖 墙壁／喷漆、石膏板 顶棚／芒麻织物

Design : Kampa Design Group · Gwon, Sun gwan / Kim, Mi hui | **Construction** : Kampa Design Group | **Built Area** : 195㎡ | **Finish** : Floor / Delux Tile Wall / Lacquer, Gypsum Board Ceiling / Ramie Tex

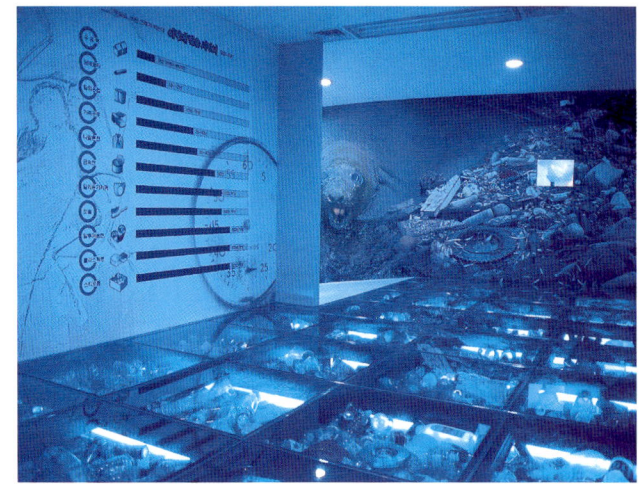

■ 展板—警示牌

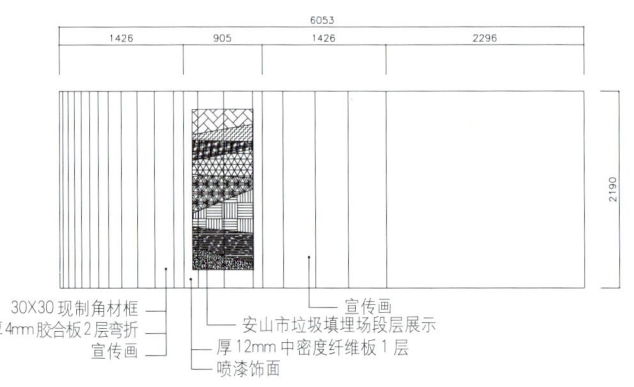

6053
1426　905　1426　2296
2190

30X30 现制角材框
厚 4mm 胶合板 2 层弯折
宣传画

宣传画
安山市垃圾填埋场段层展示
厚 12mm 中密度纤维板 1 层
喷漆饰面

5726
604　5122
2390

30X30 现制角材框
厚 4mm 胶合板 2 层
宣传画

21″ 嵌入显示器
2390
200

提升地面：200mm

厚 8mm 钢化玻璃
蚀刻薄板饰面

厚 12mm 钢化玻璃（2 层）
50X50 现制角管框（垃圾展示）
地板照明（40W 荧光灯）

604　1461　1402　2259
5726

正面图

■ 印象与了解场地

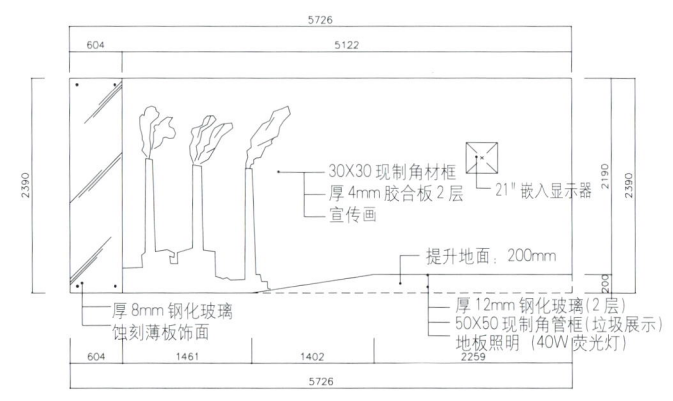

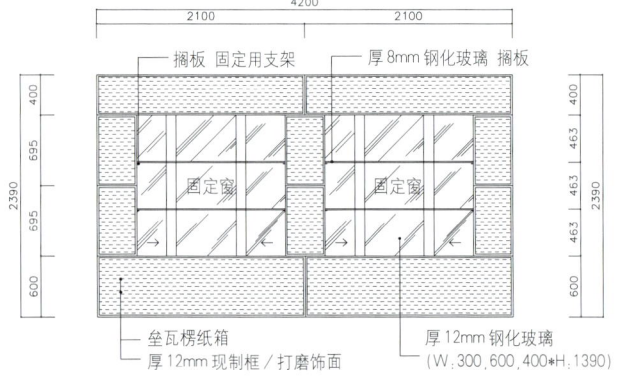

4200
2100　2100

摘板　固定用支架
厚 8mm 钢化玻璃　摘板

400
695
2390
695
600

固定窗
固定窗

400
463
2390
463
600

垒瓦楞纸箱
厚 12mm 现制框／打磨饰面

厚 12mm 钢化玻璃
（W；300，600，400*H；1390）

正面图—墙架

作为回收公展的一个空间，此空间不同于其他回收展览，是由多个空间组成，参观者们可以从中体验和获得保证，我们向他们提供回收信息和知识。通过利用地板和顶棚上的现有材料和展柜中的回收材料以及某些空间中的指示牌，展品被最大程度地渲染了。打破了片面传递信息的安山回收公司 PR 中心设置了堆满灰烬的警示现场，接下来就是我们的祖先有关回收方面的智慧，有安山市民们回收展品的展示，有通过回收而受到保护的大自然，最后有一个空间可供参观者们用来发誓，就是把他们的手放在一本叫做"环境誓言"的书上发誓。由于参观者们得到了充满回收知识的纪念材料，我们试图向他们传递用实际行动进行回收的信息，甚至在离开展览会以后也能贯彻实施，而不仅仅是在现场里面所保留的那点印象。

As a space for publicity of recycling, this place, different from other recycling exhibitions, was composed of spaces, in which the visitors can experience and take a pledge, offering recycling information and knowledge to visitors. The exhibit was maximized by the use of existing materials on the floors and ceiling, and recycled ones on the showcases and signs of some spaces. Ansan Recycling PR Center, which broke away from one-sided transmission of information, consists of a place of warning, with a heap of trash piled up, followed by spaces of our ancestors' wisdom about recycling, of recycled products exhibit of Ansan citizens, of the nature protected by recycling, and lastly the space where visitors can take a pledge by put their hands on the book of 'Environmental oath'. Since the visitors get memorials filled with recycling knowledge, we tried to deliver them a message of practical recycling, which can be carried out even after leaving the exhibition, not just an impression that only lasts inside the place.

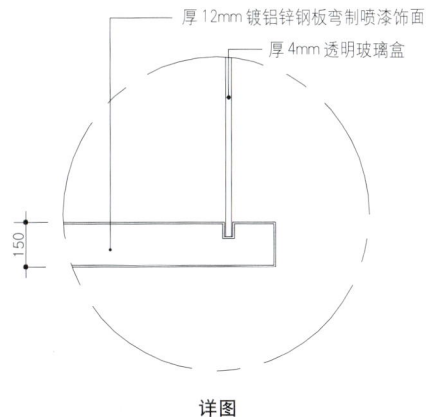

厚12mm镀铝锌钢板弯制喷漆饰面
厚4mm透明玻璃盒
150

详图

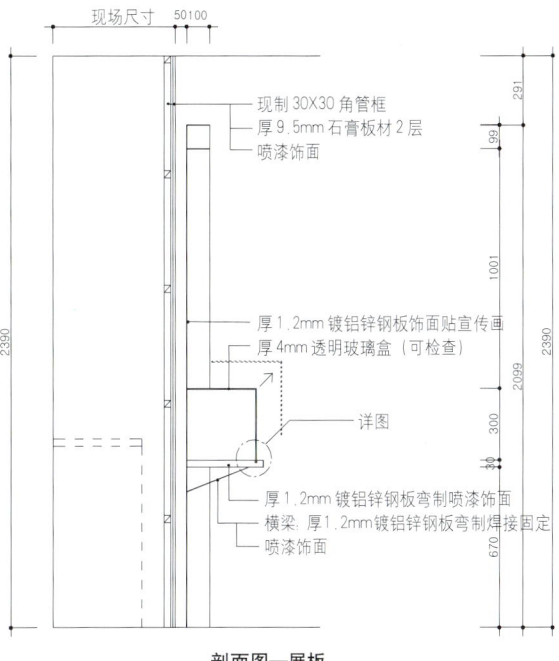

现场尺寸
50100
现制30X30角管框
厚9.5mm石膏板材2层
喷漆饰面
厚1.2mm镀铝锌钢板饰面贴宣传画
厚4mm透明玻璃盒（可检查）
详图
厚1.2mm镀铝锌钢板弯制喷漆饰面
横梁：厚1.2mm镀铝锌钢板弯制焊接固定
喷漆饰面
2390
291
99
1001
2099
300
30
670

剖面图—展板

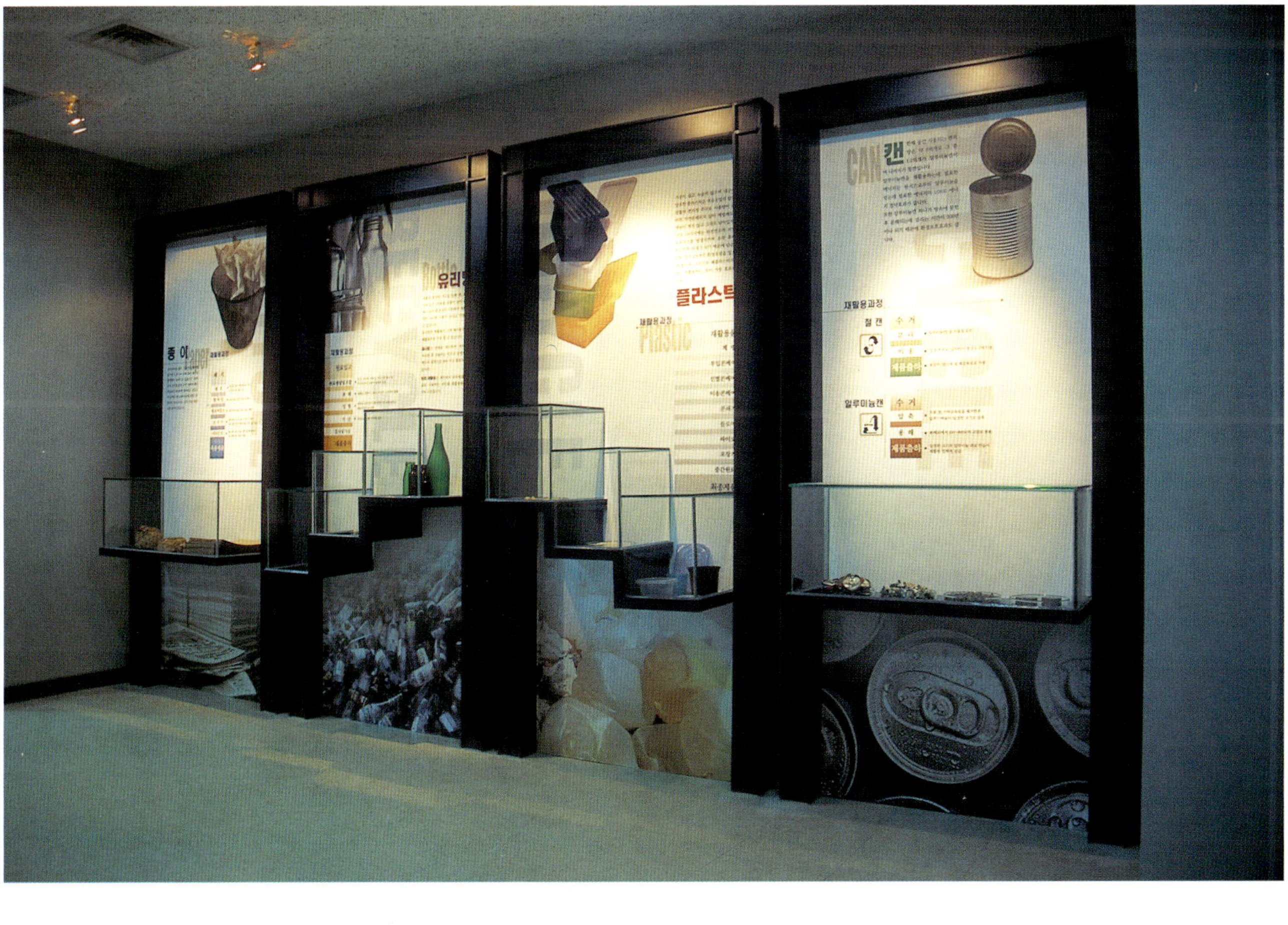

의류 Cloths
음식물쓰레기
Food & Drink

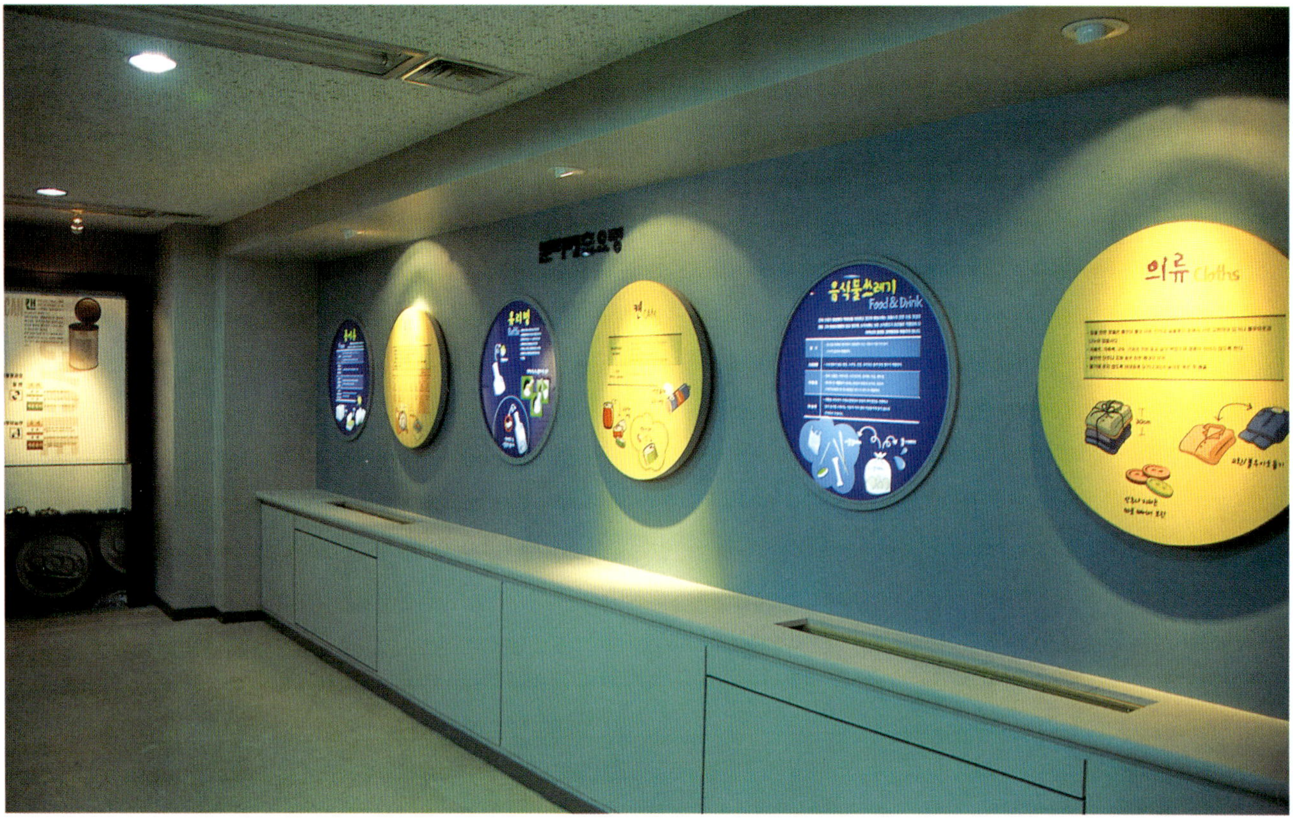

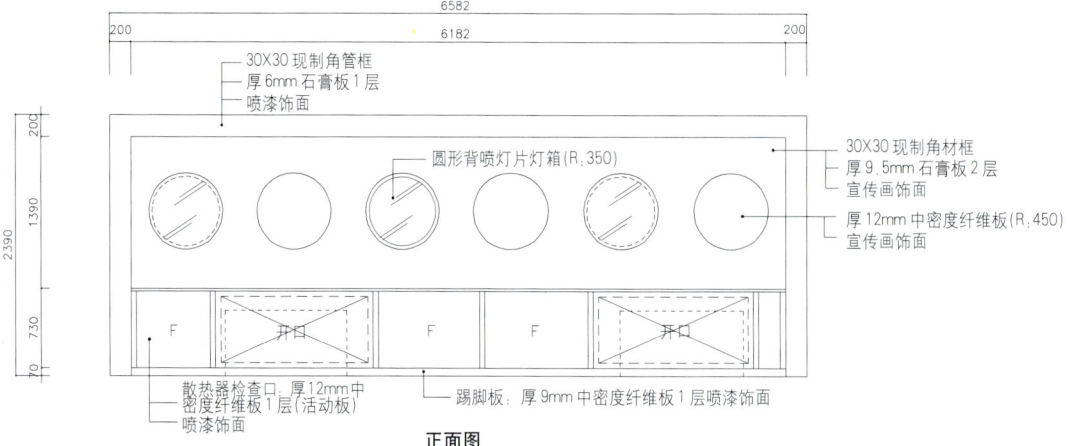

■ 展板—印象与理解的现场

6582
200
6182
200
30X30现制角管框
厚6mm石膏板1层
喷漆饰面
圆形背喷灯片灯箱(R:350)
30X30现制角材框
厚9.5mm石膏板2层
宣传画饰面
厚12mm中密度纤维板(R:450)
宣传画饰面
2390
200
1390
730
70
F
开口
F
F
开口
散热器检查口：厚12mm中密度纤维板1层(活动板)
喷漆饰面
踢脚板：厚9mm中密度纤维板1层喷漆饰面

正面图

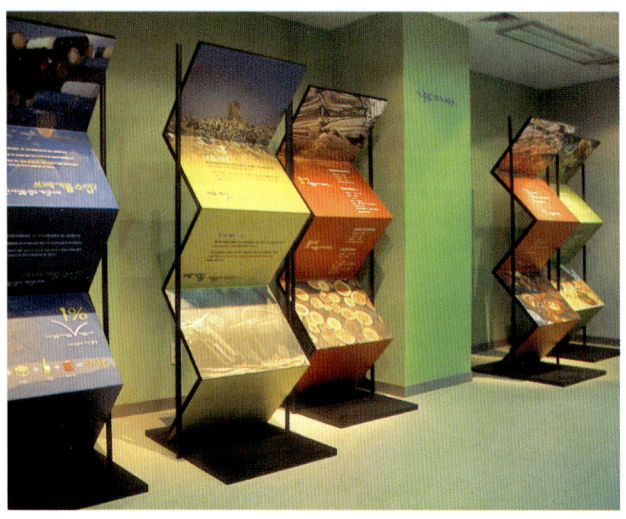

■ 承诺现场

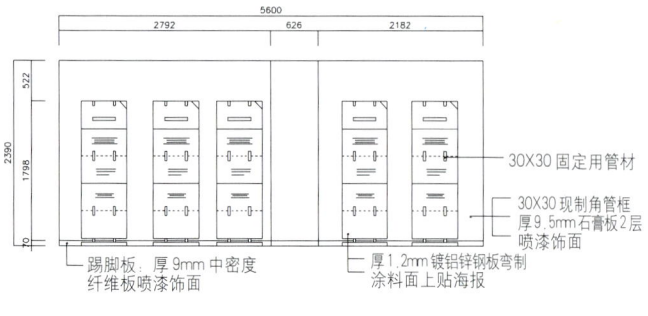

5600
2792
626
2182
2390
522
1798
70
30X30固定用管材
30X30现制角管框
厚9.5mm石膏板2层
喷漆饰面
踢脚板：厚9mm中密度纤维板喷漆饰面
厚1.2mm镀铝锌钢板弯制
涂料面上贴海报

正面图

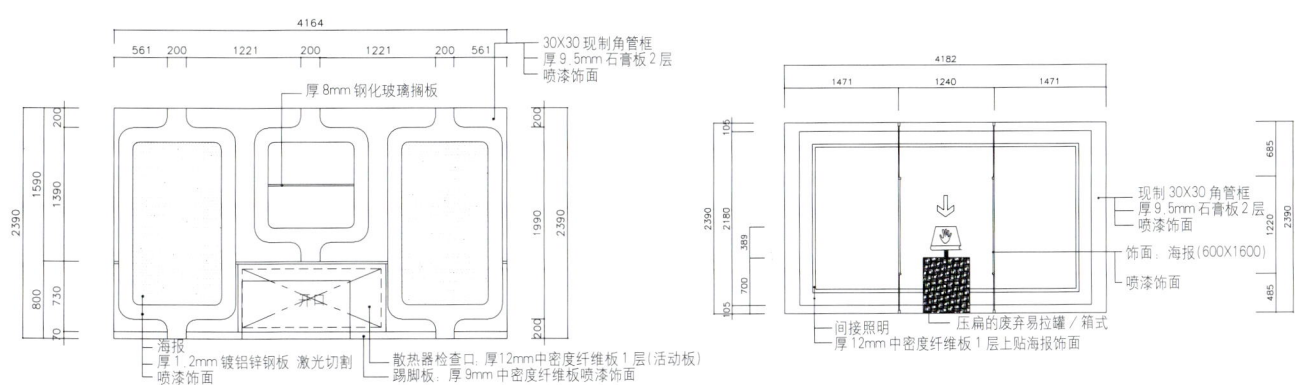

"나는 이 시간 이후부터 환경을 보호하고 재활용을 생활화함으로써
환경선진국을 실현하는데 앞장서겠습니다."

厚8mm钢化玻璃搁板

30X30 现制角管框
厚9.5mm 石膏板 2 层
喷漆饰面

4164
561 200 1221 200 1221 200 561
200
1590
1390
2390
2000
1990
2390
800
730
70
200

海报
厚1.2mm 镀铝锌钢板 激光切割
喷漆饰面
散热器检查口,厚12mm中密度纤维板1层(活动板)
踢脚板:厚9mm中密度纤维板喷漆饰面

4182
1471 1240 1471
106
685
2390
2180
589
1220
700
105
485

现制 30X30 角管框
厚9.5mm 石膏板 2 层
喷漆饰面
饰面:海报(600X1600)
喷漆饰面

间接照明
厚12mm中密度纤维板1层上贴海报饰面
压扁的废弃易拉罐 / 箱式

正面图

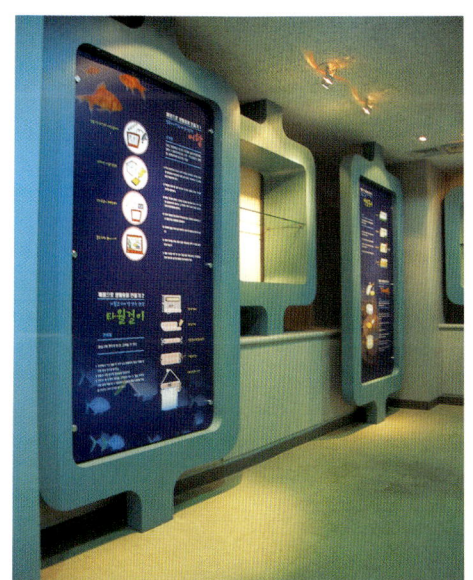

著作权合同登记图字：01-2005-6187 号

图书在版编目（CIP）数据

展览建筑/（韩）建筑世界株式会社编；吴明译. —北京：中国建筑工业
出版社，2007
（最新室内细部设计实例集I）
ISBN 978-7-112-07967-4

Ⅰ.展… Ⅱ.①建…②吴… Ⅲ.展览馆－室内装饰－建筑设计－韩国－
图集 Ⅳ.TU242.5-64

中国版本图书馆 CIP 数据核字（2006）第 008867 号

本书由韩国建筑世界株式会社授权翻译、出版
Interior Detail / EXHIBITION / Archiworld Co., Ltd.

责任编辑：白玉美　戚琳琳
责任设计：郑秋菊
责任校对：董纪丽　兰曼利

最新室内细部设计实例集I

展览建筑

[韩] 建筑世界株式会社　编
吴明　译
中国建筑工业出版社出版、发行（北京西郊百万庄）
各地新华书店、建筑书店经销
伊诺丽杰设计室制版
北京中科印刷有限公司印刷
＊
开本：850×1168毫米　1/16　印张：11　字数：310千字
2007年10月第一版　2007年10月第一次印刷
定价：98.00元
ISBN 978-7-112-07967-4
　　（13993）